प्राणिशास्त्र प्रायोगिक मैन्युअल

भाग – 1

(जैवविविधता, कोशिका विज्ञान, आनुवांशिकी एवम् परिवर्द्धन जैविकी)

The Authors

Dr. Madan Mohan Trigunayat obtained his Master's degree standing first among first divisioners at Department of Zoology, University of Rajasthan, Jaipur in 1983. He joined teaching assignment in Govt. of Rajasthan in 1984. He has worked as Research Entomologist in USDA (United States Department of Agriculture) scheme. He has got published more than 80 research papers in leading journals and also attended International conferences (held in India) and many National conferences and seminars. He has been included in Entomologist's Profile of India in 1997 and Reference Asia in 1995 and Learned Asia in 1996. He was awarded Summer Research Fellowship jointly from three National Academies of Sciences, India in 2011. He organized a National conference on Forest and Wildlife : Present status and future needs in 2013. He is teaching post graduate and graduate classes for more than 34 years. He is the author of 13 other books on zoology. His present research interests are Insect Ecology and Biodiversity and Agricultural Ornithology.

Kritika Trigunayat, a Gold Medalist in Graduation from University Maharani's College, Jaipur in 2011 and also a Gold Medalist at Post Graduation in Zoology with specialization in Entomology, from the same University in 2013. She was also selected for Student Summer Fellowship scheme of three National Academies of Sciences, India in 2012 and has worked on the Eco biology of an insectivorous bird, Ashy Wren Warbler, Prinia Socialis at APJ Satya University, Gurgaon. She was awarded Inspire Fellowship from the Department of Science and Technology, New Delhi in 2015.

Presently she is pursuing research leading to Ph.D at Department of Zoology, University of Rajasthan, Jaipur under the supervision of Prof. Jaimala Sharma on Coleopteran Diversity in Keoladeo National Park, Bharatpur.

प्राणिशास्त्र प्रायोगिक मैन्युअल

भाग — 1

'जैवविविधता, कोशिका विज्ञान, आनुवांशिकी एवम् परिवर्द्धन जैविकी'

लेखक

डॉ. एम.एम. त्रिगुणायत

Ph.D., F.E.S.I., F.Z.S.I.

विभागाध्यक्ष, प्राणिशास्त्र विभाग
राजकीय रामेश्वरीदेवी कन्या (स्नातकोत्तर) महाविद्यालय
भरतपुर (राजस्थान)

कृतिका त्रिगुणायत

M.Sc. (Gold Medalist)

DST- इन्सपाइर फैलो
प्राणिशास्त्र विभाग
राजस्थान विश्व विद्यालय, जयपुर

SCIENTIFIC PUBLISHERS

Published by
SCIENTIFIC PUBLISHERS (INDIA)
5 A, New Pali Road
P.O. Box 91
Jodhpur - 342 001 INDIA
E-mail: info@scientificpub.com
Website: http://www.scientificpub.com

Print: 2019

ISBN: 978-93-88172-75-2 (Paperback)
978-93-88172-77-6 (E-Book)

Printed in India

प्राक्कथन

प्रस्तुत पुस्तक प्रायोगिक मैन्युअल भाग–1, राजस्थान के विभिन्न विश्वविद्यालयों एवं इससे सम्बद्ध समस्त महाविद्यालयों के बी.एससी., पार्ट–I के नवीन पाठ्यक्रमानुसार लिखी गई है। इसमें जैवविविधता, कोशिका विज्ञान, आनुवांशिकी एवम् परिवर्द्धन जैविकी से संबंधित प्रयोगों को सम्मिलित किया गया है। इसके अतिरिक्त एस्केहेल्मिन्थीज संघ तक के जंतुओं का संग्रहालय अध्ययन तथा शरीर विज्ञान के अन्तर्गत क्रमशः कॉकरोच, जोंक व केंचुआ का अध्ययन सम्मिलित किया गया है। इस पाठ्यक्रम के लिये अब तक उपलब्ध समस्त पुस्तकों से अनूठी सामग्री लिये हुए यह पुस्तक विद्यार्थियों के लिए बहुआयामी जानकारी वाली रोचक व सरल साबित होगी, ऐसा हमारा विश्वास है। प्रायोगिक परीक्षा में किसी विद्यार्थी के अंक अमूमन उसके स्पॉटिंग व मौखिक पर बहुत कुछ निर्भर करते हैं। स्पॉटिंग को किस बेहतर ढंग से परीक्षक के समक्ष प्रस्तुत किया जावे कि किसी अमुक जन्तु से सम्बन्धित समस्त जानकारी यथा – उसे किस सामान्य नाम से जाना जाता है, कहाँ रहता व क्या खाता है, विश्व के किस क्षेत्र विशेष में मिलता है या सर्वत्र, उसे किन प्रमुख लक्षणों के आधार पर पहचाना जाता है, उसकी आर्थिक महत्ता क्या है तथा क्या कोई जैविक महत्ता भी है आदि का समावेश हो। प्रस्तुत पुस्तक में इन्हें समावेशित कर इसे नवीन जानकारी से परिपूर्ण बनाया गया है, जिसका इस पाठ्यक्रम के लिए उपलब्ध अन्य समस्त पुस्तकों में सर्वथा अभाव रहा है। बहुत से विश्वविद्यालयों के पाठ्यक्रम में विच्छेन के स्थान पर जैवविविधता आधारित प्रयोग समाहित किये गये हैं जैसे महाराजा सूरजमल बृज विश्वविद्यालय, भरतपुर, अतः प्रथम बार ऐसे सरल प्रयोग इस पुस्तक में समाहित हैं।

हमें विश्वास है कि विद्यार्थियों को यह पुस्तक अवश्य पसंद आयेगी। वर्तनी की कोई त्रुटि यदि आपके ध्यान में आये तो, हमारे ध्यान में अवश्य लावें।

इस पुस्तक के लेखन हेतु हमने बहुत से सन्दर्भ ग्रन्थों का अध्ययन भी किया है, जिनमें से कुछ प्रमुख के नाम पुस्तक के अन्त में सन्दर्भ सूची में दिये गये है।

हम समस्त गुरुजन व मित्रों का विशेष आभार प्रकट करते हैं। तथा हम श्री पवनकुमार शर्मा एवं तनय शर्मा साइन्टिफिक पब्लिशर्स (इंडिया), जोधपुर को बहुत ही कम समय में इस पुस्तक को आप तक पहुँचाने के लिए धन्यवाद ज्ञापित करते हैं।

विद्यार्थियों व शिक्षक साथियों के सुझाव आमन्त्रित हैं।

भरतपुर
12.12.2017

– लेखक

विषय सूची
(Contents)

यूनिट – I

सूक्ष्मदर्शी की कार्यप्रणाली, संगठन एवम् संग्रहालय अध्ययन (Organization, Working of Microscopes and Museum Study)

संयुक्त सूक्ष्मदर्शी (Compound Microscope)

किसी बहुत छोटे बिंब (object) को आवर्धित करने के लिए इसका उपयोग किया जाता है। यह क्रमशः **यान्त्रिक भाग** (mechanical unit) व **प्रकाशित भाग** (optical unit) में विभक्त रहता है। यान्त्रिक भाग में इसके विभिन्न भाग, जैसे – आधार, भुजा, स्टेज, क्लिप, डायाफ्राम, काय, नोजपीस (nose piece), स्थूल (coarse) व सूक्ष्म समायोजन पेच (fine adjustment screws) होते हैं तथा प्रकाशित भाग में विभिन्न आवर्धन के लैंस (10x, 45x व 100 x) तथा नेत्रिका (eye piece) होते हैं। 5x, 10x, व 15x लैंस के प्रकार से आवर्धन प्रभावित होता है।

सूक्ष्मदर्शी का उपयोग कैसे करें?

1. सबसे पहले दर्पण को समायोजित करें जिससे देखने हेतु पर्याप्त प्रकाश सूक्ष्मदर्शी में प्रवेश करे।
2. स्टेज के ठीक बीचों–बीच साफ–सुथरी स्लाइड को रखें (जिस पर सूक्ष्मदर्शी में देखी जाने वाली सामग्री – भी रखी हो)
3. स्थूल (कोर्स) समायोजन से स्लाइड को फोकस करें।
4. फोकस को स्पष्ट करें।
5. स्लाइड को साधारणतया 10x अभिदृश्यक लेंस (objective lense) के साथ देखा जाता है। यदि इसे 10x नेत्रिका (eye piece) के साथ 10x अभिदृश्यक लेंस (objective lense) प्रयोगार्थ ला रहे हैं तो आवर्धन 100 गुणा होगा तथा 45x अभिदृश्यक लेंस के साथ 450 गुणा।
6. जब उच्च आवर्धन (45x) प्रयोग में ला रहे हों तो केवल सूक्ष्म समायोजन (fine adjustment) ही फोकस करें।

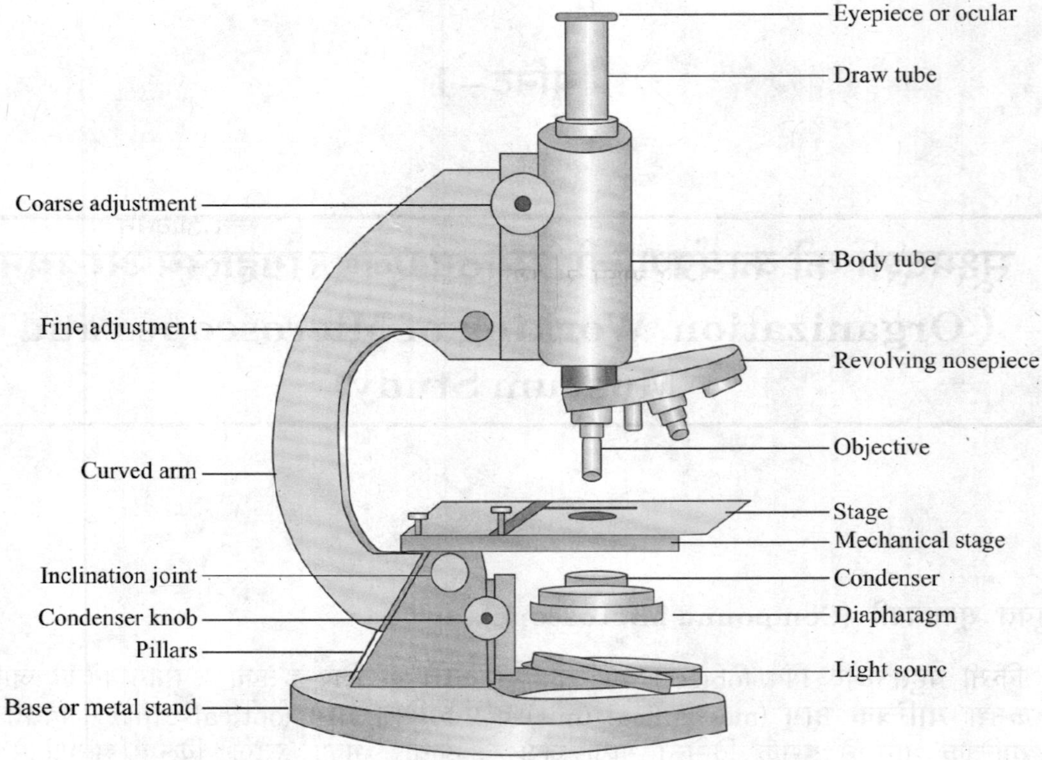

चित्र 1.1a. संयुक्त सूक्ष्मदर्शी

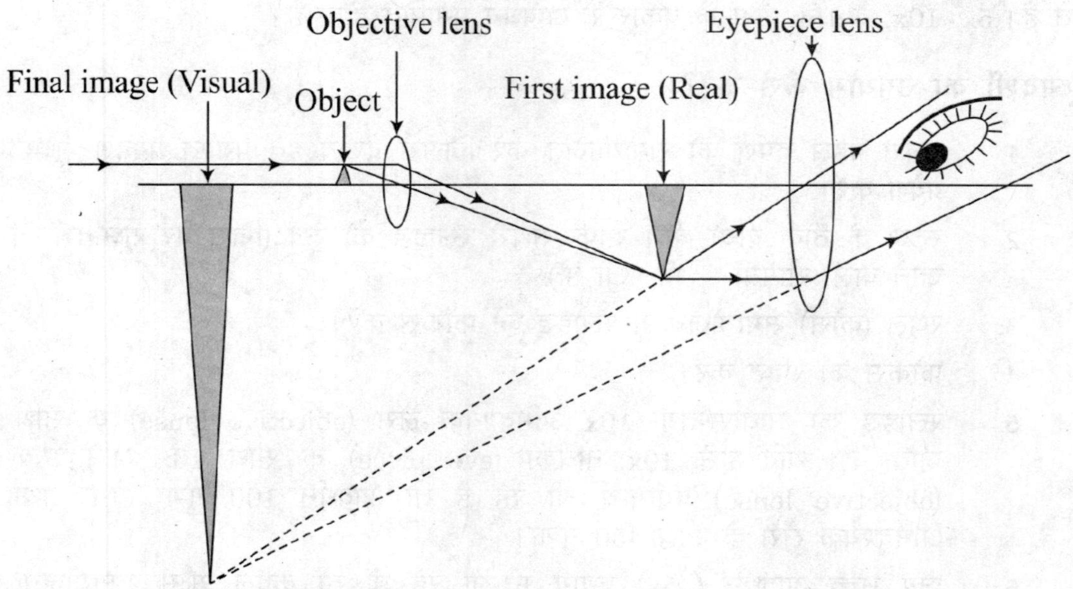

चित्र 1.1b. संयुक्त सूक्ष्मदर्शी की कार्य प्रणाली (Working of Compound Microscope)

सामान्य पूर्वावधान (General Precautions)

1. प्रयोग में लाने से पूर्व सभी भागों को मुलायम सूती कपड़े से साफ करें।
2. यदि सूक्ष्मदर्शी को एक स्थान से दूसरे पर ले जाना हो तो बिल्कुल सीधी दिशा में पकड़ें अन्यथा नेत्रिका (eye piece) गिर कर टूट सकती है।
3. सबसे पहले सूक्ष्मदर्शी को कम आवर्धन में देखें तत्पश्चात् उच्च आवर्धन प्रयोग करें।
4. उच्च आवर्धन हेतु हमेशा सूक्ष्म समायोजन (fine adjustment) को प्रयोग करें।
5. जब काम में नहीं ले रहे हों तो इसे ढ़क कर रखें।

विच्छेदन सूक्ष्मदर्शी (Dissecting Microscope)

जब उच्च आवर्धन की आवश्यकता नहीं होती तो सामान्यतया 5x, 10x व 15x लैंस प्रयोग किये जाते हैं। इसके निम्नलिखित भाग होते हैं –

आधार, स्टैण्ड, सूक्ष्म समायोजन, स्टेज व दर्पण।

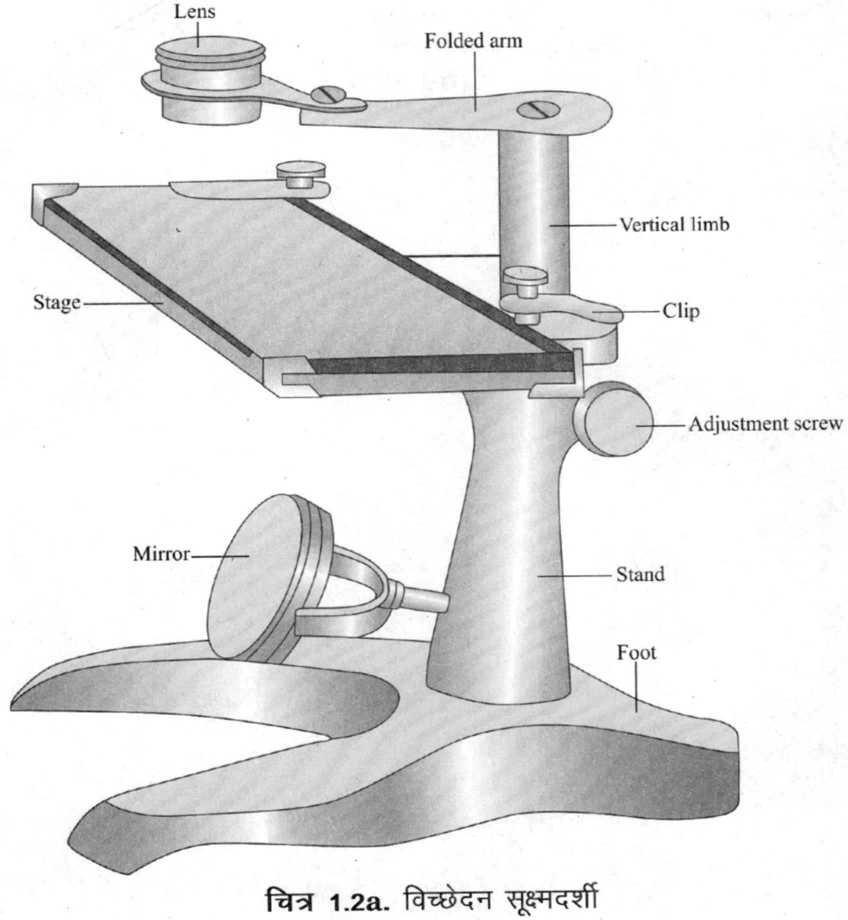

चित्र 1.2a. विच्छेदन सूक्ष्मदर्शी

कार्यप्रणाली

1. स्लाइड को बीच स्टेज पर रखें, लैंस को इसके ऊपर लावें तथा स्टैण्ड के निचले सिरे पर स्थित दर्पण से प्रकाश को समायोजित करें।
2. स्लाइड को फोकस करें।

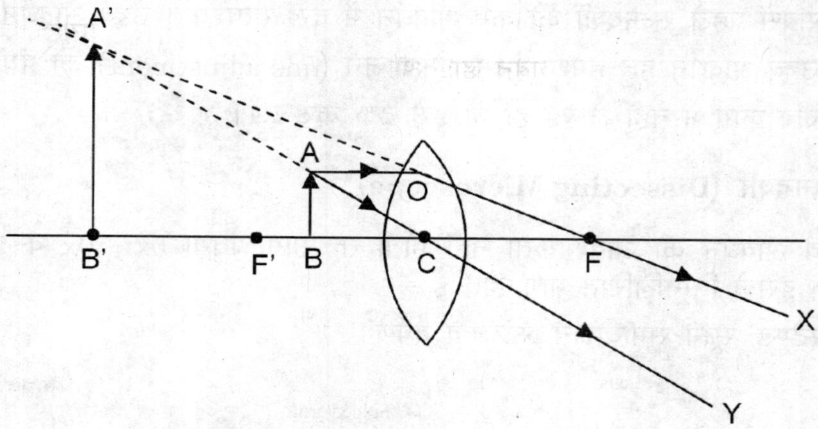

चित्र 1.2b.

2. स्थायी स्लाइड तैयार करने की सामान्य विधियाँ (General Methods of Microscopical Permanent Preparations)

स्वापन (Narcotisation)

यह ईथर वाष्प या क्लोरोफोर्म से किया जाता है। इथायल एसीटेट (एथिल एसीटेट) सामान्यतया कीटों के लिए प्रयुक्त किया जाता है। कार्बन टेट्राक्लोराइड भी प्रयुक्त किया जाता है। आप शुष्क बर्फ (dry ice) या द्रवित कार्बन डाई ऑक्साइड (liquid CO_2) भी प्रयोग कर सकते है। इसका प्रमुख उद्देश्य जंतु को तुरन्त अक्रियाशील बनाना होता है।

धुलाई (Washing)

फार्मेलिन में संरक्षित पदार्थ को नल के नीचे धोया जाता है जिससे समस्त फार्मेलिन धुल जाय तथा आँखों में जलन पैदा नहीं हो।

निर्जलीकरण (Dehydration)

एल्कोहल श्रेणी क्रमशः 30%, 50%, 70%, 90% व परिशुद्ध सुषव में ऊतक को कुछ समय तक रख कर निर्जलित किया जाता है। यह हमेशा इसी क्रम में किया जाता है।

निर्मलन/स्पष्टता (Clearing)

यह ऊतक को जायलीन में 1–2 मिनट तक रखने पर होती है। ऊतक को अधिक देर तक जायलीन में नहीं रखा जाता अन्यथा भंगुर हो जाता है। निर्जलीकरण सही हुआ है या नहीं, यहाँ पता चल जाता है। यदि निर्जलीकरण सही नहीं होता तो ऊतक अस्पष्ट तथा दूधिया (milky) नजर आता है। ऐसी स्थिति में स्लाइड को पुनः परिशुद्ध सुषव 90% व 70% एल्कोहल में लाया जाता है।

रंजीकरण (Staining)

यह अमूमन 70% एल्कोहल के बाद किया जाता है। (यदि इओसीन 70% एल्कोहल में बनी हो तो) ऊतक के अधिक रंजक को पुनः 70% एल्कोहल में लाकर कम किया जा सकता है। (निरंजीकरण, destaining) या फिर अम्लीय एल्कोहल (acid alcohol) द्वारा इसे कम किया जा सकता है। ऊतक को DPX में माउण्ट किया जाता है क्योंकि इसका अपवर्तनांक (refractive index) भी काँच के अपवर्तनांक (जिसकी स्लाइड बनी होती है) 1 के बराबर होता है।

परिरक्षक (Fixatives)

वे रसायन जो किसी ऊतक कोशिका को परिरक्षित करने के काम आते हैं जिससे लम्बे समय तक प्रयोगशाला में उसका अध्ययन किया जा सके, **परिरक्षक** कहलाते हैं। ऊतक कठोर हो जाते हैं तथा उसके अन्य अवयव संरक्षित हो जाते हैं। बड़े ऊतक परिरक्षक में अधिक समय तक रखे जाते हैं तथा छोटे ऊतक कम समय तक के लिए। बहुत से रसायन इस काम में लिये जाते हैं,

जैसे **बोइन का द्रव** (Bouin's fluid), **फार्मेलिन कार्नोय द्रव, कोरोसिव सबलीमेट, एफ.ए.ए.** व **कार्ल–द्रव** आदि।

Table 1. Some commonly used preservatives

क्र.सं.	परिरक्षक का नाम	संघटन	प्रयोग व परिरक्षण में लगा समय
1	**बोइन्स द्रव**	ग्लेसियल एसीटिक अम्ल, फार्मेलिन पिकरिक अम्ल व आसुत जल	सामान्य परिरक्षक है। ऊतक को लगभग 24 घण्टे इसमें रखा जाता है।
2	**फार्मेलिन**	HCHO 40% व आसुत जल	सर्वाधिक प्रयोग होने वाला परिरक्षक जो कशेरुक जंतुओं के लिए प्रयोग किया जाता है। 5% या 10% विलयन परिरक्षक के रूप में प्रयुक्त होता है। जंतुओं को अधिक समय के लिए इसमें रखा जा सकता है।
3	**जेंकर विलयन**	$K_2Cr_2O_7 + HgCl_2 + Na_2SO_4$ + एसीटिक अम्ल व आसुत जल	यह अधिक स्थायी नहीं होता ऊतिकी सम्बन्धी कार्य में प्रयोग किया जाता है।
4	**एफ.ए.ए.**	90% एथिल एल्कोहल, फार्मेलिन ग्लेसियल एसीटिक अम्ल व आसुत जल	सालों तक ऊतक के इसमें रखा जा सकता है। जंतुओं के लिए अच्छा परिरक्षक है तथा निमेटोड इसमें परिरक्षक किये जाते हैं।
5	**कार्नोय द्रव**	ग्लेसियल एसीटिक अम्ल + 90% एल्कोहल + कार्बन टेट्राक्लोराइड	ऊतिकी अध्ययन हेतु अच्छा परिरक्षक है। ऊतक को एक दिन (कम से कम) रखा जाता है।
6	**कार्ल द्रव**	90% एथिल एल्कोहल + फार्मेलिन + ग्लेसियल एसीटिक अम्ल + आसुत जल	कीटों के लिए अच्छा परिरक्षक है। कुछ ग्लिसरीन बूंदें भी मिला दी जाती हैं (कठोर कीटों के लिए)
7	**क्लाइन वर्ग–द्रव**	पिकरिक अम्ल + H_2SO_4	छोटे समुद्री जीवों तथा मुर्गी के भ्रूण के परिरक्षण में प्रयुक्त होता है। कम से कम 10–12 घण्टे रखा जाता है।

बोइन द्रव का बनाना (Preparation of Bouin's Fluid)

जलीय बोइन्स (Aquous Bouin's)

ग्लेसियल एसीटिक अम्ल	–	5 ml
फार्मेलिन	–	25 ml
पिकरिक अम्ल (संतृप्त)	–	75 ml

उपर्युक्त को मिलायें तथा संग्रहित करें।

एल्कोहल युक्त बोइन्स (Alcoholic Bouin's)

उपर्युक्त समान (एल्कोहल में संतृप्त पिकरिक अम्ल प्रयोग करें)

फार्मेलिन

40% फार्मल्डहाइड (HCHO) का तनुकरण क्रमशः 5% व 10% के रूप में करें।

3. अभिरंजक (Stains)

प्रयोगशाला में किसी जंतु या ऊतक के अध्ययन में इसके विभिन्न भागों को विभेदित करना होता है। यह किसी रंजक से किया जाता है। रंजक दो प्रकार के होते हैं –

1. **जैव रंजक** (Vital stains) (जीवित कोशिकाओं हेतु)
2. **अजैव रंजक** (Non-vital stains) (एसीटोकार्मिन, एसीटोओर्सिन, हीमोटाक्सीलिन व बोरेक्स कार्मिन)

Table 2. Commonly used vital and non vital stains

क्र.सं.	रंजक का नाम	संघटन	प्रयोग
	Vital Stain		
1	**मिथाइलीन ब्लू**	मिथाइलीन ब्लू पाउडर + आसुत जल	छोटे जीव, कोशिका, कोशिका द्रव्यीय कण, केन्द्रक को अभिरंजित करने में।
2	**कांगो रैड**	कांगो रेड पाउडर + आसुत जल	
3	**न्यूट्रल रैड**	न्यूट्रल रैड पाउडर + एल्कोहल	केन्द्रक को अभिरंजित करने में
4	**जेनस ग्रीन**	जेनस ग्रीन पाउडर + आसुत जल	माइटोकॉन्ड्रिया के अभिरंजन में
	Non-vital		
1	**एसीटो कार्मिन**	कार्मिन पाउडर + ग्लेसियल एसीटिक अम्ल + आसुत जल	केन्द्रक, प्रोटोजोआ, समसूत्री व अर्धसूत्री विभाजन व पोलीटीन गुणसूत्रों के अभिरंजन में।
2	**एसीटो ओर्सिन**	आर्सिन पाउडर ग्लेसियल एसीटिक अम्ल + आसुत जल	पोलीटीन गुणसूत्र व केन्द्रक
3	**बोरेक्स–कार्मीन**	बोरेक्स + कार्मिन पाउडर + एल्कोहल + आसुत जल	केन्द्रक
4	**क्रिस्टल वायलट**	क्रिस्टल वायलट रंजक + एथिल एल्कोहल	बैक्टीरिया

क्र.सं.	रंजक का नाम	संघटन	प्रयोग
5	**बेसिक फक्सिन**	फक्सिन रंजक + एथिल एल्कोहल	बैक्टीरिया
6	**हीमेटॉक्सीलिन**	हीमेटॉक्सीलिन + परिशुद्ध सुषव + ग्लिसरॉल + ग्लेसियल एसीटिक अम्ल + पौटेशियम एल्यूमिनियम सल्फेट + आसुत जल	केन्द्रक
7	**आयोडीन**	KI + आयोडीन + आसुत जल	कशाभिका, सिलिया व केन्द्रक
8	**पिक्रोइंडिगो कार्मिन**	पिकरिक अम्ल व एल्कोहल 90% + इंडिगो	काइटिनयुक्त पदार्थ

इओसीन तैयार करना

1 ग्राम इओसिन पाउडर को 100 मिली आसुत जल में घोलें (जलीय इओसिन)

1 ग्राम इओसिन पाउडर को 100 मिली 70% एल्कोहल में घोलें (एल्कोहलीय इओसिन)

हिमेटॉक्सीलिन तैयार करना

एहलरिच – हीमेटॉक्सीलिन

2 ग्राम हीमेटॉक्सीलिन को 100 मिली एथिल एल्कोहल में घोलें – 'विलयन **अ**'

100 मिली ग्लिसरॉल व आसुत जल (प्रत्येक) व 10 मिली ग्लेसियल एसीटिक अम्ल + 3 ग्राम एल्यूमिनियम पोटेशियम सल्फेट ले – 'विलयन **ब**'

'अ' व **'ब'** दोनों विलयन मिलायें। दो सप्ताह तक इसे परिपक्व होने दें।

डेलाफिल्ड हीमेटॉक्सीलिन

4 ग्राम हीमेटॉक्सीलिन को 25 मिली परिशुद्ध सुषव में घोलें। इसमें 400 मिली जलीय संतृप्त अमोनियम एलम का विलयन मिलायें। दो दिन तक प्रकाश में रखें तत्पश्चात् मिथाइल एल्कोहल व ग्लिसरीन (प्रत्येक 100 मिली) करीब दो माह इसे परिपक्व होने दें।

एसीटोकार्मिन तैयार करना

2 ग्राम कार्मिन पाउडर को 100 मिली 45% एसीटिक अम्ल (उबलते हुए) में मिलायें। पुनः 10 मिनट तक गर्म करें, ठंडा करें तथा छानें।

एसीटो ऑर्सिन तैयार करना

2 ग्राम आर्सिन पाउडर 100 मिली 45% उबलते हुए एसीटिक अम्ल में मिलायें। पुनः 10 मिनिट तक गर्म करें। ठंडा करें तथा छानें।

बोरेक्स कार्मिन तैयार करना

25 ग्राम पाउडर व 40 ग्राम बोरेक्स लें। इन्हें मिलायें तथा 100 मिली आसुत जल में घोलें। इसमें 1,000 मिली एल्कोहल मिलायें। 4 दिन तक रहने दें व फिल्टर करें (आवश्यकतानुसार समानुपातिक कम मात्रा में बनाएँ)।

कार्मिन 2.5 ग्राम व 4 ग्राम बोरेक्स को 100 मिली जल में मिलाये तथा 100 मिली 70: एल्कोहल मिलाये।

4. सामान्य अभिकर्मक (Common Reagents)

बहुत से विलयन व अभिकर्मक प्रयोगशाला में प्रयोग में आते हैं। इनमें नॉर्मल सेलाइन, रिंगर्स विलयन, एल्यूमिन अम्लीय जल व अम्लीय एल्कोहल हैं।

नॉर्मल सेलाइन

0.7 ग्राम सोडियम क्लोराइड लें व 100 मिली आसुत जल में घोलें (कशेरूकियों के लिए)

0.9 ग्राम सोडियम क्लोराइड व 100 मिली आसुत जल में घोलें। (स्तनधारियों के लिए)

रिंगर्स विलयन

निम्न को घोलें :

सोडियम क्लोराइड	–	0.65 ग्राम
सोडियम कार्बोनेट	–	0.62 ग्राम
कैल्शियम क्लोराइड	–	0.03 ग्राम
पोटैशियम क्लोराइड	–	0.025 ग्राम
आसुत जल	–	100 मिली.

मेयर एल्युमिन

50 मिली अण्डे की एल्यूमिन व 50 मिली ग्लिसरीन लें। एक कण थाइमोल डालें। इस विलयन को थोड़ा तनु कर काम लें।

5. संग्रह व संवर्धन विधियाँ (Collection & Culture Methods)

स्नातक स्तर के छात्र अपने क्षेत्र में स्थित नदी, तालाब, झील व बाँध पर जाएँ तथा वहाँ से जलीय वनस्पति, अमीबा, पैरामीशियम, युग्लीना, साइक्लोप व डैफ्नीया को संग्रहित करें। ऐसे जल में ये जंतु बहुतायत में पाये जाते हैं। प्रातःकाल व शाम को चूँकि ये प्लवक जल की सतह पर पाये जाते हैं अतः इन्हें संग्रहित करने का यह उपयुक्त समय है। जल के अन्दर, कारा, लिली, स्फैगनम सिरेटोफिलम आदि वनस्पति भी मिलती है। जल के ऊपरी सतह पर हरी काई को भी प्रयोगशाला में लावें व अध्ययन करें, इसमें प्रोटोजोआ बहुतायत में मिलेंगे।

अमीबा का संग्रह व संवर्धन

उपर्युक्त स्थानों से लाये जल के प्रादर्श (sample) को कांच के टब में रखें तथा ढक दें। किसी कांच के टब में आसुत जल लें। इसमें कुछ उबला हुआ भूसा मिलायें तथा संग्रहित जल में से पृथक किये गये कुछ युग्लीना, शैवाल संरोपित करें इसके बाद अमीबा भी संरोपित करें। जब संवर्धन पनप जाये तो इसमें भूसा के कुछ तिनके कुछ दिनों के अन्तराल पर और मिला दें। यदि जल कम हो जाये तो और मिला दें। संवर्धन को छाया में रखें।

चित्र 1.3 प्रोटोजोआ का संवर्धन

शुद्ध संवर्धन (Pure Culture)

एक कटोरी (enamel bowl) को आधा आसुत जल से भरें तथा इसमें 5–6 गेहुँ या चावल के दाने (टूटे हुए) मिलायें। उपर्युक्त संवधर्न के तले से पिपेट की सहायता से कुछ जल (जिसमें अमीबा अवश्य होंगे) इसमें मिलायें। 6–7 दिन के अन्तराल में यदि जल कम हो गया है तो और मिलायें। अमीबा इसमें भली–भाँति संवर्धित होते हैं।

युग्लीना का संवर्धन (Culture of Euglena)

कार्बनिक पदार्थ युक्त जल युग्लीना के लिए सर्वोत्तम है। आसुत जल में कुछ गोबर या घोड़े की लीद (horse dung) को उबालें तथा दो दिन रखा रहने दें। संवर्धन जल से कुछ युग्लीना पृथक करें। इसमें संरोपित करें। इसके अतिरिक्त युग्लीना का संवर्धन एक कटोरी दो तिहाई जल से

भरी हुई में कुछ उबले हुए चावल के दाने डाल कर भी किया जा सकता है। डेढ़ दो महीने के बाद इसमें युग्लीना पनप जायेंगे।

पैरामीशियम का संवर्धन (Culture of Paramecium)

दो तिहाई आसुत जल से भरे हुए कांच के टब में कुछ उबला हुआ भूसा डालें। इसमें कुछ दिन बैक्टीरिया पनपनें दें तथा संवर्धन से पैरामीशियम पृथक कर इसमें डालें। दलिया के दाने भी प्रयोग कर सकते हैं।

पैरामीशियम का व्यवहारिक अध्ययन

प्रयत्न व गलती से सीखना (Trial & Error Learning)

यह जल की प्रकृति की निरन्तर जांच करता रहता है। यदि जल में कोई रसायन मिला दिया जाता है तो यह अपने पश्च सिरे पर स्थिर होकर अग्र सिरे को वृत्ताकार तरीके से घुमाता रहता है जिससे यह उस स्रोत से दूर हो जाता है तथा अपनी दिशा बदल देता है। यदि पुनः ऐसे किसी संवेदन से गुजरता है तो यही क्रिया दोहराता है।

परिहरण व्यवहार (Avoidance Behaviour)

यदि यह किसी ठोस सतह के सम्पर्क में आता है तो उससे दूर हट जाता है तथा गमन की दिशा बदल देता है।

स्पर्श के लिए संवेदन (Response to Touch)

साफ स्लाइड के मध्य संवर्धन माध्यम की एक बूँद डालें। पैरामीशियम को फोकस करें तथा किसी सुई की सहायता से इसके अग्रसिरे को स्पर्श करावें। यह नकारात्मक (negative response) तरीके से प्रक्रिया प्रदर्शित करता है तथा गमन की दिशा बदल देता है।

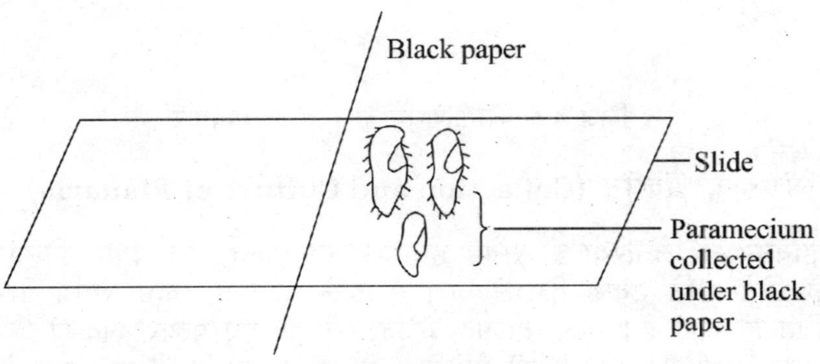

चित्र 1.4 पैरामीशियम में प्रकाश संवेदन का प्रदर्शन

प्रकाश संवेदन (Response to Light)

ये प्रकाश के लिए नकारात्मक अभिक्रिया (negative response) दर्शाते हैं। यदि पैट्रिडिश के आधे भाग को काले कागज से ढ़क दिया जाय और एक टेबिल लैम्प से प्रकाश डाला जाय तो सभी पैरामीशिया काले कागज से ढ़के भाग में एकत्रित हो जाते है।

अम्ल के लिए अभिक्रिया (Response to Acid)

साफ स्लाइड पर कुछ बूंदें संवर्धन माध्यम से लेकर डालें तथा एक बूंद दुर्बल एसीटिक अम्ल भी डालें। पैरामीशियम इससे दूर हट जाता है तथा गमन की दिशा बदल देता है। अतः ऋणात्मक अभिक्रिया प्रदर्शित करता है।

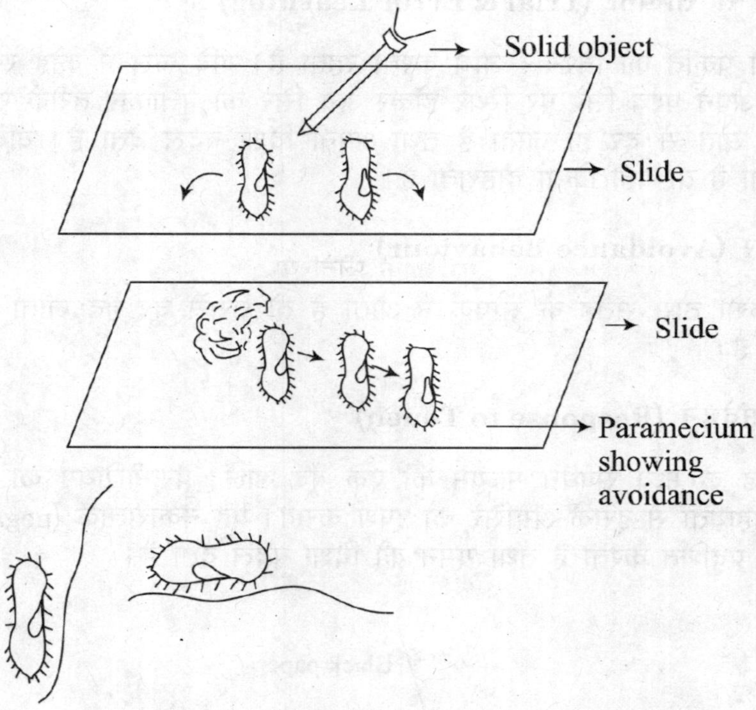

चित्र 1.5 पैरामीशियम के विभिन्न व्यवहार

प्लेनेरिया का संग्रह व संवर्धन (Collection and Culture of Planaria)

1925 में हायमन ने प्लेनेरिया के संग्रह हेतु प्रलोभन (bait) का प्रयोग किया था। तालाब के किनारे मांस के छोटे–छोटे टुकड़े छिछले जल में डाले जाते हैं। कुछ समय पश्चात् वे मांस के टुकड़े पर एकत्रित हो जाते हैं। झील, तालाब के जल में डूबे हुए पत्थर, लकड़ी के टुकड़े आदि पर भी चिपके हुए पाये जाते हैं। इन्हें किसी पैट्रिडिश में खुरच कर ले लिया जाता है। इसके संवर्धन हेतु 24°C ताप पर जल से भरी हुई कटोरी को अंधेरे में रख देते हैं। यकृत के छोटे–छोटे टुकड़े करके खाद्य सामग्री के रूप में डाल दिये जाते हैं जहाँ ये अच्छी तरह पनप जाते हैं।

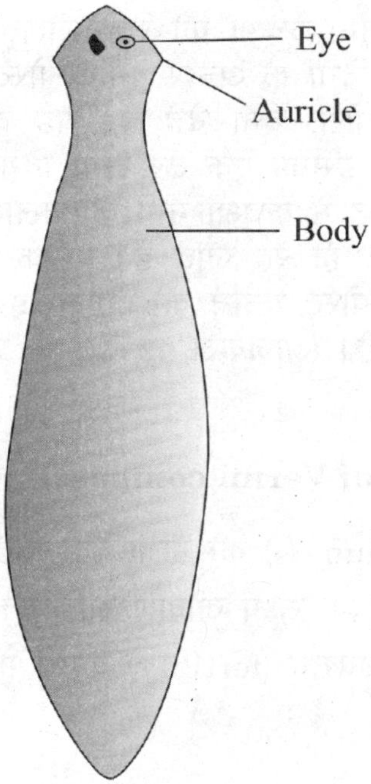

चित्र 1.6 प्लेनेरिया

केंचुआ का संग्रह व संवर्धन

6. वर्मीकल्चर (Vermiculture)

केंचुओं का वैज्ञानिक तरीके से रख–रखाव व प्रजनन **वर्मीकल्चर** कहलाता है। केंचुआ कार्बनिक पदार्थों को पाचन कर मल को छोटी–छोटी गोलियों में (कास्टिंग) उत्सर्जित करता है जिसमें पोषक पदार्थ जैसे – फास्फोरस, नाइट्रोजन, पौटेशियम, कॉपर, कैल्शियम, मैग्नीशियम, जिंक, कोबाल्ट व बोरॉन आदि पाये जाते हैं, **वर्मीकम्पोस्ट (Vermi-compost) कहलाती है।**

वर्मीकम्पोस्ट बड़ी आसानी से तैयार की जा सकती है। इसे बनाने हेतु एक 6–8 फुट ऊँचाई पर छप्पर तैयार किया जाता है और उसके नीचे 10 x 3 x 1.5 फुट (लम्बाई × चौड़ाई × ऊँचाई) की क्यारियों का निर्माण किया जाता है। इन क्यारियों में गन्ना, ज्वार, बाजरा, चावल व मक्का की फसल के अवशेष को 3 इंच मोटाई में तह लगाकर बिछाते है। इसके बाद 2 इंच मोटाई मे सूखा हुआ कम्पोस्ट या आधी सड़ी हुई गोबर की खाद बिछाकर पानी छिड़क दिया जाता है जिससे आवश्यक नमी बनी रहे। अब इस पर 1 इंच मोटी वर्मीकम्पोस्ट जिसमें केंचुएं, कोकून पर्याप्त मात्रा में होते हैं, बिछा दी जाती है। इस पर 4–5 दिन पुराना गोबर, घास, पत्तियाँ आदि 2 इंच मोटाई में बिछा दिये जाते हैं। 10 × 3 × 1.5 फुट की क्यारी के लिए लगभग 25 किलो वर्मीकास्ट की आवश्यकता पड़ती है। सबसे अन्तिम परत में 10–12 इंच मोटी गोबर व घास, पत्तियाँ आदि कचरा बिछाया जाता है जिससे सबसे पहली परत व अन्तिम में लगभग 1–1 1/2 फुट की दूरी होती है। इस पर भली भांति पानी छिड़क दिया जाता है और गीले टाट या बोरी से ढ़क दिया जाता है।

छप्पर के नीचे होने के कारण तापमान केंचुओं की सहनशीलता की सीमा में होता है व आवश्यक नमी बनी रहती है। लगभग 40–60 दिनों के अन्दर वर्मीकम्पोस्ट तैयार हो जाता है। केंचुआ समस्त कार्बनिक पदार्थ को खाकर वर्मीकम्पोस्ट बना देते है। यह काले रंग की होती है। केंचुओं को वर्मीकम्पोस्ट से अलग करने के लिए इसका एक ढ़ेर लगा दिया जाता है तथा पानी छिड़कना बन्द कर दिया जाता है। सूखी वर्मीकम्पोस्ट में केंचुआ नमी की तलाश में नीचे चले जाते हैं और अन्त में केवल केंचुआ व इसके कोकून आदि ही रह जाते हैं। वर्मीकम्पोस्ट को ऊपर से पृथक कर दिया जाता है और इन केंचुओं से वर्मीकम्पोस्ट बनाने की अगली इकाई तैयार की जा सकती है अथवा इसका बेचान भी किया जा सकता है। (आजकल 15–20 रु. प्रति किलो के हिसाब से मिल जाती है।)

वर्मीकम्पोस्ट से लाभ (Benefits of Vermi compost)

1. मृदा (soil) में ह्यूमस (humus) की मात्रा बढ़ जाती है।
2. भूमि में विद्यमान लाभदायक सूक्ष्म जीवाणु सक्रिय हो जाते हैं।
3. पोषक पदार्थ भूमि की उर्वरता (fertility) बढ़ाने में सहायक होते हैं।

वर्मीकम्पोस्ट हेतु जातियां

दास व सेनापति (1996) के अनुसार भारतीय परिस्थितियों में क्रमशः डाइकोगैस्टर बोलाई (*Dichogaster bolani*) लैम्पिटो मॉरिशाई (*Lampito muritii*) व पैरियोनिक्स एक्सकेवेटस (*Perionyx excavatus*) ज्याद उचित है। **काले** (1986) के अनुसार अफ्रीकन वर्म यूड्रिलस यूजिनिआई (*Eudrilus eugeniae*) से भी अच्छे परिणाम प्राप्त हुए हैं। शीतोष्ण क्षेत्रों में आइसेनिया फेटिडा (*Eisenia foetida*) तथा लम्ब्रीकस रयूबेलस (*Lumbricus rubellus*) साधारणतया प्रयुक्त की जाती है। भरतपुर में स्वयं सेवी संस्था लुपिन ह्यूमन वेलफेयर व अनुसंधान संस्था विभिन्न गांवों में वर्मीकल्चर का सफल प्रयोग कर रही है तथा करीब 140 इकाईयों इसके सहयोग से कार्य कर रही है।

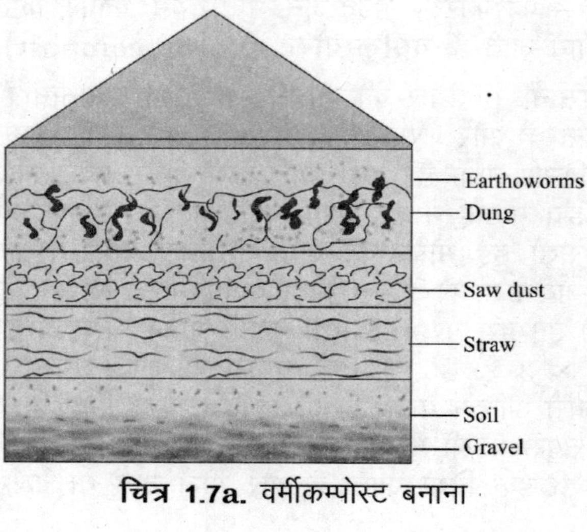

चित्र 1.7a. वर्मीकम्पोस्ट बनाना

चित्र 1.7b. वर्मीकम्पोस्ट बनाना

डैफनिया का संग्रह व संवर्धन (Collection & Culture of Daphnia)

मछली की प्रारम्भिक अवस्थाएँ प्रोटीनयुक्त प्लवक खाती है। **क्लेडोसीरा** के जंतु स्वच्छ जल में पाये जाने वाले जंतु प्लवक (zooplanktons) होते हैं। जिनमें डैफ्नीया एक है। मछली पालन में इन प्लवकों का वृहत संवर्धन किया जाता है। 5000 लीटर के वृत्ताकार टैंक में यह संवर्धन आसानी से किया जा सकता है। प्रयोगशाला में इनका संवर्धन जलजीवशाला या एक्रिलिक से बने टैंक में किया जा सकता है। प्राकृतिक जल स्रोत से डैफ्नीया व साइक्लोप को एकत्रित कर प्रयोगशाला में ले आते हैं। टैंक में कुछ गाय का गोबर डाल दिया जाता है, जब उसमें शैवाल पनप जाते हैं तो इन प्राकृतिक स्रोत (तालाब, झील, बाँध व नदी) से संग्रहित किये गये इन जंतुओं को उसमें छोड़ देते हैं। वे तीव्र वृद्धि करते हैं तथा उनका घनत्व 100 जंतु प्रति मिली लगभग एक सप्ताह में पहुँच जाता है। उन्हें प्लवक जाल (बोल्टिंग सिल्क निर्मित) से एकत्रित किया जाता है तथा मत्स्य पालन वाले टैंक में खाद्य सामग्री के रूप में डाले जाते हैं।

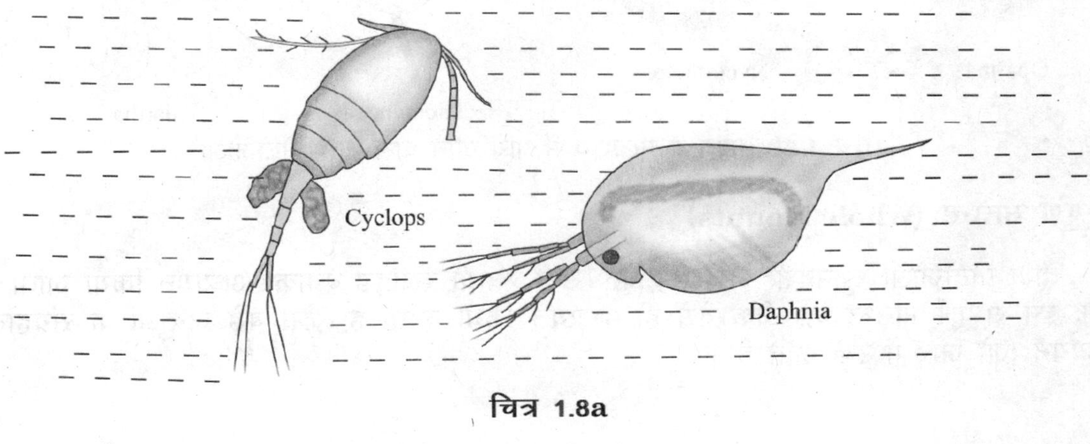

चित्र 1.8a

आंत व मलाशय में पाये जाने वाले प्रोटोजोआ का संग्रह (Collection of Rectal Ciliates and Other Intestinal Protozoa)

मलाशय में पाये जाने वाले सिलिएट (ciliate) के लिए मेंढक व टोड के टैडपोल सर्वथा उपयुक्त जंतु हैं। किसी भी तालाब एकत्रित जल स्रोत से वर्षा के दिनों में इन्हें संग्रहित किया जा सकता है।

टैडपोल को पिथ करें (मस्तिष्क को सुई से नष्ट करें) अधर सतह को कैंची से कांटे (अग्र से पश्च सिरे की ओर), आहार नाल का पश्च सिरा (मलाशय) आंत से एक संकरे द्वार से सम्बद्ध रहता है तथा कुंडलित रहता है। सिलिएट मलाशय व आंत में पाये जाते हैं। अग्र भाग में जिआर्डिया (कशाभिकी) पाया जाता है। मलाशय में **निक्टोथीरस** व **ओपेलाइना** पाये जाते हैं।

जीवित अवस्था में इनका अध्ययन करने हेतु साफ स्लाइड पर मलाशय को 0.7% सेलाइन में कुरेंदे (crush) तथा कवरस्लिप से ढंकें। सूक्ष्मदर्शी में बताये गये चित्रानुसार इनकों पहचानें।

नोट – 1. टैडपोल वर्ष पर्यन्त नहीं मिलते हैं केवल वर्षांत के दिनों में मिलते हैं अतः यह प्रयोग जुलाई–अगस्त (जब कॉलेज खुलते हैं) में ही सम्पन्न कर लें।

2. निक्टोथीरस को कॉकरोच की पश्च आंत से भी संग्रहित किया जा सकता है।

3. मेंढक के मलाशय में भी कोशिश करें, मिल सकते हैं।

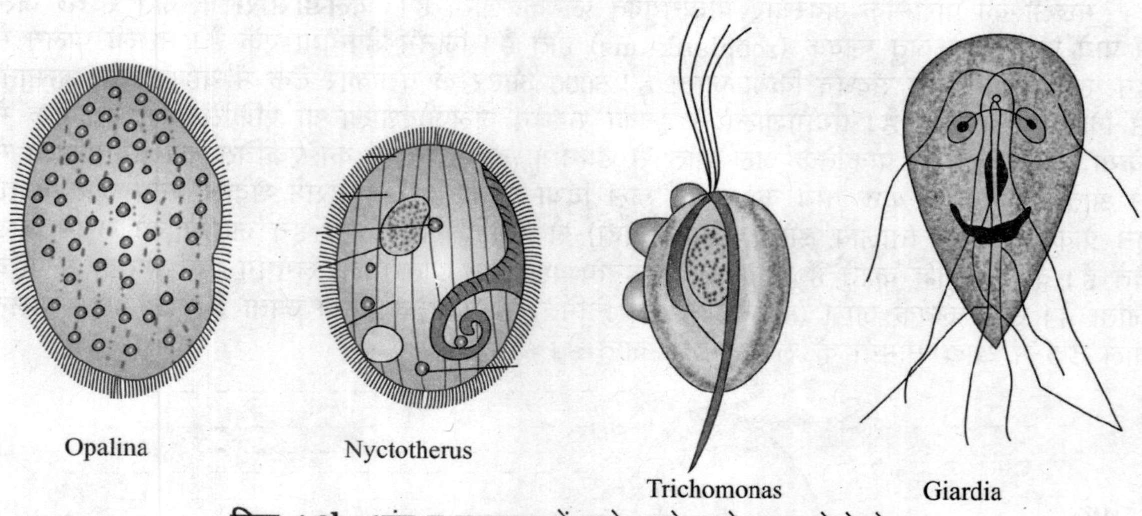

चित्र 1.8b. आंत व मलाशय में पाये जाने वाले कुछ प्रोटोजोआ

सम्पूर्ण माउन्ट (Whole Mounts)

चूँकि प्रोटोजोआ सूक्ष्मदर्शी जीव है। अतः उन्हें स्थायी स्लाइड बनाकर अध्ययन किया जाता है। अतः इन सम्पूर्ण माउन्ट को ठीक वैसे ही अध्ययन किया जाता है, जैसे बड़े जन्तुओं के संग्रहालय अध्ययन (जो जार में रखे जाते हैं)।

Outline classification of PROTOZOA (*Protos* - first, *Zooan* - animal)

Class

↓

SARCODINA	**CILIATA**	**FLAGELLATA**	**SPOROZOA**
↓ ORDER	↓ ORDER	↓ ORDER	↓ ORDER
1. **Lobosa** eg. Amoeba	1. **Holotricha** eg. Paramecium	1. **Dinoflagellata** eg. Ceratium, Noctiluca	1. **Gregarinida** eg. Monocystis
2. **Heliozoa** eg. Actinophrys	2. **Peritricha** eg. Vorticella	2. **Chrysomonadina** eg. Chrysamoeba	2. **Haemosporidia** eg. Plasmodium
3. **Radiolaria** eg. Acanthometra	3. **Chonotricha** eg. Spirochona	3. **Euglenoidina** eg. Euglena	3. **Coccidia** eg. Coccidium
4. **Foraminifera** eg. Polystomella	4. **Spirotricha** eg. Balantidium Nyctotherus Stentor	4. **Volvocales/ Phytomonadina** eg. Volvox, Chlamydomonas	4. **Cnidosporidia** eg. Myxobolus
	5. Opalinata eg. Opalina	5. **Choanoflagellate** eg. Proterospongia	5. **Sarcosporidina** eg. Sarcocystis
		6. **Protomonadina** eg. Trypanosoma	6. **Haplosporidia** eg. Haplosporidium
		7. **Hypermastigina** eg. Trichonympha	
		8. **Rhizo mastigina** eg. Mastigamoeba	
		9. **Polymastigina** eg. Trichomonas, Giardia	

Protozoa

1. Unicellular and microscopic animals.

Class : SARCODINA (RHIZOPODA)

1. Locomotory organs *Pseudopodia.*
2. Mode of nutrients is holozoic or saprozoic.

Order - Lobosa

1. Pseudopodia blunt

Order - Foraminifera

1. Shell multichambered
2. Reticulopodia emerge out from one or more openings.

Class - CILIATA

1. Locomotory organs *cilia.*

Order - Holotricha

1. All cilia of similar size

Order - Peritricha

1. Bell shaped body
2. Cilia arranged around oral region

Order - Spirotricha

1. Cilia encircling peristome are larger arranged in clock wise direction.

Order - Opalinata

1. Cilia in oblique rows

Class - FLAGELLATA (MASTIGOPHORA)

1. Locomotory organs *Flagella.*

Order - Euglenoidina

1. Pellicle thick
2. Gullet leads into reservoir.

Order - Protomonadina

1. Parasitic in the blood
2. Flagella 2-8

Class - SPOROZOA

1. Locomotary organs absent
2. Endoparasitic

Order - Gregarinida

1. Extracellular tophozoite
2. Endoparasites

Order - Haemosporidia

1. Intracellular trophozoite
2. Blood parasite

युग्लीना
(Euglena)

वर्गीकरण (Classification)

फायलम	–	प्रोटोजोआ
क्लास	–	मैस्टीगोफोरा
ऑर्डर	–	युग्लीनोइडिना
जीनस	–	युग्लीना

साधारण नाम (Common Name)

सामान्यतया युग्लीना कहलाता है।

आवास एवं प्रकृति (Habit & Habitat)

यह स्वच्छ जल के तालाब, खाई, पोखर आदि में पाये जाते हैं।

पोषण – प्राणीसम (holozoic)

वितरण – इन आवासों में सभी जगह।

पहचान के लक्षण (Characters of Identification)

1. पश्च सिरा नुकीला तथा अग्र कुंद (blunt)
2. अग्र सिरे पर एक कशाभिका जो ग्रसिका (gullet) के आधार पर उत्पन्न होती है।
3. अग्र सिरे के निकट स्टिगमा जो प्रकाश संवेदी होता है, पाया जाता है।
4. केन्द्रक पश्च सिरे के निकट पाया जाता है।

विशेष लक्षण (Special Features)

1. क्लोरोप्लास्ट कोशिका द्रव्य में विकीरित (radiating) हुआ पाया जाता है।
2. संचित भोजन पैरामायलम काय के रूप में।
3. ये **कार्बनिक पहेली** (organic puzzle) हैं (क्योंकि आधे वनस्पति व आधे जंतु है)

जंतुसदृश लक्षण (Animal like Features)

1. संकुचनशील रसधानी उपस्थित।
2. युग्लीना समान गति (euglenoid movement)
3. प्राणीसम (holozic) पोषण।

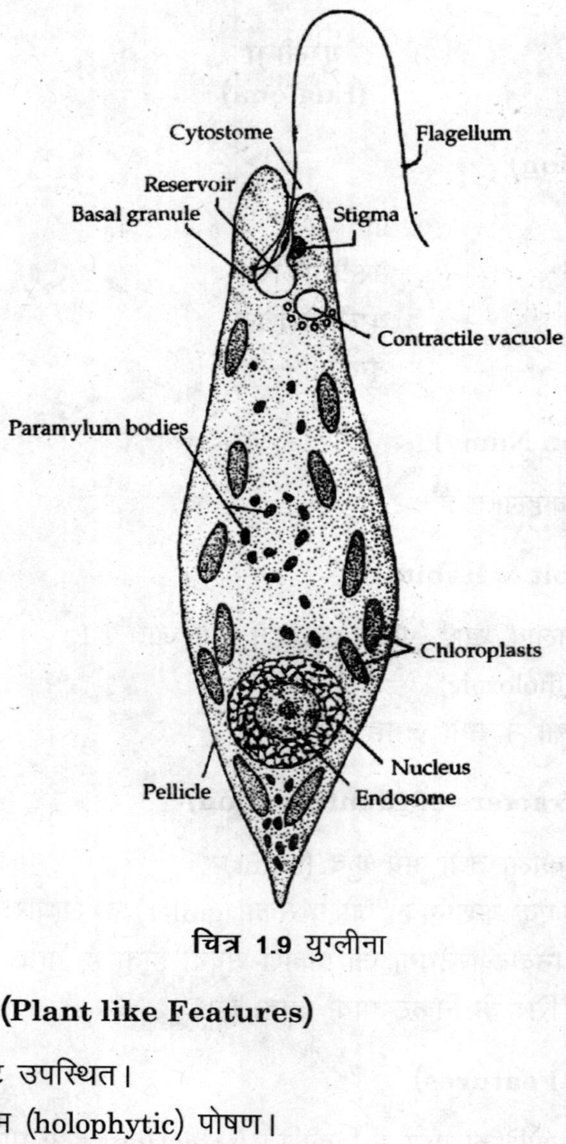

चित्र 1.9 युग्लीना

वनस्पति सदृश लक्षण (Plant like Features)

1. क्लोरोप्लास्ट उपस्थित।
2. वनस्पति सम (holophytic) पोषण।
3. पामेला अवस्था (Palmella stage)
4. पाइरीनायड (Pyrenoid) उपस्थित।

जैविक महत्त्व (Biological Importance)

1. प्रयोगशाला में प्रोटोजोआ जंतु के सदस्य के रूप में अध्ययन किया जाता है।
2. प्लवक (planktons) कहलाते हैं जो जलीय परिस्थितिकी तंत्र में विशेष भूमिका निभाते हैं।

ट्रिपनोसोमा
(Trypanosoma)

वर्गीकरण (Classification)

फायलम	–	प्रोटोजोआ
क्लास	–	फ्लेजिलेटा
ऑर्डर	–	प्रोटोमोनेडिना
जीनस	–	ट्रिपनोसोमा
जाति	–	गैम्बिएन्स

साधारण नाम (Common Name) – ट्रिपनोसोमा।

आवास एवं प्रकृति (Habit & Habitat)

ये मनुष्य के रक्त में अंतःपरजीवी तथा रक्त चूसने वाले अकशेरुकी जंतुओं की आहारनाल में पाये जाते हैं।

वितरण (Distribution) – अफ्रीका (नाइजीरिया व कांगो)

पहचान के लक्षण (Characters of Identification)

1. देह लम्बी, दोनों सिरों पर पतली (tapering)
2. अग्र सिरे पर एक कशाभिका जो ब्लीफेरोप्लास्ट (blepharoplast) से निकलती है।
3. मध्य में गोलकार केन्द्रक उपस्थित।
4. देह पतली पैलीकल से ढ़की रहती है जो पार्श्व में फिन के समान तरंगित झिल्ली (undulating membrane) वलन बनाती है।
5. जनन द्विविभजन (binary fission) द्वारा।

विशेष लक्षण (Special Features)

1. यह नींद की बीमारी (sleeping sickness) या **गैम्बियन ट्रिपनोसोमियेसिस** फैलाता है।
2. वाहक **सेट सी मक्खी** (Tse-tse-fly) **ग्लोसीना पैल्पेलिस** होती है। यह मनुष्य को काट जाती है तथा रक्त चूसती है। मनुष्य इसका द्वितीयक पोषक (secondary host) है।
3. एंटीलोप, सुअर व भैंसा इसके प्राथमिक परपोषक हैं।
4. मक्खी की आंत में ट्रिपनोसोमा जनन करता है। दो सप्ताह बाद में वे लार ग्रन्थियों में आ जाते हैं तथा मक्खी के काटने पर मनुष्य में पहुंच जाते हैं।

5. नींद की बीमारी (sleeping sickness) में तंत्रिका तंत्र व लसीका तंत्र प्रभावित होता है। 1–2 सप्ताह के परिपाक काल (incubation period) के बाद बुखार, ठंड लगना, सिर दर्द व भूख में कमी आदि लक्षण दिखाई देते हैं। मरीज को जल्दी ही कभी भी नींद आ जाती है। बीमारी बढ़ जाने पर मनुष्य बेहोशी (coma) में चला जाता है तथा मर जाता है।

जैविक महत्त्व (Biological Importancer)

1. प्रोटोमोनेडिना के सदस्य के रूप में प्रयोगशाला में अध्ययन किया जाता है।

आर्थिक महत्त्व (Economic importance)

1. यह नींद की बीमारी (sleeping sickness) फैलाता है जो मनुष्य की कार्यक्षमता को प्रभावित करती है।

अतिरिक्त सूचना (Additional Information)

1. 1901 में फोर्ड (Forde) ने खोजा था।
2. **सर डेविड ब्रूस** ने बताया कि संक्रमण सेट–सी मक्खी द्वारा फैलता है।
3. स्टॉक्सिल, बायर 205, एंट्रीपोल, जर्मेनिन दवाइयाँ इसके इलाज में काम आती है।
4. ट्रिपेनोसोमा क्रूजाई (*T-cruzi*) *चागा* नामक बीमारी (Chaga's disease) फैलाता है। रेडूविडी कुल की बग वाहक का कार्य करती है।

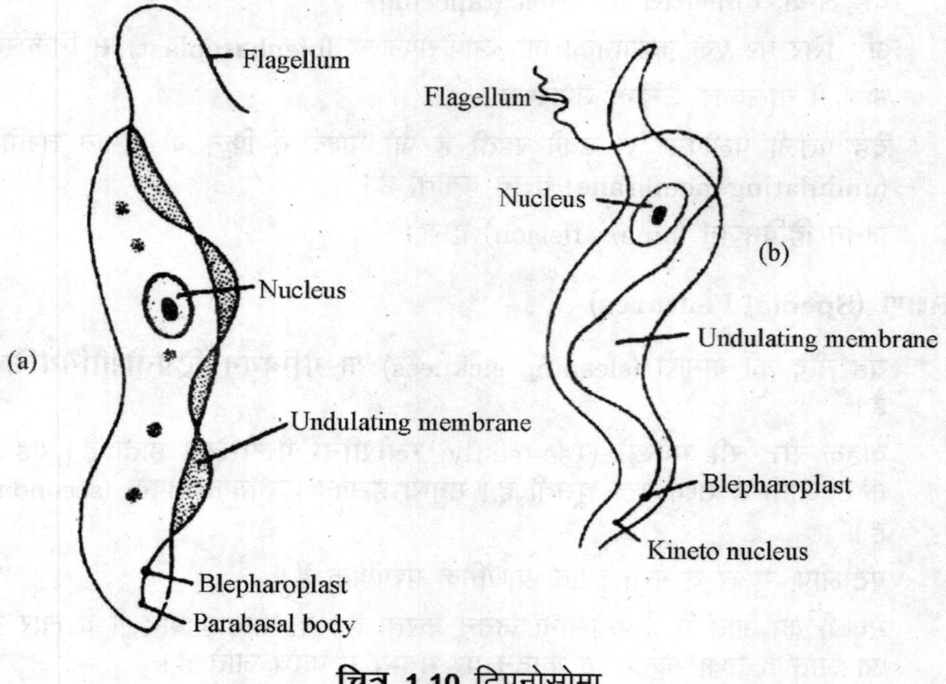

चित्र 1.10 ट्रिपनोसोमा

लीशमैनिया
(Leishmania)

फायलम	–	प्रोटोजोआ
क्लास	–	मैस्टीगोफोरा / फ्लेजिलेटा
ऑर्डर	–	प्रोटोमोनेडिना
जीनस	–	लीशमैनिया (लीशमैनिया डोनोवानी)

साधारण नाम (Common Name)

लीशमैनिया / कोई विशेष नहीं

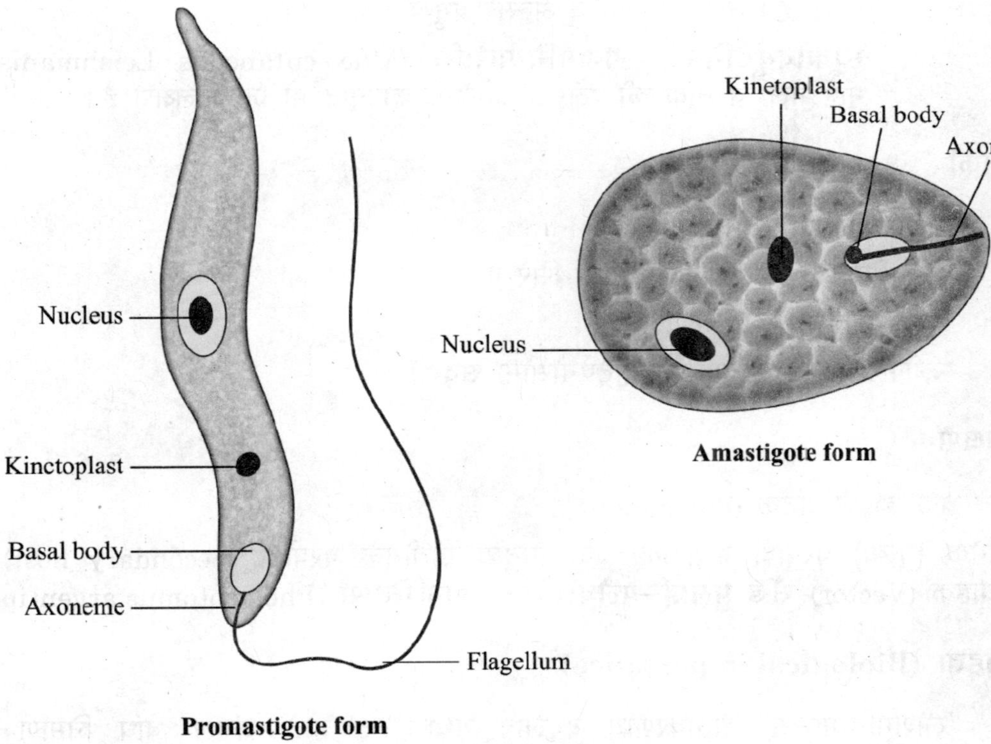

चित्र 1.11.

आवास एवं प्रकृति (Habit & Habitat)

लिवर, आँत, तिल्ली, लिम्फ ग्रन्थि व अस्थि मज्जा में अंतराकोशी परजीवी (Intracellular) के रूप में रोग फैलाने वाला (Pathogenic)।

वितरण (Distribution) – ट्रॉपीकल / सबट्रॉपीकल क्षेत्र में दूर–दूर तक, भारत में बिहार, आसाम व पश्चिमी बंगाल राज्यों में।

पहचान के लक्षण (Characters of Identification)

1. सूक्ष्मजीवी, गोल/अंडाकार आकृति
2. देह पेलीकल/पेरीब्लास्ट से ढकी रहती है, कोशिका द्रव्य बाह्य व अंत द्रव में विभेदित रहता है।
3. चार रूप में पाया जाता है।
4. लीशमैनियसिस के तीन रूप होते हैं –
   1. **विसरल लीशमैनियासिस** (Visceral leishmaniasis (kala azar)) खतरनाक होती है। बुखार, वजन ह्रास, लिवर व तिल्ली का बढ़ जाना लक्षण है।
   2. **क्यूटेनियस लीशमैनियासिस** Cutaneous Leishmaniasis सामान्यतया पायी जाती है। त्वचा में घाव व अल्सर प्रमुख लक्षण है।
   3. **म्यूकोक्यूटेनियस लीशमैनियासिसि** (Muco-cutaneous Leishmaniasis), मुंह, गला व नाक की श्लेस्मा ग्रन्थियाँ का नष्ट हो जाना लक्षण है।

अकशाभिकी

1. कशाभिका नहीं पायी जाती है।
2. कशाभिका व ब्लीफेराप्लास्ट अग्र सिरे पर
3. क्लाइथ्रीडिया (Clithridia)
4. ब्लीफेरोप्लास्ट पश्चभाग में (ट्रिपेनोसोमा सदृश)

विशेष लक्षण

जीवन चक्र डाइजैनिटिक (digenetic)

प्राथमिक (मुख्य) परपोषी कशेरूकी जंतु, मनुष्य द्वितीयक परपोषी (Secondary host)/इंटर मिडिएट वाहक (Vector) **सैंड फ्लाई–फ्लेबोटोमस आर्जेन्टिप्स** (Phelobotomus argentipes)

जैविक महता (Biological importance)

1. लीशमैनियासिस, वातावरणीय बदलाव यथा नष्ट होते जंगल, बांध निर्माण तथा शहरीकरण से सम्बद्ध है।
2. बीमारी कुपोषण, कमजोर प्रतिरोधकता अस्वच्छ मकानात (poor housing) से भी संबंधित है।

आर्थिक महत्ता (Economic importance)

1. लीशमैनियासिस/काला अजार फैलाता है।
2. Leishmania tropica जाति ओरिएंटल सोर (oriental sore) फैलाता है।

जिआर्डिया
(Giardia)

वर्गीकरण (Classification)

फायलम	–	प्रोटोजोआ
क्लास	–	फ्लेजिलेटा
ऑर्डर	–	पॉली मैस्टीजिना
जीनस	–	जिआर्डिया

साधारण नाम (Common Name)

जिआर्डिया कहलाता है।

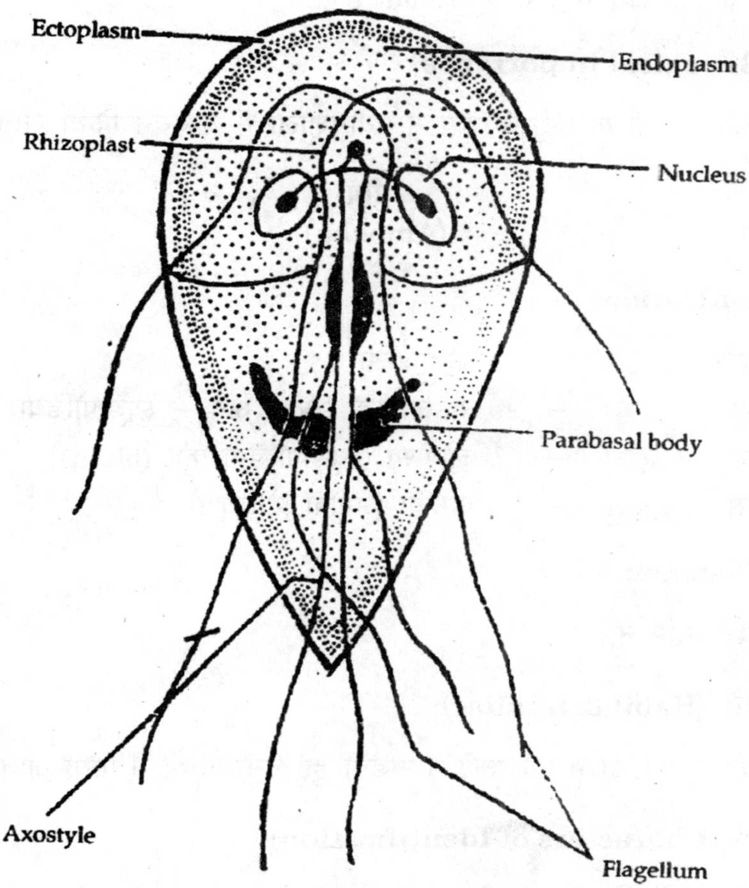

चित्र 1.12 जिआर्डिया

आवास एवं प्रकृति (Habit & Habitat)

मनुष्य की आंत में परजीवी के रूप में पाया जाता है।

वितरण (Distribution) – समस्त विश्व में।

पहचान के लक्षण (Characters of Identification)

1. देह का अग्र सिरा गोल व पश्च नुकीला होता है।
2. अधर सतह अवतल व पृष्ठ उत्तल होती है। अधर सतह पर चिपकने हेतु चूषक डिस्क (suctorial disc) पायी जाती है।
3. एक्सोस्टाइल मध्य लम्बवर्ती अक्ष बनाता है।

विशेष लक्षण (Special Features)

1. यह आंत के अग्र भाग में पाया जाता है।

जैविक महत्त्व (Biological Importance)

1. पॉलीमैस्टीजिना के जंतु के रूप में प्रयोगशाला में अध्ययन किया जाता है।

अमीबा
(Amoeba)

वर्गीकरण (Classification)

फायलम	–	प्रोटोजोआ
क्लास	–	राइजोपोडा (चलन अंग – स्यूडोपोडिया)
ऑर्डर	–	लोबोसा (स्यूडोपोडिया कुंद (blunt))
जीनस	–	अमीबा (अमीबा प्रोटियस)

साधारण नाम (Common Name)

अमीबॉइड विशेष नाम नहीं।

आवास एवं प्रकृति (Habit & Habitat)

स्वच्छ जल के तालाब, झरने की तली में सड़ती हुई वनस्पतियों में पाया जाता है।

पहचान के लक्षण (Characters of Identification)

1. आकृति अनियमित तथा जीवद्रव्य अस्थायी रूप से कूटपाद (स्यूडोपोडिया) के रूप में दृष्टिगोचर होते हैं।

2. जीवद्रव्य अंतः व बाह्य द्रव के रूप में विमोदित रहता है तथा प्लाज्मा झिल्ली द्वारा घिरा रहता है।
3. अतः द्रव्य में भोजन रिक्तिका, केंद्रक व संकुचनशील रिक्तिका पायी जाती है। संकुचनशील रिक्तिका जल को निरंतर बाहर करती रहती है।

विशेष लक्षण (Special characters)

1. जनन अलैंगिक, द्विविभजन द्वारा
2. प्रतिकूल परिस्थितियों में पुटीभवन होता है।
3. अमीबीय चलन को सबसे आम गमन कहा जाता है।

आर्थिक महत्ता (Economic Importance)

1. एंट अमीबा हिस्टोलाइटिका अमीबीय अतिसार फैलाता है।
2. कोशिकीय अनुसंधान के क्षेत्र में केन्द्रक व कोशिका द्रव्य के अन्र्तसंबंध सुनिश्चित करने में।
3. एंट अमीबा जिंजीवेलिस (*E. gingivalis*) दाँतों के आधार में जिंजीवल पाऊच (Gingival pouch) में एकत्रित रहते हैं जो **पायरिया** (pyrrhoea) रोग का कारण बनते हैं।

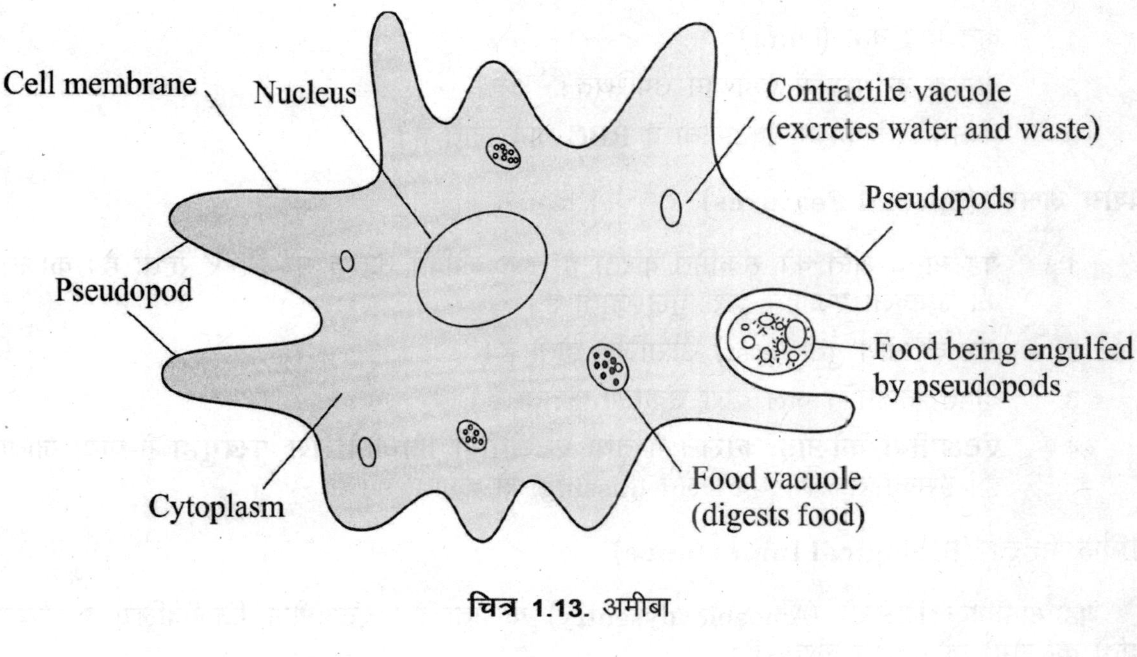

चित्र 1.13. अमीबा

एंटअमीबा
(Entamoeba)

वर्गीकरण (Classification)

फायलम	–	प्रोटोजोआ
क्लास	–	सारकोडिना
ऑर्डर	–	लोबोसा
जीनस	–	एंटअमीबा
जाति	–	हिस्टोलाइटिका

साधारण नाम (Common Name)

एंटअमीबा कहते हैं।

आवास एवं प्रकृति (Habit & Habitat)

1. मनुष्य की आंत में अंतःपरजीवी के रूप में पाया जाता है। अन्य जातियां कोलन व मुख गुहा में भी पायी जाती है।

वितरण (Distribution) – ट्रॉपीकल देशों (Tropical countries) में सभी जगह।

पहचान के लक्षण (Characters of Identification)

1. कूट पाद कुंद (blunt)
2. केन्द्रक के मध्य में एंडोसोम उपस्थित।
3. भोजन रिक्तिका में बैक्टीरिया व RBC पाये जाते हैं।

विशेष लक्षण (Special Features)

1. यह मानव आंत को संक्रमित करता है तथा जीवित ऊतक पर निर्भर रहता है। कोलन की उपकला एंजाइम द्वारा घुल जाती है।
2. मल के साथ पुटी (cyst) उत्सर्जित होती है।
3. दूषित भोजन व जल द्वारा संक्रमण फैलता है।
4. **एंटअमीबा कोलाई कोलन** में तथा **एंटअमीबा जिंजीवेलिस मुखगुहा** में पाया जाता है। इसका संक्रमण चुंबन लेने (kissing) से फैलता है।

जैविक महत्त्व (Biological Importance)

यह अमीबिक डिसेन्ट्री (Amoebic dysentry) फैलाता है। एंटअमीबा जिंजीवेलिस पायरिया (दांतों का रोग) को त्वरित करता है।

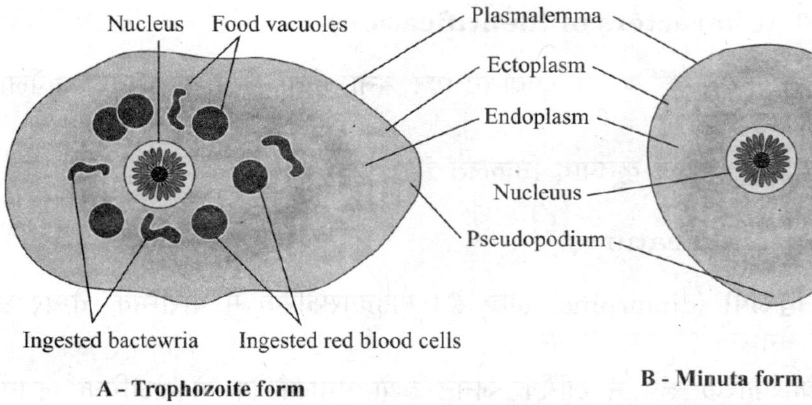

चित्र 1.14 एंटअमीबा

पोलिस्टोमेला
(Polystomella/Elphidium)

वर्गीकरण (Classification)

फायलम	–	प्रोटोजोआ
क्लास	–	राइजोपोडा
ऑर्डर	–	फोरेमिनीफेरा
जीनस	–	पोलिस्टोमेला

साधारण नाम (Common Name) – पोलिस्टोमेला

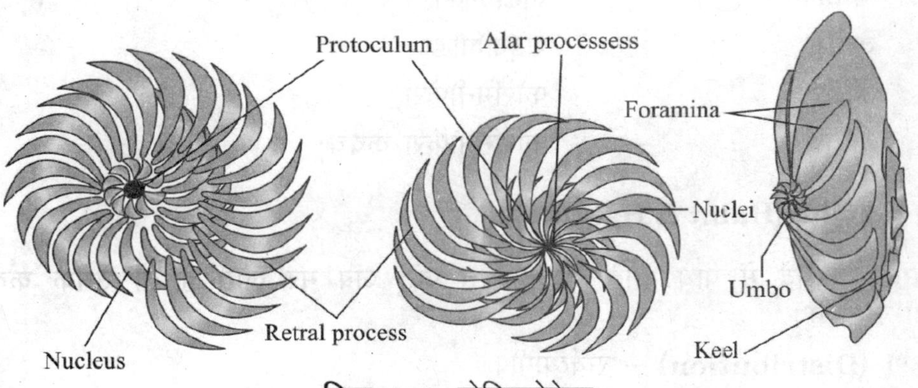

चित्र 1.15. पोलिस्टोमेला

आवास एवं प्रकृति (Habit & Habitat)

समुद्र के तले में पाया जाता है। प्रोटोजोआ व डायटम खाता है।

वितरण (Distribution) – यह गहरे समुद्र में पाया जाता है।

पहचान के लक्षण (Characters of Identification)

1. छिद्रित कवच कैल्शियम कार्बोनेट का बना होता है तथा चैम्बर सर्पिलाकार क्रम में व्यवस्थित रहते हैं।
2. छिद्रों में से होकर कूटपाद निकलते हैं।

विशेष लक्षण (Special Features)

1. यह **द्विरूपी** (dimorphic) होता है। माइक्रोस्फेरिक में प्रारम्भिक चैम्बर छोटा होता है तथा मेगास्फेरिक रूप में बड़ा।
2. माइक्रोस्फेरिक रूप में लैंगिक जनन तथा मेगास्फेरिक में अलैंगिक जनन पाया जाता है।
3. मृत कवच समुद्र के तले में एकत्रित हो जाते हैं तथा फोरेमिनीफेरा ऊज़ (Foraminiferan ooze) का हिस्सा होते हैं।

जैविक महत्त्व (Biological Importance)

फोरेमिनीफेरा सदस्य के रूप में प्रयोगशाला में अध्ययन किया जाता है।

फोरेमिनीफेरा कवच (Foraminiferan Shells)

वर्गीकरण (Classification)

फायलम	–	प्रोटोजोआ
क्लास	–	राइजोपोडा
ऑर्डर	–	फोरेमिनीफेरा
जीनस	–	फोरेमिनीफेरा कवच

आवास एवं प्रकृति (Habit & Habitat)

ये समुद्र के पेंदे में पाये जाते हैं। जीवित जंतु जब मर जाते हैं तो उनके कवच तले में एकत्रित हो जाते हैं।

वितरण (Distribution) – सर्वव्यापी।

पहचान के लक्षण (Characters of Identification)

1. कवच एक–पालीयुक्त या बहु–पालीयुक्त (uni-locular or multi-locular)
2. कवच सिलिकायुक्त, काइटिनयुक्त या जिलेटिनी पदार्थ के हो सकते हैं।

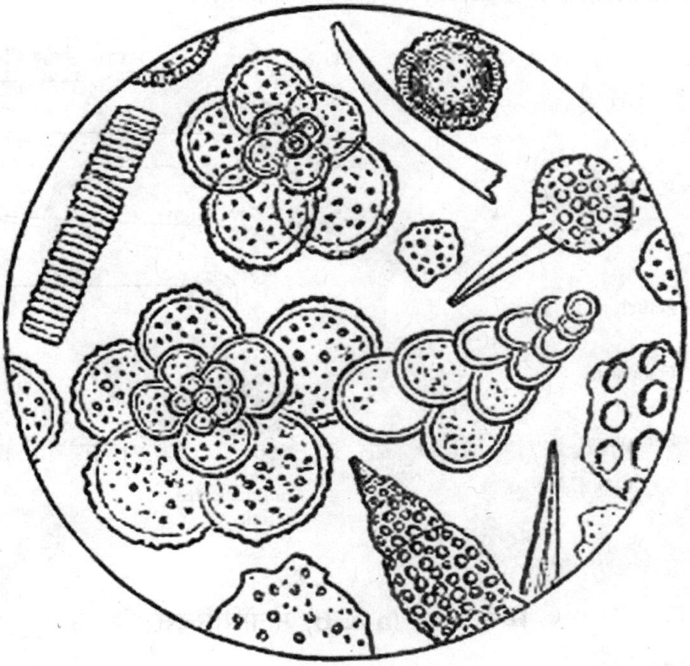

चित्र 1.16. फोरेमिनीफेरा कवच

विशेष लक्षण (Special Features)

1. कैम्ब्रियन काल के फोरेमिनीफेरा जीवाश्म बन चुके हैं।
2. इंग्लैण्ड में खडिया की चट्टानें तथा अमरीका व फ्रांस में मिलने वाली चूने पत्थर की चट्टानें इस गण के जंतुओं के कवच ही हैं।

जैविक महत्त्व (Biological Importance)

प्रयोगशाला में फोरेमिनीफेरा गण के सदस्य के रूप में अध्ययन किये जाते हैं।

मोनोसिस्टिस (Monocystis)

वर्गीकरण (Classification)

फायलम	–	प्रोटोजोआ
क्लास	–	स्पोरोजोओ
ऑर्डर	–	ग्रीगेरिनिडा
जीनस	–	मोनोसिस्टिस

साधारण नाम (Common Name) – मोनोसिस्टिस।

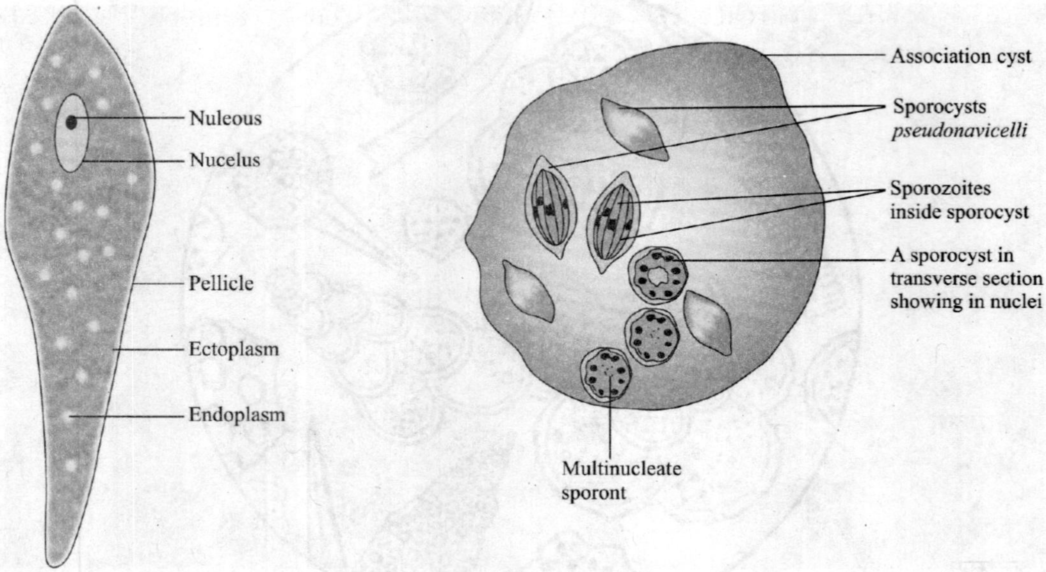

चित्र 1.17 (a & b) मोनोसिस्टिस

आवास एवं प्रकृति (Habit & Habitat)

1. केंचुए की शुक्राशय में अंतःपरजीवी होता है।
2. पोषण – **मृतोपजीवी** (saprozoic), यह पाचक एंजाइम स्त्रावित करती है, जो कोशिका द्रव्य व शुक्राणु का पाचन करते हैं, पके हुए पदार्थ परासरण द्वारा अवशोषित होते हैं (पैलीकल के माध्यम से) अतिरिक्त भोजन पैराग्लाइकोजन के रूप में संग्रहित होता है।

वितरण (Distribution) – सभी केचुओं में।

पहचान के लक्षण (Characters of Identification)

1. पोषण अवस्था ट्रोफोजाइट दोनों सिरों पर नुकीली।
2. एक केन्द्रक उपस्थित।
3. पैलीकल (pellicle) पायी जाती है।
4. मायोनेम्स (myonemes) पाये जाते हैं।
5. चलन अंग अनुपस्थित।

विशेष लक्षण (Special Features)

1. ट्रोफोजाइट एक एंजाइम स्रावित करती है जो आसपास के ऊतक को घोल देता है तथा यह देह की सतह द्वारा अवशोषित कर लिया जाता है।

2. पोषी को कोई नुकसान नहीं पहुंचाते।
3. संक्रमण अवस्था नाव के आकार की (boat shaped) **स्यूडोनेवीसेला** (pseudonavicella) कहलाती है।

जैविक महत्त्व (Biological Importance)

ग्रीगेरिनिडा गण के जंतु के रूप में अध्ययन किया जाता है।

प्लाज्मोडियम (Plasmodium)

वर्गीकरण (Classification)

फायलम — प्रोटोजोआ
क्लास — स्पोरोजोआ
ऑर्डर — हीमोस्पोरिडिया
जीनस — प्लाज्मोडियम

साधारण नाम (Common Name)

सामान्यतया मलेरिया परजीवी के नाम से जानते हैं।

आवास एवं प्रकृति (Habit & Habitat)

यह अंतराकोशीय परजीवी है जो लाल रक्तकणिकाओं में पाया जाता है।

वितरण (Distribution) — विश्व के गर्म प्रदेशों (Tropical) में तथा भारत में सभी जगह।

पहचान के लक्षण (Characters of Identification)

1. स्पोरोजोइट हांसियाकार (sicke shaped)
2. चलन अंग नहीं पाये जाते।
3. एक केन्द्रक पाया जाता है।

विशेष लक्षण (Special Features)

1. यह मलेरिया बुखार फैलाता है।
2. जीवन चक्र दो परपोषियों, मनुष्य (प्राथमिक परपोषी) तथा नच्छर (द्वितीयक परपोषी) में पूर्ण होता है। **(डाइजेनेटिक)**

3. मादा एनोफेलीज मच्छर के काटने पर स्पोरोजोइट रक्त में प्रवेश कर यकृत में पहुंचती है तथा विभाजन द्वारा मीरोजोइट बनाती है। मीरोजोइट बहुविभाजन द्वारा सिग्नेट रिंग तथा अमीबॉइड अवस्था से गुजरते हैं, यह विखंडीजनन (schizogony) कहलाता है।

4. कुछ मीरोजोइट मैक्रोगैमीटोसाइट व माइक्रोगैमीटोसाइट में रूपान्तरित हो जाते हैं। इनका आगे का विकास मच्छर के अमाशय में पूर्ण होता है। जाइगोट को **ऊकाइनाइट** (ookinite) कहते है जो स्पोरोजोइट बनाता है। ये लार ग्रन्थियों में आ जाते हैं तथा अगले व्यक्ति को संक्रमित करते हैं।

5. क्रमशः चार जातियाँ, **प्लाज्मोडियम वाइवैक्स, प्लाज्मोडियम फैल्सीपेरम, प्लाज्मोडियम ओवेल** तथा **प्लाज्मोडियम मलेरी** पायी जाती हैं।

6. ठंड व कंपकंपाहट के साथ बुखार प्रमुख लक्षण है। (इसका जीवनचक्र सर्वप्रथम **सर रोनाल्ड रॉस** ने पक्षी में अध्ययन किया तथा **ग्रासी** ने मनुष्य में इसका अध्ययन किया था)।

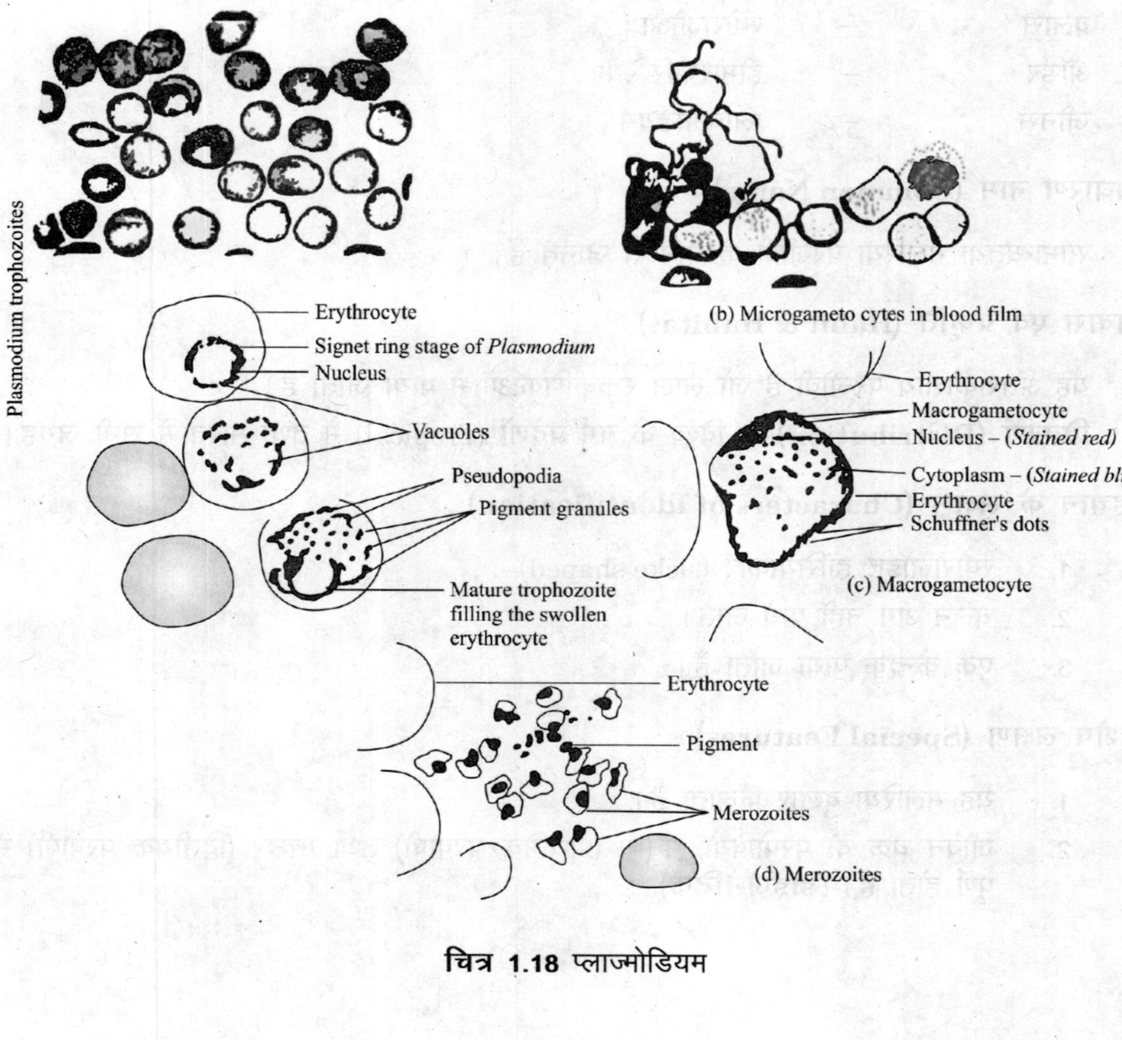

चित्र 1.18 प्लाज्मोडियम

जैविक महत्त्व (Biological Importance)

प्रयोगशाला में रोगजनक प्रोटोजोआ के रूप में अध्ययन किया जाता है।

आर्थिक महत्त्व (Economic Importance)

यह मलेरिया बुखार फैलाता है। मनुष्य काफी कमजोर हो जाता है व मृत्यु तक हो जाती है।

पैरामीशियम (Paramecium)

वर्गीकरण (Classification)

फायलम	–	प्रोटोजोआ
क्लास	–	सिलिएटा
ऑर्डर	–	होलोट्राइका
जीनस	–	पैरामीशियम

साधारण नाम (Common Name)

स्लिपर एनीमलक्यूल

आवास एवं प्रकृति (Habit & Habitat)

स्वच्छ जल के तालाब, झील, बाँध खाई, पोखर आदि में।

पोषण – प्राणीसम (holozoic)

वितरण (Distribution) – सर्वव्यापी।

पहचान के लक्षण (Characters of Identification)

1. पैलीकल जो देह को निश्चित आकार प्रदान करती है, पायी जाती है।
2. देह सिलिया से ढकी रहती है। सभी सिलिया एक ही आकार के होते हैं लेकिन पश्च सिरे के सीलिया अपवादस्वरूप बडे होते हैं जिन्हें कॉडल टफ्ट (Caudal tuft) कहते हैं।
3. संकुचनशील रिक्तिका निश्चित स्थान पर पायी जाती है।
4. कोशिकाद्रव्य क्रमशः बाह्य व अन्तःद्रव्य में विभाजित रहता है।
5. दो केन्द्रक (लघु व वृहद) पाये जाते हैं।
6. पोषण तन्त्र में कोशिका ग्रसनी, कोशिकामुख, साइटोपाइज (cytopyge) तथा भोजन रिक्तिका पायी जाती है।

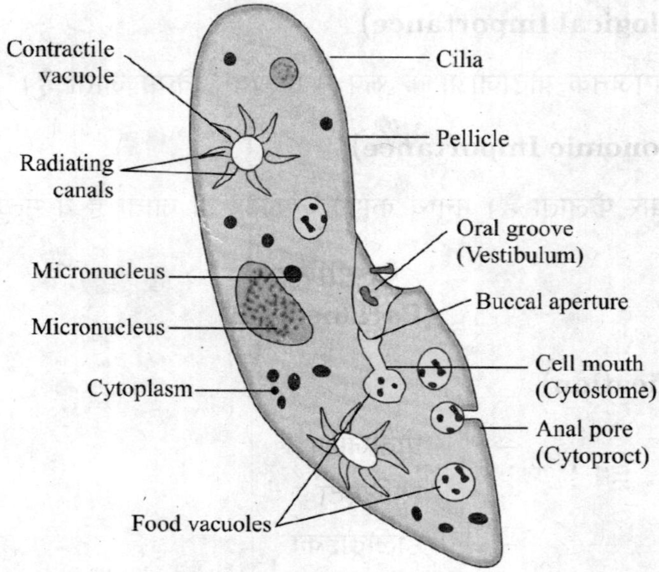

चित्र 1.19. पैरामीशियम

विशेष लक्षण (Special Features)

1. पैलीकल में ट्राइकोसेस्ट पायी जाती है जो सुरक्षा के अंग हैं।
2. लैंगिक जनन संयुग्मन द्वारा तथा अलैंगिक द्विविभजन द्वारा होता है।

जैविक महत्त्व (Biological Importance)

सिलिएटा के सदस्य के रूप में प्रयोगशाला में अध्ययन किया जाता है।

ओपेलाइना (Opalina)

वर्गीकरण (Classification)

फायलम	–	प्रोटोजोआ
क्लास	–	सिलिएटा
ऑर्डर	–	ओपेलाइनेटा
जीनस	–	ओपेलाइना

साधारण नाम (Common Name)

मलाशयी सिलिएट (rectal ciliate) भी कहा जाता है।

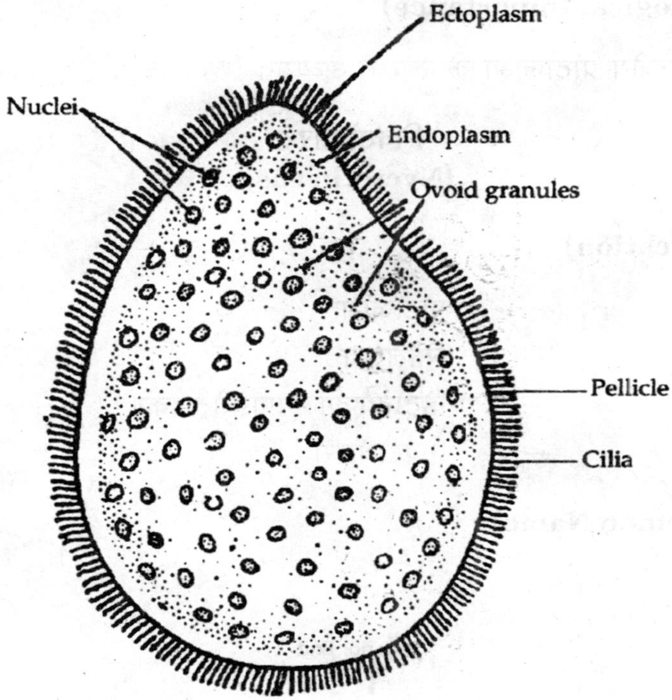

चित्र 1.20. ओपेलाइना

आवास एवं प्रकृति (Habit & Habitat)

परजीवी जीवन व्यतीत करते हैं। मेंढ़क व टोड के टैडपोल के मलाशय में पाये जाते हैं।

वितरण (Distribution)

वे सभी स्थान जहाँ मेंढ़क व टोड पाये जाते हैं।

पहचान के लक्षण (Characters of Identification)

1. अण्डाकार (oval) आकार का।
2. कोशिका द्रव्य बाह्य व आन्तरिक द्रव्य में विभेदित रहता है। बहुत से केन्द्रक पाये जाते हैं।

विशेष लक्षण (Special Features)

1. यह टैडपोल के मलाशय में अंतःसहभोजी (endocommensal) के रूप में पाया जाता है।
2. जनन द्विविभाजन व युग्मक जनन द्वारा होता है।

जैविक महत्त्व (Biological Importance)

प्रयोगशाला में आन्त्रीय प्रोटोजोआ के रूप में अध्ययन किया जाता है।

निक्टोथीरस
(Nyctotherus)

वर्गीकरण (Classification)

फायलम	–	प्रोटोजोआ
क्लास	–	सिलिएटा
ऑर्डर	–	हिट्रोट्राइका / स्पाइरोट्राइका
जीनस	–	निक्टोथीरस

साधारण नाम (Common Name)

निक्टोथीरस

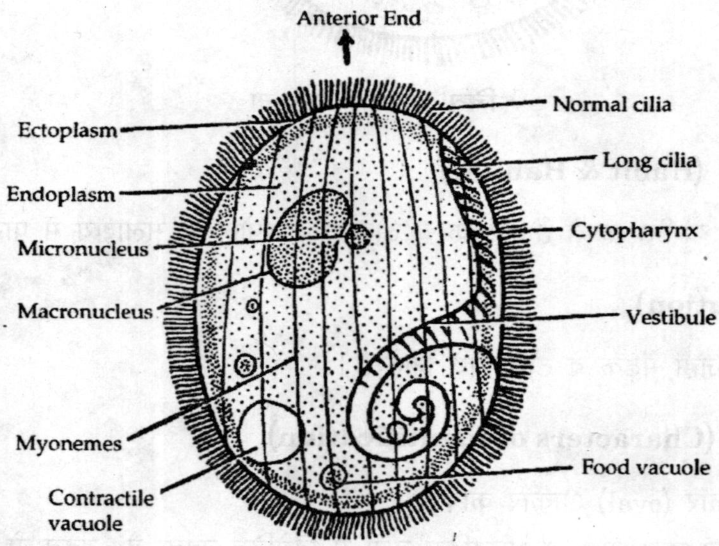

चित्र **1.21.** निक्टोथीरस

आवास एवं प्रकृति (Habit & Habitat)

यह कीट, स्तनधारी, मेंढ़क व टोड की आंत में पाया जाता है।

वितरण (Distribution) – सर्वव्यापी।

पहचान के लक्षण (Characters of Identification)

1. देह सिलिया से ढंकी रहती है।
2. संकुचनशील रिक्तिका उपस्थित।
3. वृहद् व लघु केन्द्रक उपस्थित।
4. पार्श्व परिमुखी (peristomal) खांच उपस्थित।

विशेष लक्षण (Special Features)

1. अंतःसहयोगी (endocommensal)
2. जनन द्विविभजन व संयुग्मन द्वारा।

जैविक महत्त्व (Biological Importance)

प्रयोगशाला में आंतीय प्रोटोजोआ के रूप में अध्ययन किया जाता है।

बैलेन्टिडियम
(Balantidium)

वर्गीकरण (Classification)

फायलम	–	प्रोटोजोआ
क्लास	–	सिलिएटा
ऑर्डर	–	स्पाइरोट्राइका
जीनस	–	बैलेन्टिडियम

साधारण नाम (Common Name)

सामान्यतः बैलेन्टिडियम ही कहा जाता है।

आवास एवं प्रकृति (Habit & Habitat)

यह मनुष्य, बंदर, सूअर की आंत तथा मेंढ़क व टोड के टैडपोल के मलाशय में भी पाया जाता है।

वितरण (Distribution) – सर्वव्यापी।

पहचान के लक्षण (Characters of Identification)

1. अण्डाकार।
2. अग्र सिरे पर गहरी खाँच पायी जाती है।

3. देह सिलिया से ढ़की रहती है।
4. बड़ा वृक्क के समान केन्द्रक तथा लघु केन्द्रक उपस्थित।
5. संकुचनशील रिक्तिका, कोशिकामुख व साइटोपाइज (cytopyge) उपस्थित।

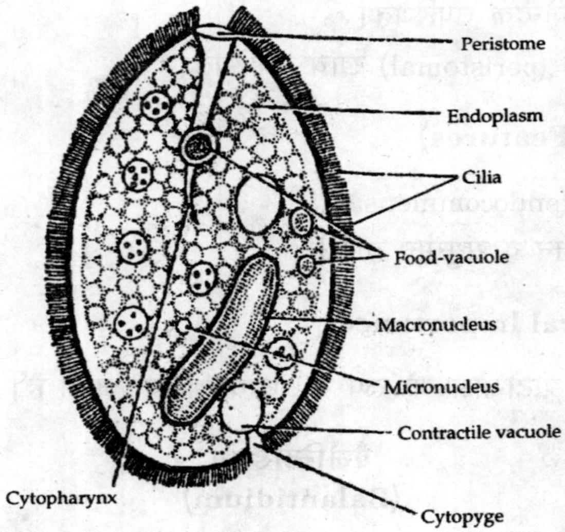

चित्र 1.22. बैलेन्टिडियम

विशेष लक्षण (Special Features)

1. जनन संयुग्मन द्विविभजन व पुटीभवन द्वारा।
2. इसकी जाति *Balantidium coli* बैलेन्टियल अतिसार (balantidial dysentry) फैलाती है।

जैविक महत्त्व (Biological Importance)

यह आंतीय प्रोटोजोआ के रूप में अध्ययन किया जाता है।

वोर्टिसेला
(Vorticella)

वर्गीकरण (Classification)

फायलम	–	प्रोटोजोआ
क्लास	–	सिलिएटा
ऑर्डर	–	पेरीट्राइका
जीनस	–	वोर्टिसेला

साधारण नाम (Common Name)

बैल एनीमलक्यूल (Bell animalcule) घण्टी सदृश जंतु कहलाते हैं।

आवास एवं प्रकृति (Habit & Habitat)

1. स्वच्छ जल के तालाबों में वनस्पति से चिपके हुए।
2. पोषण – प्राणीसम।
3. एकल।

वितरण (Distribution)

1. देह घण्टी (bell) के आकार की।
2. सिलिया की दो कतारें पायी जाती है। बाहरी कतार घण्टी की रिम के चारों तरफ तथा आन्तरिक डिस्क के किनारें।
3. संकुचनशील रिक्तिका व दो केन्द्रक (लघु व वृहद) पाये जाते हैं।

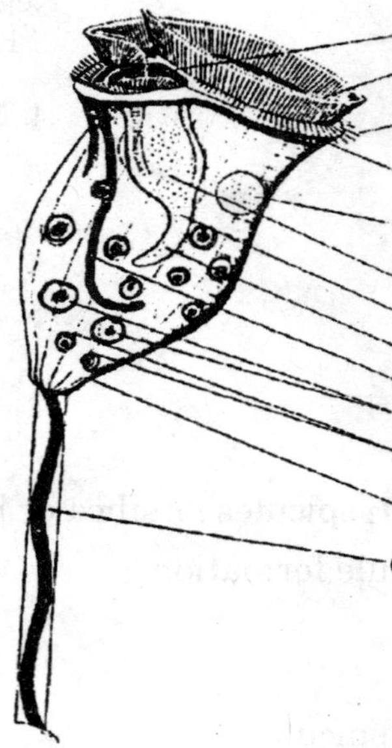

चित्र 1.23. वोर्टिसेला

विशेष लक्षण (Special Features)

1. उल्टी घण्टी के समान दिखाई देता है।
2. चलन नहीं पाया जाता। किसी सहारे पर वृंत से चिपका रहता है। मुक्त जीवी।

जैविक महत्त्व (Biological Importance)

सीलियटा (प्रोटोजोआ) के सदस्य के रूप में अध्ययन किया जाता है।

Outline classification of Porifera (Poros - pores, ferre, - to bear)

Class

CALCAREA or CALCISPONGIAE	HEXACTINELLIDA or HYALOSPONGIAE	DEMOSPONGIAE
ORDER	ORDER	ORDER
1. **Homocoela** eg. Leucosolenia	1. **Hexasterophora** eg. Euplectella	1. **Tetractinellida** eg. Halisarca
2. **Heterocoela** eg. Sycon, Grantia, Scypha	2. **Amphidiscophora** eg. Hyalonema	2. **Monaxonida** eg. Spongilla
		3. **Keratosa/Ceratosa** eg. Euspongia & Hippospongiae
		4. **Myxospongiae** eg. Oscarella

Phylum - PORIFERA

1. Pore bearing animals
2. Cellular grade of organisation
3. Canal system present
4. Skeleton either made of $CaCO_3$ spicules or silica or horny spongin fibres
5. Sexual reproduction by gemmule formation

Class - CALCAREA

1. Skeleton is made up of $CaCO_3$ spicules

Order - Homocoela

1. Either Ascon, Sycon or Leucon type body & canal system

Order - Hetetro coela

1. Solitary or colonial
2. Syconoid type canal system

Class - HEXACTINELLIDA

1. Marine
2. Skeleton is of six rayed siliceous spicules

Order - Hexasterophora

1. Hexaster spicules
2. Found attached to substratum

Class - DEMOSPONGIA

1. Skeleton of siliceous spicules or spongin fibres or both
2. Solitary or colonial

Order - Monaxonida

1. Monaxon spicules
2. Marine or fresh water

Order - Keratosa

1. Skeleton of spongin fibres

ल्यूकोसोलिनिया
(Leucosolenia)

वर्गीकरण (Classification)

फायलम	–	पोरीफेरा
क्लास	–	केल्केरिया
ऑर्डर	–	हेमोसीला
जीनस	–	ल्यूकोसोलिनिया

साधारण नाम (Common Name)

ल्यूकोसोलिनिया

आवास एवं प्रकृति (Habit & Habitat)

समुद्र में किसी चट्टान, पत्थर से चिपके पाये जाते हैं।

वितरण (Distribution)

यूरोप तथा विश्व के अन्य सभी जगह।

पहचान के लक्षण (Characters of Identification)

1. गुलदस्ते के समान देह।
2. स्पंज के सरलतम संघटन ओलिएन्थस (Olynthus) से मिलता जुलता है।
3. स्पंज गुहा आस्क्यूलम द्वारा बाहर खुलती है।

विशेष लक्षण (Special Features)

1. समूह में पाये जाते हैं।
2. कैनाल तन्त्र एस्कान प्रकार का। जलधारा ऑस्टिया (ostia) द्वारा स्पंज गुहा में प्रवेश करती है तथा जल आस्क्यूलम द्वारा बाहर आ जाता है।
   जलधारा ⇒ ऑस्टिया ⇒ स्पंजगुहा ⇒ आस्क्यूलम ⇒ बाहर।
3. जनन मुकलन व पुनरुद्भवन द्वारा।

जैविक महत्त्व (Biological Importance)

प्रयोगशाला में होमोसीला गण के जंतु के रूप में इसका अध्ययन किया जाता है।

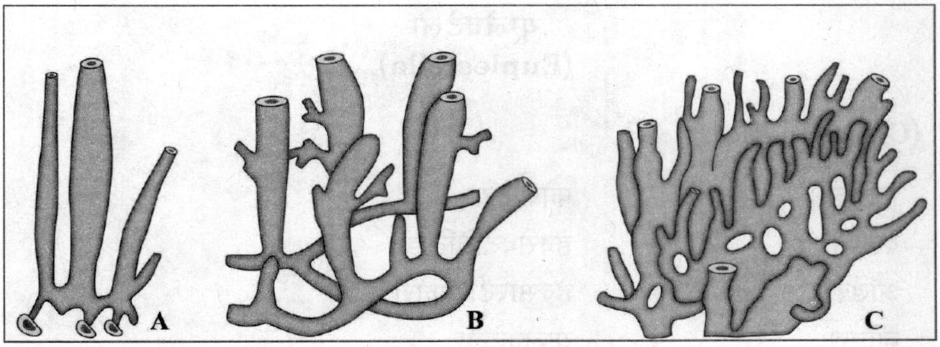

चित्र 1.24. ल्यूकोसोलिनिया
(A - Unicylinder colony, B - Bicylinder, C - Multi-cylinder colony)

यूप्लेक्टेला
(Euplectella)

वर्गीकरण (Classification)

फायलम	–	फोरीफेरा
क्लास	–	हेक्सेक्टेनिलिडा
ऑर्डर	–	हेक्सास्टीरोफोरा
जीनस	–	यूप्लेक्टेला

साधारण नाम (Common Name)

वीनस की फूलों की टोकरी (Venus flower basket) के सामान्य नाम से जाना जाता है।

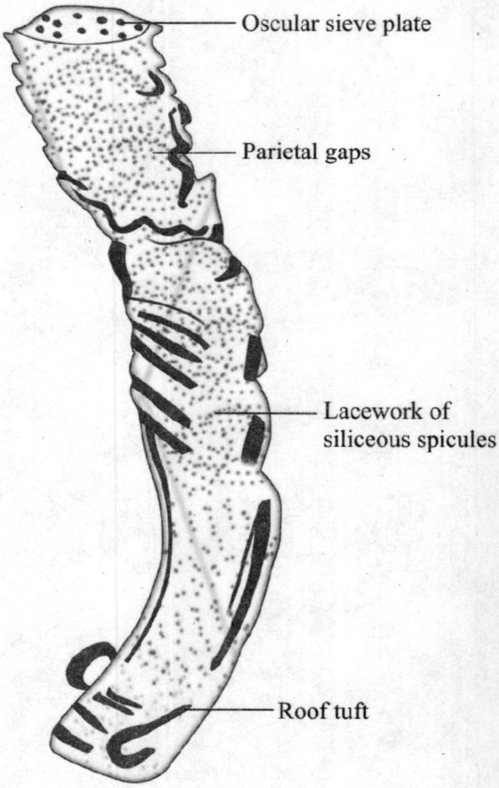

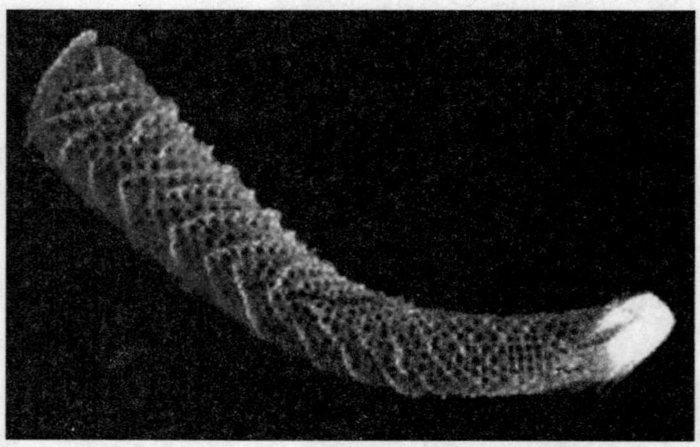

चित्र 1.25. यूप्लेक्टेला

आवास एवं प्रकृति (Habit & Habitat)

समुद्री स्पंज है जो गहरे समुद्र में पाया जाता है (5000 मीटर की गहराई तक)।

वितरण (Distribution)

फिलीपाइन्स व वेस्ट इण्डीज के समुद्र जलक्षेत्र में।

पहचान के लक्षण (Characters of Identification)

1. देह लम्बी, पतली तथा काँच के समान चमकदार स्पंज है।
2. ऑस्टिया पाये जाते है जो स्पंजगुहा (spongocoel) में खुलते हैं।
3. मूल कंटिकाएँ आधार पर पायी जाती है जो स्थानबद्ध होने में मदद करती है।

विशेष लक्षण (Special Features)

जापान में नव दम्पति को भेंट स्वरूप दिया जाता है। दीर्घ वैवाहिक जीवन की कामना स्वरूप इसे दिया जाता है क्योंकि इसके अन्दर एक क्रस्टेशियन जंतु (जनन के दौरान) फंस जाता है, बाहर नहीं आ पाता। हमेशा इसी में रह जाता है।

स्पांजिला
(Spongilla)

वर्गीकरण (Classification)

फायलम	–	पोरीफेरा
क्लास	–	डेमोस्पांजिया
ऑर्डर	–	मोनेक्सोनिडा
जीनस	–	स्पांजिला

साधारण नाम (Common Name)

इसे स्वच्छ जल का स्पंज कहा जाता है।

आवास एवं प्रकृति (Habit & Habitat)

यह स्वच्छ जल की नदी, झरने या तालाबों के अन्दर पत्थर से चिपका हुआ या लकड़ी के टुकड़ों से चिपका हुआ पाया जाता है। निवह (colony) में पाये जाते हैं।

वितरण (Distribution)

अटलांटिक व प्रशांत के जलक्षेत्रों में।

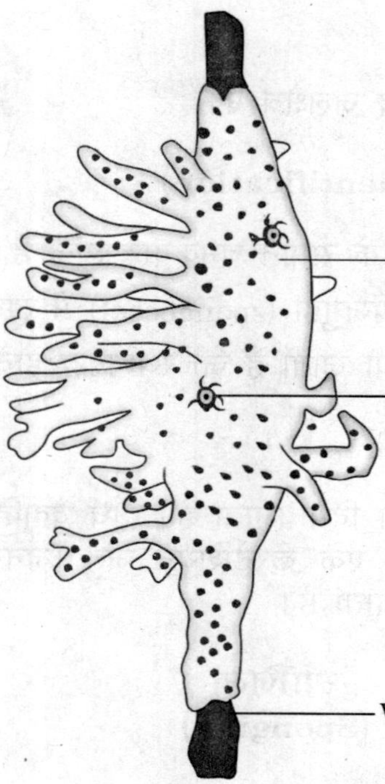

चित्र 1.26. स्पांजिला

पहचान के लक्षण (Characters of Identification)

1. निवह अनियमित व लसलसी होती है।
2. कंकाल स्पांजिन में धंसे हुए सिलिका के कंटिकाओं से बना होता है।
3. पीले भूरे या हरे रंग के होते हैं।

विशेष लक्षण (Special Features)

1. सर्दियों में जिम्यूल बनते हैं जो तले में डूब जाते है तथा अनुकूल परिस्थितियां आने पर स्पंज में विकसित होते हैं।
2. कुछ शैवाल इसके साथ सहजीवी के रूप में पाये जाते हैं।
3. कंकाल तन्त्र रैहगान प्रकार का।

जैविक महत्त्व (Biological Importance)

प्रयोगशाला में डेमोस्पांजिया के सदस्य के रूप में अध्ययन किया जाता है।

Outline classification of
COELENTERATA / CNIDARIA (Koilos - cavity, enteron-intestine)

Class

HYDROZOA	SCYPHOZOA	ANTHOZOA or ACTINOZOA
ORDER	ORDER	ORDER
1. **Hydroidea** eg. Hydra	1. **Lucernaridae** eg. Lucernaria	1. **Stolonifera** eg. Tubipora Clavularia
2. **Hydrocorallina** eg. Millepora	2. **Cubomedusae** eg. Carydea	2. **Telestecea** eg. Telesto
3. **Trachylina** eg. Gonionemus	3. **Coranatae** eg. Periphylla	3. **Alcyonacea** eg. Alcyonium
4. **Siphonophora** eg. Physalia Vellela, Porpita	4. **Rhizostomeae** eg. Rhizostoma	4. **Coenolthecalia** eg. Heliopora
		5. **Gorgonacea** eg. Gorgonia, Corallium
		6. **Pennatulacea** eg. Pennatula, Virgularia Renilla

Phylum - COELENTERATA

1. Diploblastic made up of layers viz. ectoderm & endoderm.
   A non-cellular mesoglea present between the two.
2. Tissue grade of organisation.
3. Coelenteron present.
4. Exhibit division of labour, colony dimorphic (polyp and medusae present)
5. Nematocyst as organs of offense & defence present.

Class - HYDROZOA

1. Polyps conspicuous.
2. Medusae stage either present or absent.

Order - Hydrocorallina

1. Calacreous exoskeleton present.

Order - Siphonophora

1. Polymorphic

Class - SCYPHOZOA

1. Medusoid forms. Medusae umbrella like.

Order - Discomeduse (semaestomae)

1. Disc-shaped bell.

Class - ANTHOZOA

1. No medusoid form only polyps present.

Order - Alcyonacea

1. Soft corals spicules and polyps embedded in mesenchyme.

Order - Gorgonacea

1. Skeleton of *gorgonin* protein.
2. Tree like appearance

Order - Pennatulacea

1. Body divided into stalk and rachis with lateral branches.

ओबेलिया निवह
(Obelia Colony)

वर्गीकरण (Classification)

फायलम	–	सीलेन्ट्रेटा
क्लास	–	हाइड्रोजोआ
ऑर्डर	–	हाइड्रॉइडिया
जीनस	–	ओबेलिया

साधारण नाम (Common Name)

ओबेलिया निवह कहलाती है।

आवास एवं प्रकृति (Habit & Habitat)

समुद्री जीव है जो किसी समुद्री खरपतवार, पत्थर या लकड़ी के गट्ठे (logs) से चिपका हुआ पाया जाता है।

वितरण (Distribution)

केलिफोर्निया, मेक्सिको की खाड़ी तथा प्रशांत महासागर में।

पहचान के लक्षण (Characters of Identification)

1. यह वृक्ष के समान शाखाओं वाली निवह (Colony) है।
2. निवह की क्षैतिज शाखा हाइड्रोराइजा (hydrorhiza) कहलाती है जो ऊपरी शाखाओं (hyrocaulus) को जन्म देती है। इस पर जंतुक (zooids) पाये जाते हैं।
3. पॉलिप मुख्य शाखा के वृद्धि क्षेत्रों पर पाये जाते हैं, ब्लास्टोस्टाइल आधार में तथा मेड्यूसा ब्लास्टोस्टाइल के पार्श्व में पाये जाते हैं।
4. पॉलिप घण्टी के समान संरचना वाले जिसके मुख के चारों ओर स्पर्शक (tentacles) पाये जाते हैं। ब्लास्टोस्टाइल में मुख व स्पर्शक नहीं होते। मेड्यूसा तश्तरी के समान चपटा होता है।

विशेष लक्षण (Special Features)

1. यह बहुरूपी निवह (polymorphic colony) है।
2. पॉलिप कायिक, ब्लास्टोस्टाइल पोषण तथा मेडयूसा जनन का कार्य करती है।
3. स्पर्शक सुरक्षा के अंग है क्योंकि इन पर निमेटोसिस्ट पायी जाती है।

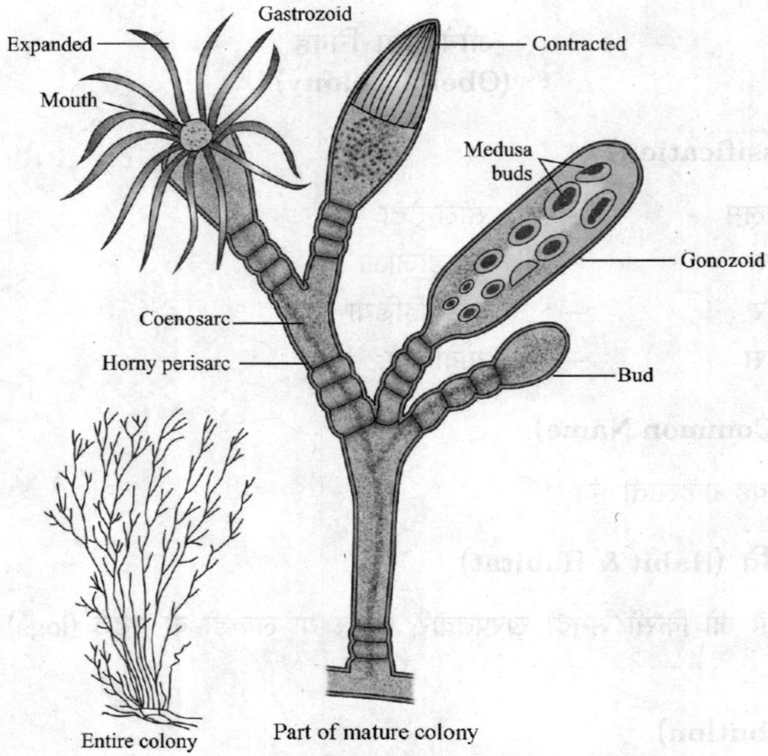

चित्र **1.27.** Obelia colony

जैविक महत्त्व (Biological Importance)

यह हाइड्रोजोआ गण के सदस्य के रूप में अध्ययन किया जाता है।

जैविक घटना (Biological Phenomenon)

यह पीढी एकांतरण (Alternation of Generation) OR (metagenesis) व बहुरूपता (Polymorphism) निरूपित रहता है।

फायसेलिया
(Physalia)

वर्गीकरण (Classification)

फायलम	–	सीलेन्ट्रेटा
क्लास	–	हाइड्रोजोआ
ऑर्डर	–	साइफोनोफोरा
जीनस	–	फायसेलिया

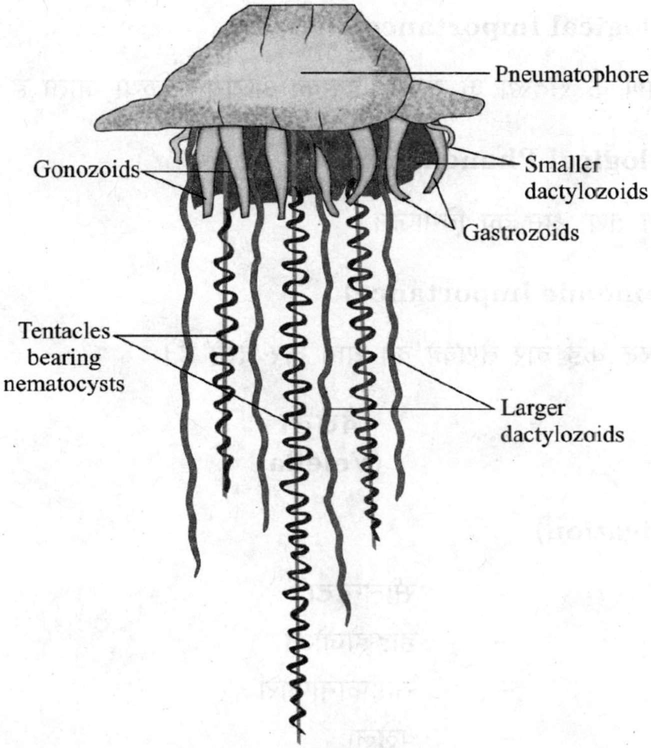

चित्र 1.28. फायसेलिया

साधारण नाम (Common Name) – इसे **पुर्तगाल का सैनिक आदमी** (Portuguese man of war) के नाम से जानते हैं।

आवास एवं प्रकृति (Habit & Habitat)

यह बेलापवर्ती (Pelagic) प्रकृति का है।

वितरण (Distribution)

फ्लोरिडा के तट तथा गल्फ स्ट्रीम में पाया जाता है।

पहचान के लक्षण (Characters of Identification)

1. यह श्रम का विभाजन (Division of Labour) व बहुरूपता (Polymorphism) प्रदर्शित करता है।
2. स्पर्शक पर पाये जाने वाली निमेटोसिस्ट शक्तिशाली होती है जो मछली को मार सकती है।
3. गैस्ट्रोजोइड पोषण तथा डैक्टाइलोजोइड्स संवेदी व सुरक्षा का कार्य करते हैं।

जैविक महत्त्व (Biological Importance)

साइफोनोफोरा गण के सदस्य के रूप में इसका अध्ययन किया जाता है।

जैविक घटना (Biological Phenomenon)

1. बहुरूपता तथा श्रम का विभाजन।

आर्थिक महत्त्व (Economic Importance)

इसकी निमेटोसिस्ट कई बार तैराकों को घाव कर देती हैं।

वेलेला
(Velella)

वर्गीकरण (Classification)

फायलम	–	सीलेन्ट्रेटा
क्लास	–	हाइड्रोजोआ
ऑर्डर	–	साइफोनोफोरा
जीनस	–	वेलेला

साधारण नाम (Common Name)

यह **वायुनाव** (sail by wind) कहलाता है।

आवास एवं प्रकृति (Habit & Habitat)

गर्म जल के महासागरों में पाया जाता है।

वितरण (Distribution)

अटलांटिक महासागर तट का दक्षिणी भाग, प्रशांत तट तथा मेक्सिको।

पहचान के लक्षण (Characters of Identification)

1. न्यूमेटोफोर काइटिन युक्त डिस्क होती है।
2. यह खड़ी नाव के समान जिसमें वायु चैम्बर पाये जाते हैं, प्रतीत होता है।
3. न्यूमेटोफोर की अधर सतह पर मध्य में एकल गैस्ट्रोजोइड पाये जाते हैं।
4. किनारों पर डैक्टाइलोजोइड्स पाये जाते हैं।

जैविक महत्त्व (Biological Importance)

प्रयोगशाला में साइफोनोफोरा गण के सदस्य के रूप में इसका प्रारूप अध्ययन किया जाता है।

जैविक घटना (Biological Phenomenon)

बहुरूपता तथा श्रम का विभाजन।

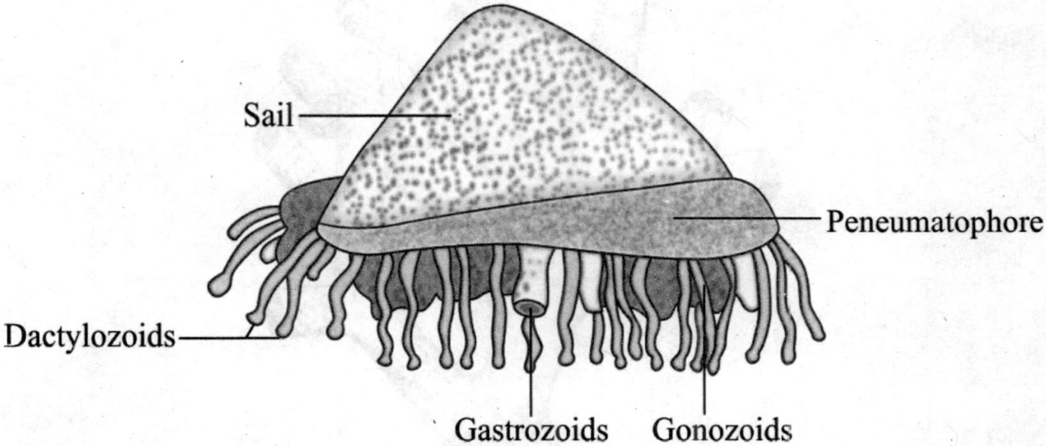

चित्र 1.29. वेलेला

मिलिपोरा
(Millepora)

वर्गीकरण (Classification)

फायलम	–	सीलेन्ट्रेटा
क्लास	–	हाइड्रोजोआ
ऑर्डर	–	हाइड्रोकोरेलिना
जीनस	–	मिलिपोरा

साधारण नाम (Common Name)

मिलिपोरा

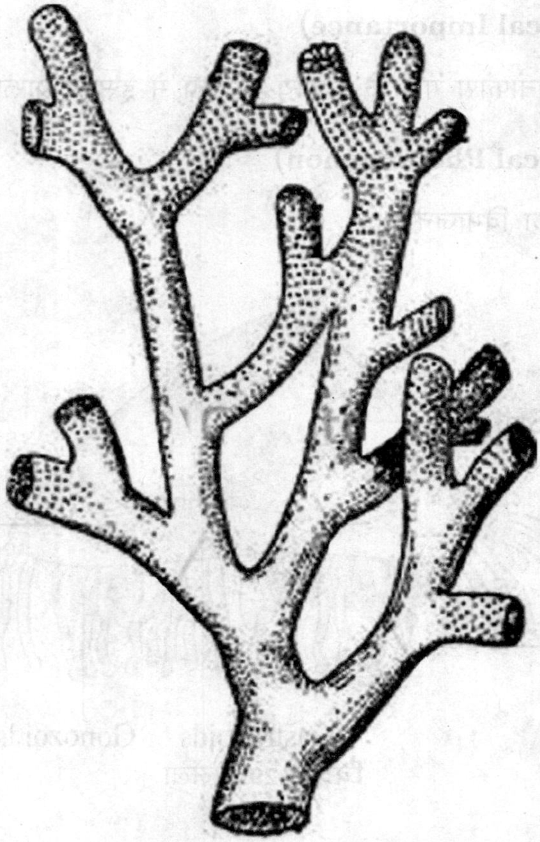

चित्र 1.30. मिलिपोरा

आवास एवं प्रकृति (Habit & Habitat)

गर्म समुद्री छिछले जल में पाये जाते हैं।

वितरण (Distribution)

गर्म समुद्रों में।

पहचान के लक्षण (Characters of Identification)

1. यह शाखित होता है जिसका कंकाल $CaCO_3$ का बना होता है।
2. देह पर असंख्य छिद्र पाये जाते हैं।
3. छोटे छिद्र डैक्टाइलोपोर तथा गैस्ट्रोपोर कहलाते हैं।
4. गैस्ट्रोपोर से होकर गैस्ट्रोजोइड निकलते हैं तथ डैक्टाइलोपोर से डैक्टाइलोजोइड।

विशेष लक्षण (Special Features)

डैक्टाइलोजोइड सुरक्षा तथा संवेदन का कार्य करते हैं।

जैविक महत्त्व (Biological Importance)

गण हाइड्रोकोरेलिना के सदस्य के रूप में अध्ययन किया जाता है।

ऑरेलिया
(Aurelia)

वर्गीकरण (Classification)

फायलम	–	सीलेन्ट्रेटा
क्लास	–	साइफोजोआ
ऑर्डर	–	डिस्कोमेडयूसी / सीमेस्टोमी
जीनस	–	ऑरेलिया

साधारण नाम (Common Name)

इसे **जैलीफिश** कहते हैं।

आवास एवं प्रकृति (Habit & Habitat)

समुद्रतटीय जल में सतह के समीप पायी जाती है।

वितरण (Distribution)

प्रशांत महासागर।

पहचान के लक्षण (Characters of Identification)

1. यह छाता के समान आकार वाली होती है। अन्दर की सतह अंतश्छत्र (sub umbrellar) तथा बाहरी बहिश्छत्र (ex-umbrellar) कहलाती है।
2. बहिश्छत्र (ex umbrellar) उत्तल होती है तथा अंतश्छत्र (sub umbrellar) अवतल।
3. मैनुब्रियम पर मुख पाया जाता है।
4. मुख के समीप उप जनन गर्त (sub genital pits) पाये जाते हैं।
5. जिसके समीप लाल रंग के जनद (gonads) स्थित होते हैं।

विशेष लक्षण (Special Features)

1. लारवा **इफायरा** (ephyra) कहलाता है।
2. स्ट्रोबिलेशन (strobilation) पाया जाता है।

जैविक महत्त्व (Biological Importance)

यह प्रयोगशाला में साइफोजोआ के सदस्य के रूप में अध्ययन किया जाता है।

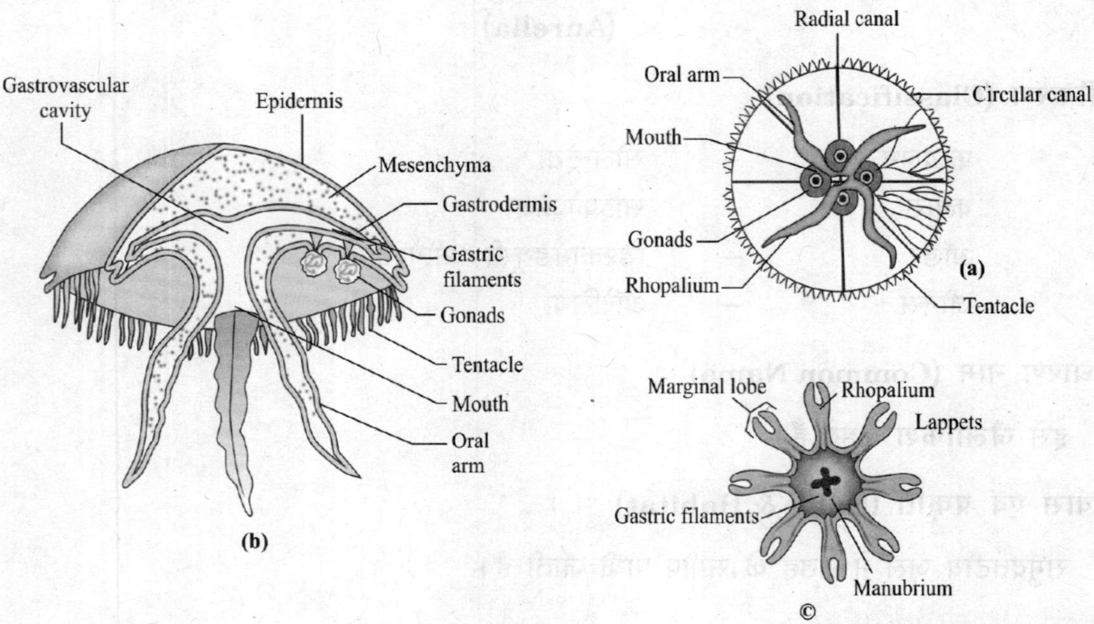

चित्र 1.31.

एलसायोनियम
(Alcyonium)

वर्गीकरण (Classification)

फायलम	–	सीलेन्ट्रेटा
क्लास	–	एन्थोजोआ
ऑर्डर	–	एलसायोनेशिया
जीनस	–	एलसायोनियम

साधारण नाम (Common Name)

इसे **"मृत व्यक्ति की अंगुलियाँ"** (Dead men's fingers) कहते हैं।

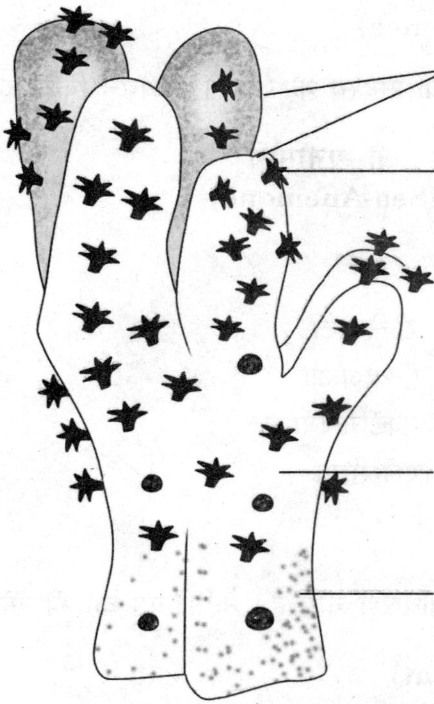

चित्र 1.32. एलसायोनियम

आवास एवं प्रकृति (Habit and Habitat)

समुद्री जल में किसी पत्थर या चट्टान से चिपके पाये जाते हैं।

वितरण (Distribution)

ठंडे जल के समुद्री जल क्षेत्रों में।

पहचान के लक्षण (Characters of Identification)

1. निवह की शाखाएँ पालियों (lobes) में विभक्त रहती है।
2. छिद्रों से असंख्य पॉलिप उभरे हुए प्रतीत होते हैं।
3. कंकाल कैल्शियम कार्बोनेट के बनी कंटिकाओं से बना होता है जो मध्य परत (mesoglea) में धंसे रहते हैं।

विशेष लक्षण (Special Features)

1. प्रत्येक पालिप में आधार तथा दूरस्थ भाग एन्थोकोडियम पाया जाता है जिस पर मुख तथा 8 स्पर्शक पाये जाते हैं।

जैविक महत्त्व (Biological Importance)

प्रयोगशाला में एलसायोनेरिया गण के सदस्य के रूप में अध्ययन किया जाता है।

सी–एनीमोन (Sea-Anemone)

वर्गीकरण (Classification)

फायलम	–	सीलेन्ट्रेटा
क्लास	–	एन्थोजोआ
ऑर्डर	–	एक्टीनेरिया
जीनस	–	एडैम्सीया

साधारण नाम (Common Name)

सी–एनीमोन, एडैम्सीया का ही साधारण नाम है। मेट्रीडियम को भी सी एनीमोन कहते हैं।

आवास एवं प्रकृति (Habit & Habitat)

समुद्र में किसी लकड़ी, पत्थर समुद्री खरपतवार या कवच से चिपके हुए पाये जाते हैं। एकल तथा अवृन्ती होते हैं।

वितरण (Distribution)

प्रशान्त महासागर, अटलांटिक तट तथा यूरोप।

पहचान के लक्षण (Characters of Identification)

1. देह का निचला भाग आधारी डिस्क (basal disc) कहलाता है जो किसी आधार (substratum) से चिपका रहता है। यह मांसल तथा ग्रंथिल होता है।
2. देह के उदग्र भाग को कॉलम (column) कहते हैं।
3. ओरल डिस्क (oral disc) स्पर्शकों द्वारा घिरी रहती है तथा मुख दरार (slit) के समान होता है।

विशेष लक्षण (Special Features)

1. कुछ एनीमोन अन्य जंतुओं के साथ सहभोजी सम्बन्ध प्रदर्शित करते हैं, जैसे – **हर्मिट केकड़ा** व गेस्ट्रोपोड का कवच।

जैविक महत्त्व (Biological Importance)

यह प्रयोगशाला में एन्थोजोआ के प्रादर्श के रूप में अध्ययन किया जाता है।

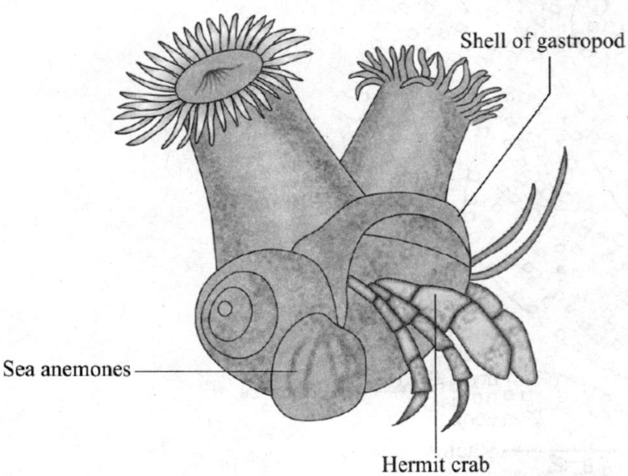

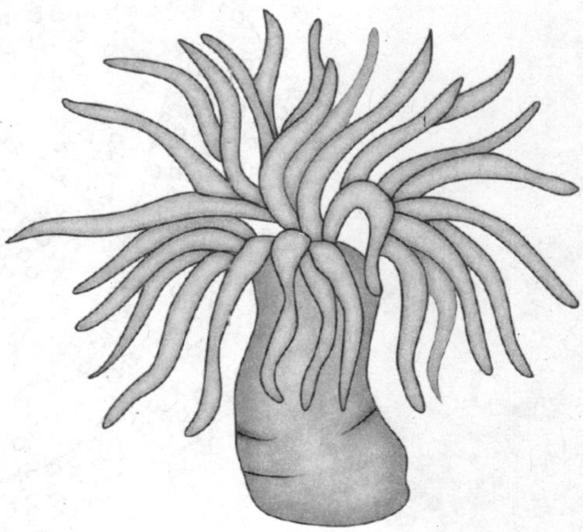

चित्र 1.33. सी–एनीमोन (a- सहभोजी सम्बन्ध दर्शाते हुए सी–एनीमोन)

गोर्गोनिया
(Gorgonia)

वर्गीकरण (Classification)

फायलम	–	सीलेन्ट्रटा
क्लास	–	एक्टीनोजोआ
ऑर्डर	–	गोर्गोनेशिया
जीनस	–	गोर्गोनिया

साधारण नाम (Common Name)

समुद्री पंखा (सी–फैन) कहते हैं।

आवास एवं प्रकृति (Habit & Habitat)

गर्म समुद्री जल में पाये जाते हैं।

वितरण (Distribution)

अटलांटिक महासागर।

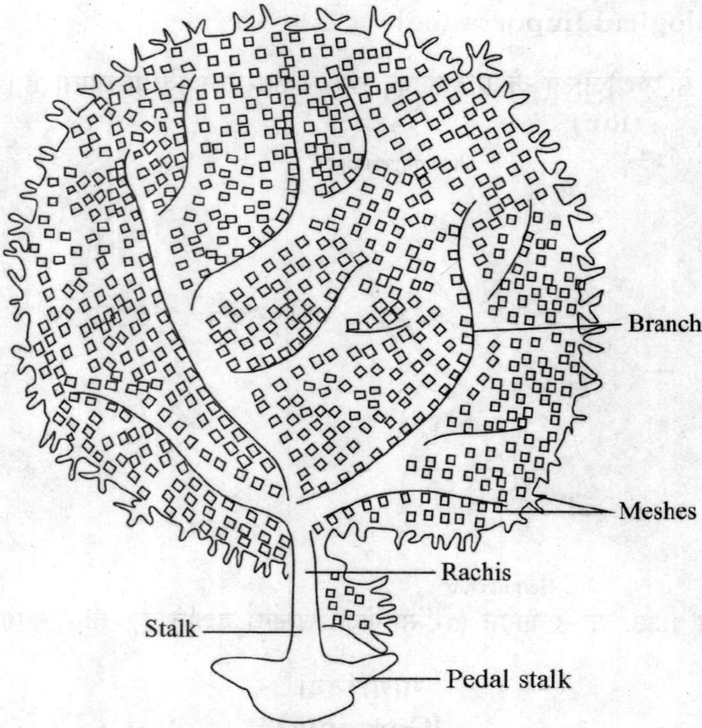

चित्र 1.34. गोर्गोनिया

पहचान के लक्षण (Characters of Identification)

1. निवह (colony) वृक्ष के समान शाखाओं वाली होती है।
2. प्रमुख शाखा से पार्श्व शाखाएँ निकलती हैं। आधारी प्लेट द्वारा आधार (substratum) से चिपका रहता है।

विशेष लक्षण (Special Features)

1. कंकाल प्रोटीन युक्त पदार्थ **गोर्गोनिन** का बना होता है।
2. ये जल के अन्दर के बगीचे (under water gardens) का अधिकतर भाग होते हैं तथा विभिन्न रंग के होते हैं।

जैविक महत्त्व (Biological Importance)

प्रयोगशाला में गोर्गोनेशिया के सदस्य के रूप में इसका अध्ययन किया जाता है।

पेन्नेटयूला
(Pennatula)

तर्गीकरण (Classification)

फायलम	–	सीलेन्ट्रेटा
क्लास	–	एन्थोजोआ
ऑर्डर	–	पेन्नेटुलेशिया
जीनस	–	पेन्नेटयूला

साधारण नाम (Common Name)

इसे **समुद्री पैन** (Sea pen) कहते हैं। इसे **समुद्री पंख** (Sea feather) भी कहते हैं।

आवास एवं प्रकृति (Habit & Habitat)

गहरे समुद्री जल में पाया जाता है।

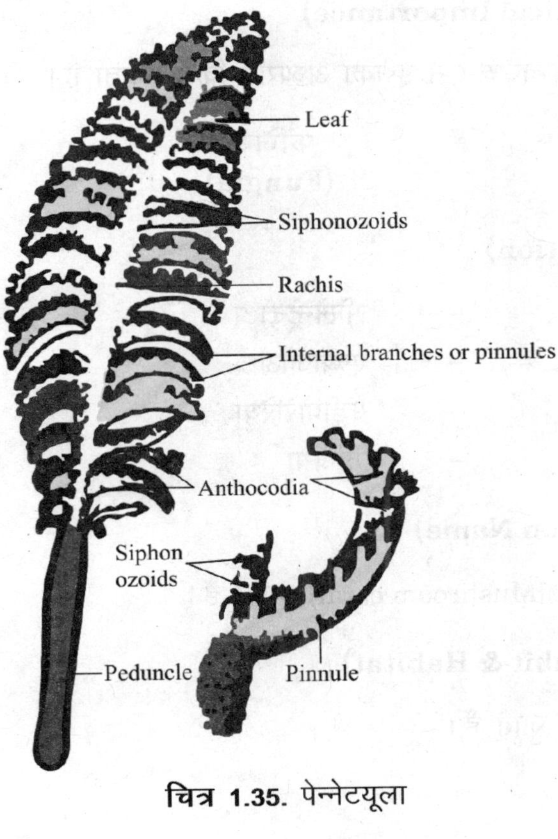

चित्र 1.35. पेन्नेटयूला

वितरण (Distribution)

यूरोप, कैरोलिना (अमेरिका)।

पहचान के लक्षण (Characters of Identification)

1. निवह पंख के समान दिखाई देती है। इसमें पास का भाग वृंत (stalk) तथा दूरस्थ भाग रैकिस (rachis) कहलाता है।
2. वृन्त नीचे से फूला हुआ तथा कीचड़ में धंसा रहता है।
3. रैकिस के दोनों ओर पर्ण समान पिन्यूल की कतार पाई जाती है।

विशेष लक्षण (Special Features)

1. निवह द्विरूपी (dimorphic) होती है। पिन्यूल के ऊपरी सिरे पर एक कतार में ऑटोजोइड पाये जाते हैं। साइफोनोजोइड रैकिस के पृष्ठ सतह पर पाये जाते है।
2. कंकाल कैल्शियम कार्बोनेट से बनी कंटिकाओं का बना होता है।

जैविक महत्त्व (Biological Importance)

प्रयोगशाला में प्रादर्श के रूप में इसका अध्ययन किया जाता है।

फंजिया
(Fungia)

वर्गीकरण (Classification)

फायलम	–	सीलेन्ट्रेटा
क्लास	–	एन्थोजोआ
ऑर्डर	–	मेड्रीपोरेरिया
जीनस	–	फंजिया

साधारण नाम (Common Name)

इसे **मशरूम कोरल** (Mushroom coral) कहते हैं।

आवास एवं प्रकृति (Habit & Habitat)

समुद्र के पेंदें में पाये जाते हैं।

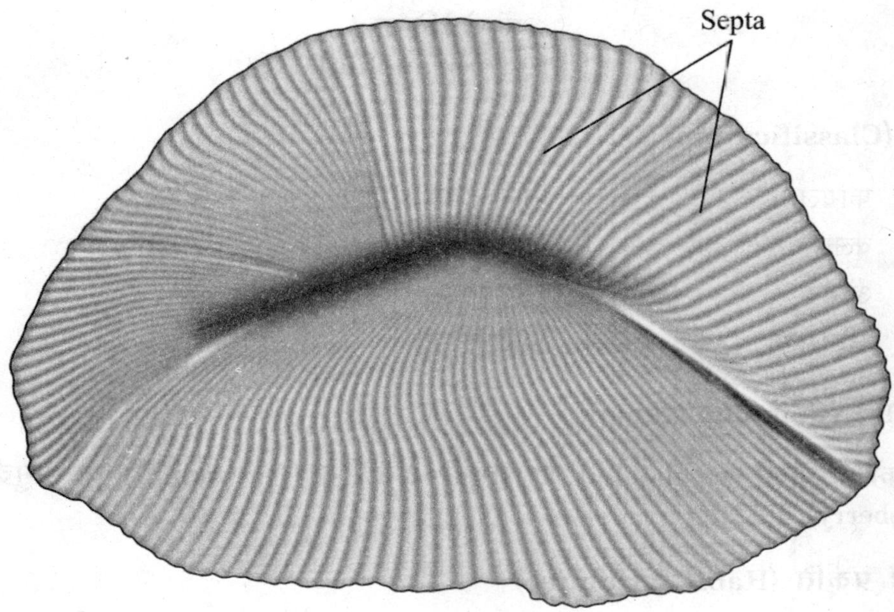

चित्र 1.36. मशरूम कोरल

वितरण (Distribution)

केलीफोर्निया की खाड़ी में।

पहचान के लक्षण (Characters of Identification)

1. ऊपरी सतह उत्तल तथा निचली अवतल होती है।
2. देह में बहुत से सेप्टा पाये जाते हैं जो आपस में सिनेप्टीकुली (synapticulae) से जुड़े रहते हैं।

विशेष लक्षण (Special Features)

1. मुकुलन द्वारा जनन करते हैं।
2. लारवा प्लेन्यूला।

जैविक महत्त्व (Biological Importance)

प्रयोगशाला में प्रादर्श के रूप में इसका अध्ययन किया जाता है।

प्लूरोब्रेकिया
(Pleurobranchia)

वर्गीकरण (Classification)

फायलम	–	सीलेन्ट्रेटा
क्लास	–	टेन्टेकुलेटा
ऑर्डर	–	सिडीपिडा
जीनस	–	प्लूरोब्रेंकिया

साधारण नाम (Common Name)

इन्हें **कॉम्ब जैली** (comb-jelly) या **समुद्री अखरोट** (sea walnut) या **समुद्री गूजबेरी** (sea gooseberry) कहते हैं।

आवास एवं प्रकृति (Habit & Habitat)

समुद्री, एकल तथा सतहचरी (pelagic) प्लवक खाते हैं।

वितरण (Distribution)

प्रशांत तट।

पहचान के लक्षण (Characters of Identification)

1. देह पारदर्शी व गोलाकार।
2. मुख ओरल ध्रुव पर जबकि संवेदी अंग एबोरल ध्रुव पर पाये जाते हैं।
3. द्वयर सममिति (biradially symmetrical) देह में आठ कंधे (comb) समान प्लेट पायी जाती है।
4. दो लम्बे स्पर्शक जो देह के विपरीत दिशाओं में स्पर्शक आच्छंद (tentacle sheath) से प्रकट होते हैं।

विशेष लक्षण (Special Features)

1. द्विलिंगी।
2. स्टेटोसिस्ट संवेदी अंग के रूप में।
3. कुछ टीनोफोर **नियोटेनी** प्रकट करते हैं (लारवा व व्यस्क दोनों लैंगिक जनन करते हैं)।
4. पुनरुद्धभवन की क्षमता अधिक होती है।

5. चमकते हैं।
6. इन्हें रेडियेटा व बाइलेटेरिया के मध्य की कड़ी माना जाता है।

ये नीडेरिया से भी सम्बन्ध प्रदर्शित करते हैं।

नीडेरिया समान लक्षण (Cnidaria like features)

1. बाइरेडियल सममिति
2. द्विस्तरीय
3. मीजोग्लिया उपस्थित
4. सीलोम अनुपस्थित

प्लेटीहेल्मिन्थीज समान लक्षण (Platyhelminthes like features)

1. पृष्ठ अधर सतह चपटी
2. एपीडर्मिस सिलियायुक्त (ciliated)
3. रेंगने वाले (crawling) जंतु।

जैविक महत्त्व (Biological Importance)

प्रयोगशाला में प्रादर्श के रूप में अध्ययन किया जाता है।

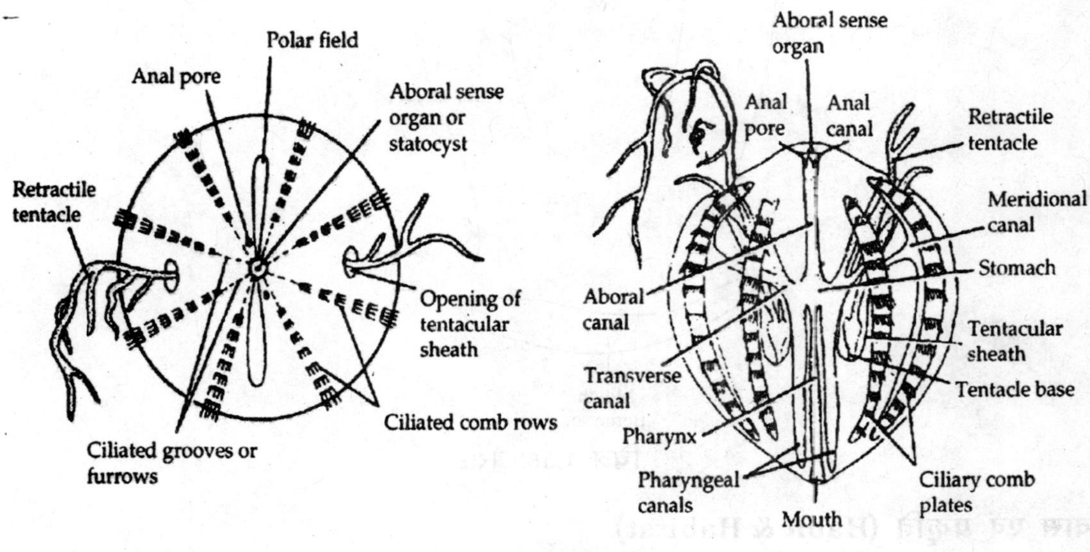

चित्र 1.37. प्लूरोब्रेकिया

बेरोइ
(Beroe)

वर्गीकरण (Classification)

फायलम	–	टीनोफोरा
क्लास	–	न्यूडा
ऑर्डर	–	बेरोइडा
जीनस	–	बेरोइ

साधारण नाम (Common Name)

बेरोइ (कोई पृथक सामान्य नाम नहीं)

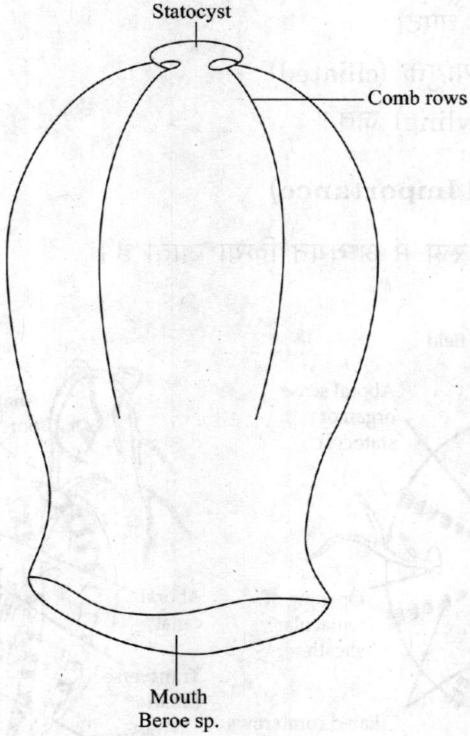

चित्र 1.38. बेरोइ

आवास एवं प्रकृति (Habit & Habitat)

यह भुक्खड (voracious) प्रकृति का जो क्रस्टेशिया जंतु खाता है। समुद्र में ठंडे जल में पाया जाता है।

वितरण (Distribution)

प्रशांत महासागर, मेडिटेरानियन समुद्र में पाया जाता है।

पहचान के लक्षण (Characters of Identification)

1. देह कॉनिकल (conical)
2. संवेदी अंग एबोरल सतह पर तथा मुख ओरल सतह पर पाया जाता है।
3. ग्रसनी लम्बी।
4. 4 कंधप्लेट (comb plates) पायी जाती है।

विशेष लक्षण (Special Features)

1. द्विलिंगी।
2. संदीपन (luminescence) पाया जाता है।
3. सिडिपिड लारवा पाया जाता है।

जैविक महत्त्व (Biological Importance)

प्रयोगशाला में प्रादर्श के रूप में अध्ययन किया जाता है।

Outline classification of Platyhelminthese

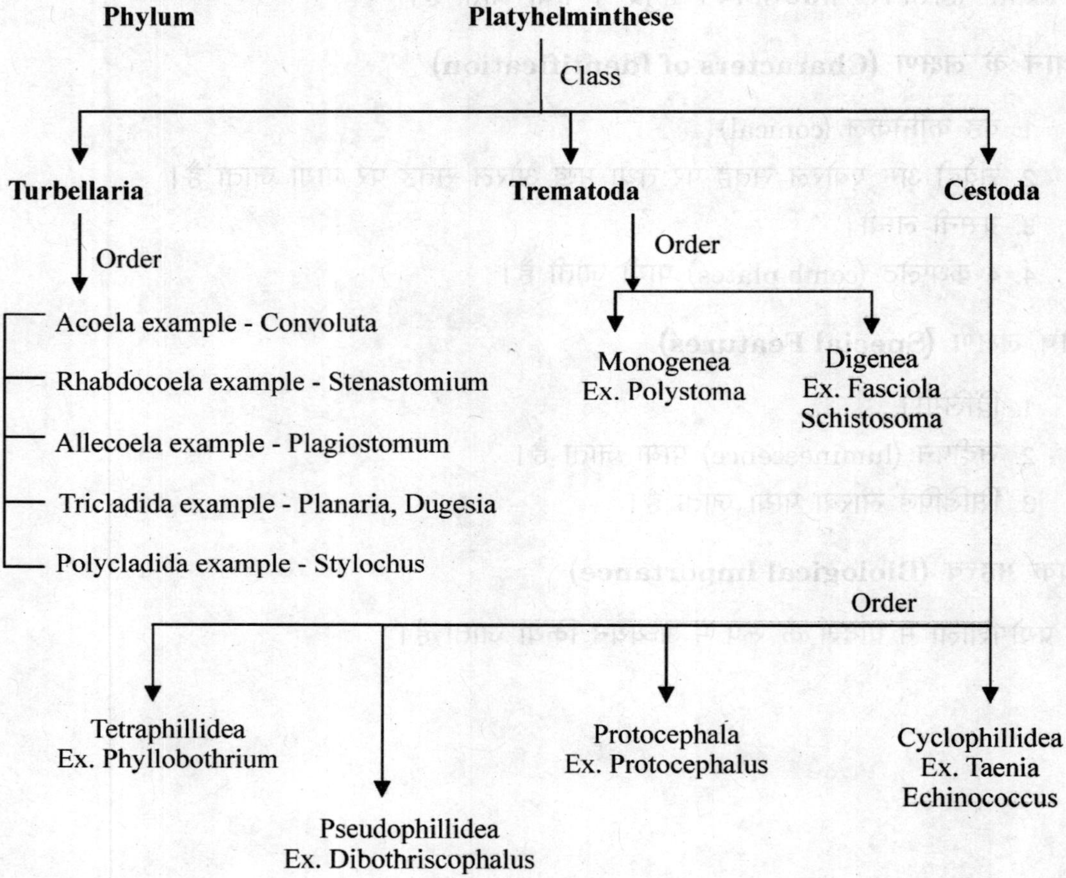

Platyhelminthese

1. Commonly called flat worms.
2. Triploblastic, Acoelomate with organ grade of organisation.
3. Free swimmng or parasitic.

Class - Turbellaria

1. Free swimming

Order - Acoela

1. Marine

2. Intestine wanting Example - Convolula.

Order - Rhabdococla

1. Tricastine sac like Example - Stenostomum

Order - Allococla

1. Intestine diverticulated Example - Plagiostomum

Order - Tricladida

1. Intestine 3 branched. Ex. - Dugesia, Planaria

Order - Polycladida

1. Intestine many branched. Ex. - Stylochus

Class - Trematoda

1. Commonly known as *Flukes*
2. Suckers present.
3. Mono or digenetic

Order - Monogenea

1. No intermediate host. Example - Polystoma

Order - Digenea

1. Life cycle completed in two hosts - Example Fasciola

Class - Cestoda

1. Body ribbon like commonly called Tape worms
2. Endoparasitic
3. No intestine present.

Order - Tetraphillidea

1. Scolex with 4 bothridia
2. Parasites of elasmobranchs. Example - Phyllobothrium

Order - Pseudophillidea

1. Scolex with 2 bothridia example Dibuthricephalum

Order - Cyclophillidea/Taenioidea

1. True suckers present.
2. Endoparasites of mammals and birds. Example - Taenia, Echinococcus.

फैसिओला
(Fasciola W.M.)

फायलम	–	प्लेटीहोलीन्थीज (1) चपटे कृमि
क्लास	–	ट्रीमेटोडा (1) परजीवी
ऑर्डर	–	डाइजीनिया
		(1) जीवन चक्र दो परपोषी में पूर्ण होता है।
		(2) 2 चूषक पाये जाते हैं।
जीनस	–	फैसिओला (*Fasciola hepatica*)

साधारण नाम (Common Name)

लिवर फ्लूक, भेड़ फ्लूक

आवास एवं प्रकृति (Habit & Habitat)

मनुष्य, भेड़, घोड़ा, बंदर, हाथी आदि में –

1. अंतः परजीवी (यकृत के अंदर, पित्त वाहिनी में)

वितरण (Distribution)

सर्वव्यापि (Cosmopolitan)

पहचान के लक्षण (Characters of Identification)

1. पत्ती के समान चपटी देह
2. अधर सतर पर मुंह ओरल चूषक से घिरा हुआ
3. ओरल मूषक व मुंह के मध्य जनन छिद्र (gonopore)

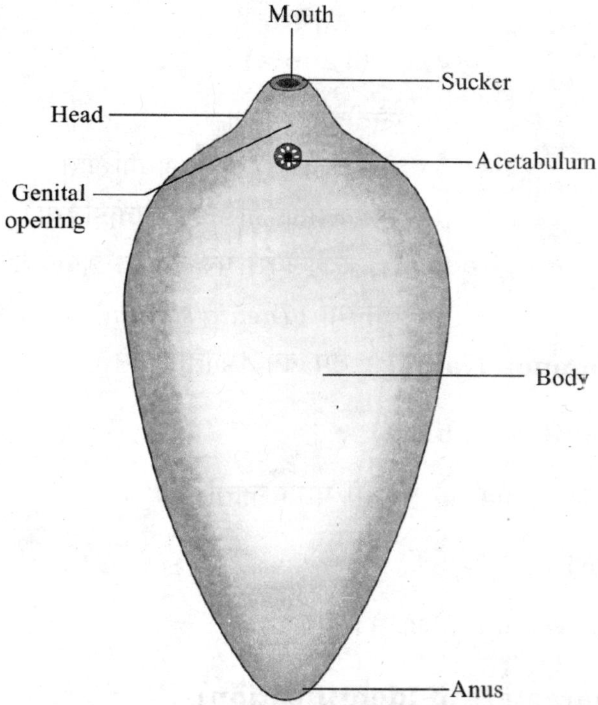

चित्र 1.39. फैसिओला

विशेष लक्षण (Special Features)

1. जीवन चक्र 2 परपोषियों में पूर्ण होता है।

स्नेल, लिम्निया ट्रंकैटुला (*Lymnea trancatula*) इंटरमीडिएट पोषी तथा भेड़ प्राथमिक। (Primary host)

जैविक महत्त्व (Biological Importance)

1. प्रयोगशाला प्रादर्श के रूप में अध्ययन किया जाता है।
2. जैविक घटना – बहुभ्रूणता (Poly embryony) दर्शाता है। 5 लार्वा अवस्था क्रमशः मिरासीडियम, स्पोरोसिस्ट, रीडिया, सर्केरिया व मेटासर्केरिया पायी जाती है। मिरासीडियम व सर्केरिया मुक्त जीवी (free swimming) है।

आर्थिक महत्व (Economic Importance)

1. भेड़ में लिवर रॉट (liver rot) बीमारी फैलाता है।
2. मनुष्य में एनीमिया, दस्त व अल्सर तथा पेट दर्द करता है।
3. भेड़ के संक्रमित होने पर ऊन व मांस में कमी हो जाती है।

टीनिया
(Taenia)

फायलम	–	प्लेटीहेल्मिन्थीज
क्लास	–	सेसटोडा (1) आंत्र अनुपस्थित
ऑर्डर	–	साइक्लोफिलिडिया / टीनोइडिया (1) स्कॉलेक्स पर हुक व चूषक उपस्थित
जीनस	–	टीनिया (*Taenia solium*)

साधारण नाम (Common Name) : टेप वर्म / फीता कृमि

आवास एवं प्रकृति (Habit & Habitat)

मनुष्य की आंत में अंतःपरजीवी के रूप में पाया जाता है।

वितरण (Distribution)

सुअर का मांस खाये जाने वाले देशों में।

पहचान के लक्षण (Characters of Identification)

1. देह में स्कॉलेक्स, गर्दन व खंड पाये जाते हैं।
2. छोटे खंड गर्दन की ओर होते हैं। उसके पश्चात् परिपक्व व ग्रेविड खंड होते हैं।
3. खंडों को प्रोग्लोटिड (Proglottid) कहते हैं। स्कॉलैक्स पर 4 चूषक व रॉस्टेलम पाये जाते हैं। रॉस्टेलम में 28–32 हुक होते हैं।

विशेष लक्षण (Special Features)

1. परिपक्व खंड द्विलिंगी (hermaphrodite) होता है।
2. ग्रेविड प्रोग्लोटिड़ में हैक्साकैन्थ लारवा पाया जाता है जो सिस्टीसरकस / ब्लैडरवर्म में विकसित हो जाता है (जब हैक्साकैन्थ एक झिल्ली (ओन्कोस्पीयर) से ढका रहता है, सिस्टीसरकस कहलाता है)।
3. जीवन चक्र दो परपोषी में पूर्ण होता है (digenetic) सुअर इंटरमीडिएट तथा मनुष्य प्राथमिक (primary) परपोषी होता है। सुअर जब मनुष्य की बिष्ठा खाता है तो ओन्कोस्फीयर द्वारा संक्रमित हो जाता है। यह मांसपेशियों में पुटी में स्थित हो जाता है। इसे मीज़ली पॉर्क (measly pork) कहते हैं, सुअर का बिना पका / अधपका मांस जो खाता है, वह संक्रमित हो जाता है।
4. जनन की अपार (enormous) क्षमता पायी जाती है।

जैविक महत्त्व (Biological Importance)

1. प्रयोगशाला में प्रादर्श (spot) के रूप में अध्ययन किया जाता है।

आर्थिक महत्व (Economic Importance)

1. विशेषकर बच्चो में पेट दर्द, एनीमिया व उपापचयी व्यवधान उत्पन्न करता है।
2. टीनियासिस (taeniasis) बीमारी फैलाते हैं।
3. सिस्टीसर्कोसिस (cysticercosis) बीमारी फैलाते हैं।

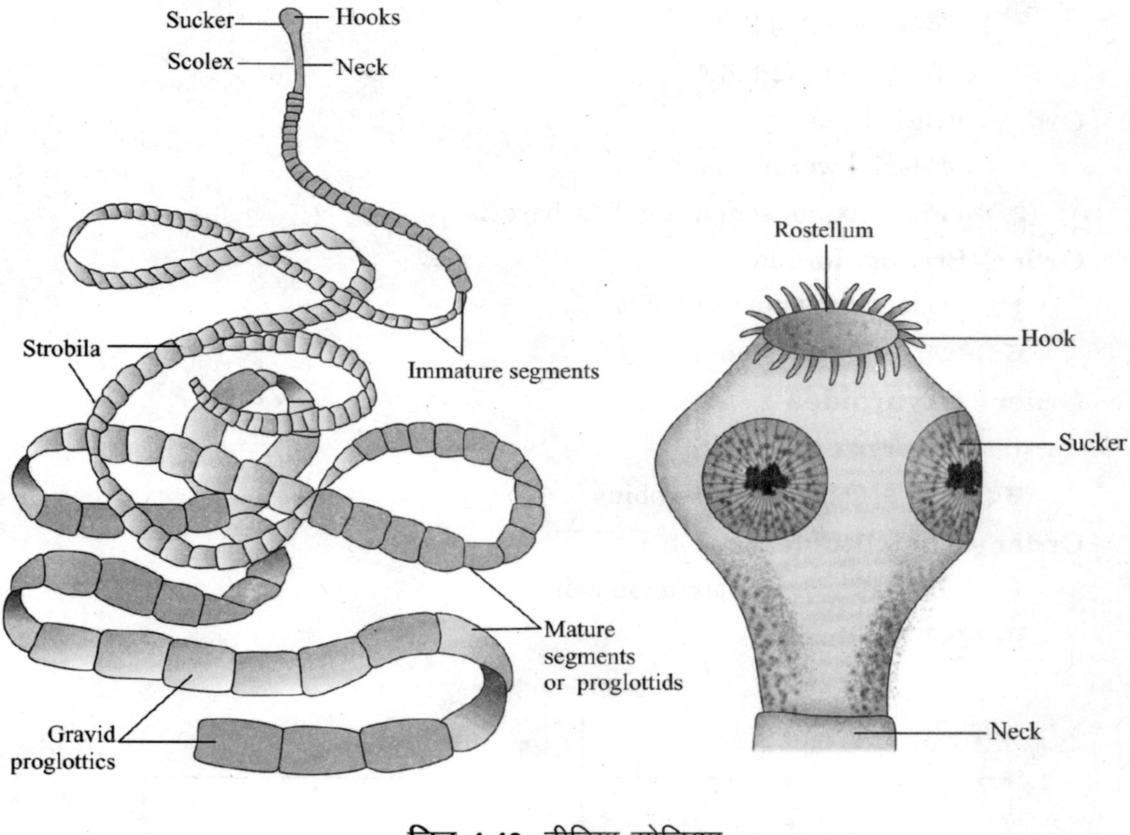

चित्र 1.40. टीनिया सोलियम

Outline classification of Aschelminthese
(Askos - cavity; *helminths* worm)

द्विपार्श्व सममित अखंडित जंतुओं का समूह जिनक देह क्यूटीकल द्वारा ढंकी रहती है, **एस्केहेल्मिन्थीज** कहलाते हैं। इसमें बड़ा समूह **निमेटोडा** तथा छोटे समूह जैसे – *रोटीफेरा, गैस्ट्रोट्राइका, काइनोरिन्हिका* व *निमेटोमोर्फा* आते हैं। हायमन (1951) द्वारा इसे पृथक फाइलम माना गया है तथा इन छोटे समूहों को क्लास। कुछ अन्य लेखकों ने इन्हें स्वतंत्र फाइलम का दर्जा भी दिया है।

Order - Trichuroidea

1. व्हिप (whip) कृमि

उदाहरण – ट्राइकीनेला

Order - Filaroidea

1. Filarial worm
2. Pharynx, muscular **eg.** Wuchereria

Order - Strongyloidea

1. Copulatory bursa prsent

उदाहरण – Ancylostoma

Order - Oxyuroidea

1. Pharynx with bulb

उदाहरण – Oxyuris, Enterobius

Order - Rhabditoidea

1. Parasitic or free living in soil

उदाहरण – Rhabditis

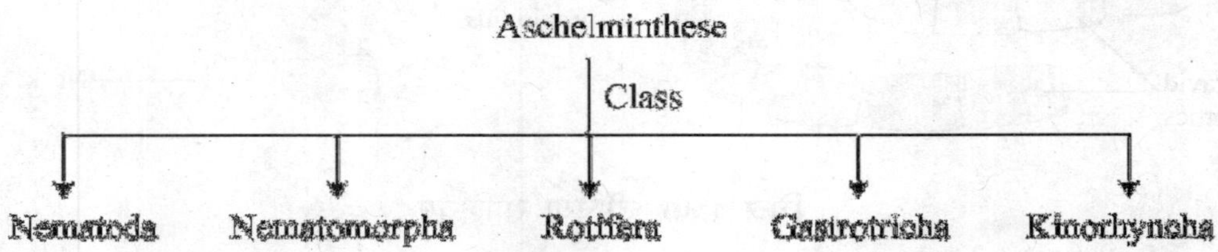

Class - Nematoda

1. जलीय, स्थलीय व परजीवी।
2. देह बेलनाकार दोनों सिरो (ends) पर नुकीली व क्यूटीकल से ढ़की हुई।

Order - Ascaroidea

1. गोलकृमि, एस्केरिस

- Leeuwnhock (1703) first-discovered rotifers with his newly invented microscope.
- Linnaeus are lamara regarded rotifers as protozoa.

उदाहरण – एस्केरिस, बुच्चेरेटिया, ट्राइकीनेला

Class - Nematomorpha

1. धागे के समान अखंडित देह।
2. व्यस्क मुक्तजीवी (free-swimming)

अवयस्क (young) क्रस्टोशिया या कीटों में परजीवी के रूप में।

उदाहरण – गोर्डियस

Class - Rotifera

1. Microscopic animals found in fresh waters rarely in marine.
2. Anterior end with ciliated organ called corona that helps swimming and feeding.
3. Flame cells present.

Example - Brachinous, Philodina

Class - Gastrotricha

1. Aquatic, fresh or marine water
2. Unsegmented worm like body with cilia in some parts.
3. Paired protonephridia present.

Example - Turbanella

Class - Kinorhyncha

1. Microscopic
2. Head retractile and with spines.

Example - Echinoderes.

वुकुरेरिया
(Wuchereria)

फाइलम	–	एस्कोल्मिन्थीज
क्लास	–	निमेटोडा
ऑर्डर	–	फाइलेरोडिया
जीनस	–	वुकुरेरिया (*Wuchereria bancrofti*)

साधारण नाम (Common Name) – फाइलेरियल कृमि (Filarial worm)

आवास एवं प्रकृति (Habit & Habitat) – यह परजीवी होता है और लसीका वाहिका (lymphatic vessels) में पाया जाता है।

वितरण (Distribution) – उष्ण व शीतोष्ण क्षेत्रों में। भारत में बिहार, छत्तीसगढ़, झारखंड, कर्नाटक, उड़ीसा, तेलंगाना, तमिलनाडू, पश्चिम बंगाल, उत्तर प्रदेश, मध्यप्रदेश में संक्रमण पाया गया है।

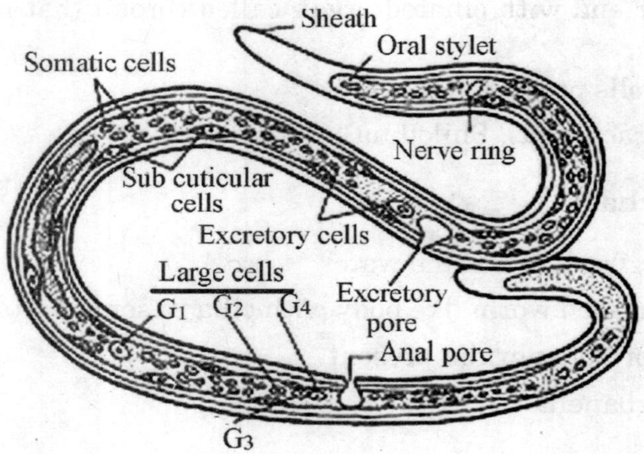

चित्र 1.41. वुकुरेरिया

पहचान के लक्षण (Characters of Identification)

1. मादा माइक्रोफाइलेरिया को जन्म देती है जो मनुष्य की रक्त कोशिकाओं में रहता है।
2. रात्रि (10 बजे से 2 बजे तक) को परिधीय संचरण (Peripheral circulation) में रहता है जहाँ से मादा क्यूलेक्स (culex fatigans) मच्छर काटने पर संक्रमित हो जाती है। यह वाहक (vector) के रूप में कार्य करती है। दिन के समय यह हृदय, वृक्क व फुफ्फुस वाहिकाओं में रहता है।
3. लसीका वाहिका अवरूद्ध हो जाती है तथा पैर सूज (Swollen) जाते हैं। बीमारी को हाथी पांव/पीला पांव (Elephatilics/Filariasis) कहते हैं।

जैविक महत्व (Biological importance)

प्रयोगशाला में अध्ययन किया जाता है।

आर्थिक महत्व (Economic importance)

1. हाथीपांव रोग फैलाता है।
2. मानसिक बीमारी तथा सिर दर्द भी रहता है।

एस्केरिस (Ascaris)

फाइलम – एस्केहेल्मिन्थीज (1) स्यूडोसीलोमेट होते हैं।

क्लास – निमेटोडा (साधारणतया गोलकृमि होते हैं)

ऑर्डर – एस्केरॉइडिया (1) मुख पर तीन ओष्ठ

जीनस – एस्केरिस

साधारण नाम (Common Name) – गोलकृमि

आवास एवम् प्रकृति (Habit & Habitat) – मनुष्य व अन्य जानवरों की आंत में, अतः परजीवी के रूप में।

वितरण (Distribution) – सर्वव्यापी

पहचान के लक्षण (Characters of Identification)

1. देह बेलनाकार, सफेद व हल्के गुलाबी रंग की।
2. नर की पूंछ कुंडलित होती है तथा मादा की नुकीली
3. मुख एक पृष्ठ (dorsal) तथा दो अधर ओष्ठ (sub-ventral lips) से घिरा रहता है।

विशेष लक्षण (Special characters)

1. लैंगिक द्विरूपता (Sexual dimorphism) पायी जाती है। नर छोटा (15–30 सेमी) तथा मादा बड़ी (20–35 सेमी) होती है।
2. स्यूडोसीज पायी जाती है।
3. त्वचा क्यूटीकल (cutical/legument) की बनी होती है।
4. श्वसन विसरण द्वारा

जैविक महत्व (Biological importance)

1. प्रयोगशाला जंतु के रूप में अध्ययन किया जाता है।

आर्थिक महत्व (Economic importance)

1. यह पेट दर्द व दस्त विशेषकर बच्चों में, पैदा करता है।
2. एस्केरियासिस बीमारी फैलाते हैं।

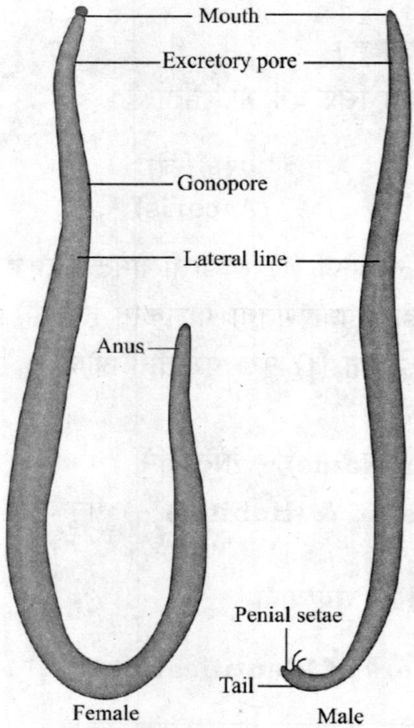

चित्र 1.42. एस्केरिस

ड्रेकनकुलस (नारू)
(Dracunculus)

फाइलम	–	एस्केहेल्मिन्थीज
क्लास	–	निमेटोडा
ऑर्डर	–	ड्रेकनकुलोइडिया
जीनस	–	ड्रेकनकुलस (*Dracunculus medinensis*)

साधारण नाम (Common Name) – गिनीवर्म कहते हैं।

आवास एवम् प्रकृति (Habit & Habitat) – नव प्रौढ (young) स्वच्छ जल में पाये जाते हैं। व्यस्क मनुष्य की त्वचा में।

वितरण (Distribution) – अफ्रीका, भारत, मिश्र व संयुक्त अरब व अन्य देश।

पहचान के लक्षण व विशेष लक्षण
(Characters of Identification and Special characters)

1. मादा लगभग 1 मीटर लम्बी तथा नर केवल 4 से.मी. लम्बा होता है।
2. विकसित मादा मनुष्य के उन स्थानों से जो अक्सर जल के संपर्क में आते रहते हैं। फोड़े (blister) में से बाहर निकलती है। यह फोडा कृमि द्वारा विषैले स्राव के कारण उत्पन्न होता है। जल के संपर्क में आने पर मादा से माइक्रोलारवा बाहर निकलते हैं। ये सूक्ष्म लारवा जल में पाये जाने वाले साइक्लोप (cyclop) द्वारा निगल लिये जाते हैं।
3. जब कोई व्यक्ति तालाब का बिना छना जल पीता है तो साइक्लोप प्रवेश कर जाते हैं और संक्रमित कर देते हैं।

आर्थिक महत्व (Economic importance)

1. यह ड्रेकनकुलिएसिस (Dracunculiasis) फैलाता है।
2. मनुष्य की कार्य क्षमता प्रभावित होती है। जब त्वचा से बाहर निकलता है तो अत्यधिक दर्द होता है और व्यक्ति अपने कार्य पर नहीं जा पाता।

विशेष टिप्पणी : जहाँ बाबड़ी (step wells) का जल प्रयोग में लिया जाता है वहां संक्रमण पाया जाता है। राजस्थान में डूंगरपुर, प्रतापगढ, बांसवाड़ा, उदयपुर एवं झाडौल प्रभावित क्षेत्र है। UNICEP के प्रयासों से यह बीमारी समाप्त कर दी गई है। बाबड़ी बंद कर दी गई है।

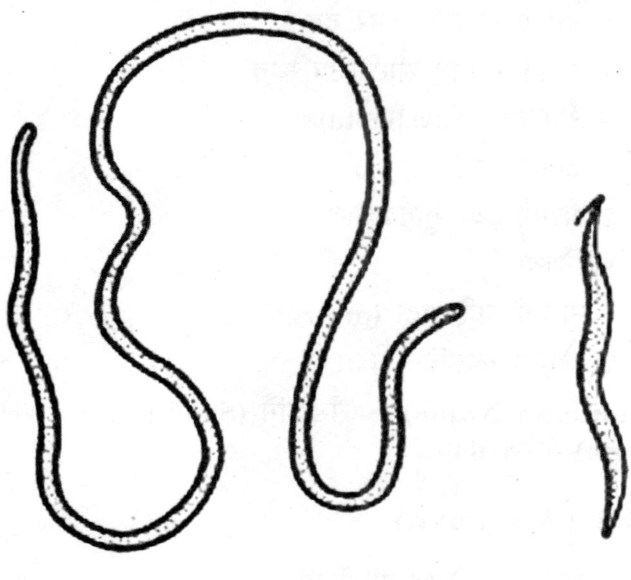

Female Male

चित्र 1.43. ड्रेकनकुलस

Outline classification of Annelida

- Annelida (Annulus-ring eidos-worm)
  - Class
    - Archiannelida e.g. Polygordius
    - Polychaeta
      - Order
        - Errantia e.g. Neries
        - Sedantaria e.g. Arenicola chaetopterus
    - Oligochaeta
      - Order
        - Limnocolae e.g. Tubifix chaectogaster
        - Terricolae e.g. Pheritima Lumbricus
    - Hirudinea
      - Acanthobdellida e.g. Acanthobdella
      - Rhynchobdellida e.g. Branchalion
      - Gnathobdellida e.g. Hirundinaria

नेरीज
(Neries)

फाइलम – एनीलिडा

1. खंडयुक्त बेलनाकार देह
2. काइटिनयुक्त सीटी उपस्थित

क्लास – पॉलीकीटा (Polychaeta)

1. अनेक सीटी
2. पैरामोडिया सुविकसित

ऑर्डर – इरैन्शिया

1. गुरुकी बहिसाटी (protrusible)
2. जबडा काइटिन युक्त

साधारण नाम (Common Name) – सैंडकृमि (Sand worm) / क्लैम वर्म (clam worm) / या रैग वर्म (reg worm) कहते हैं।

आवास एवं प्रकृति (Habit & Habitat)

1. समुद्र तल में, बिलकारी, मुक्त जीवी भी
2. रात्रिचर, मांसाहारी होता है। यह छोटी सीप, लगवर्म व एम्फीपोड़ खाता है।

वितरण (Distribution) – सर्वव्यापी

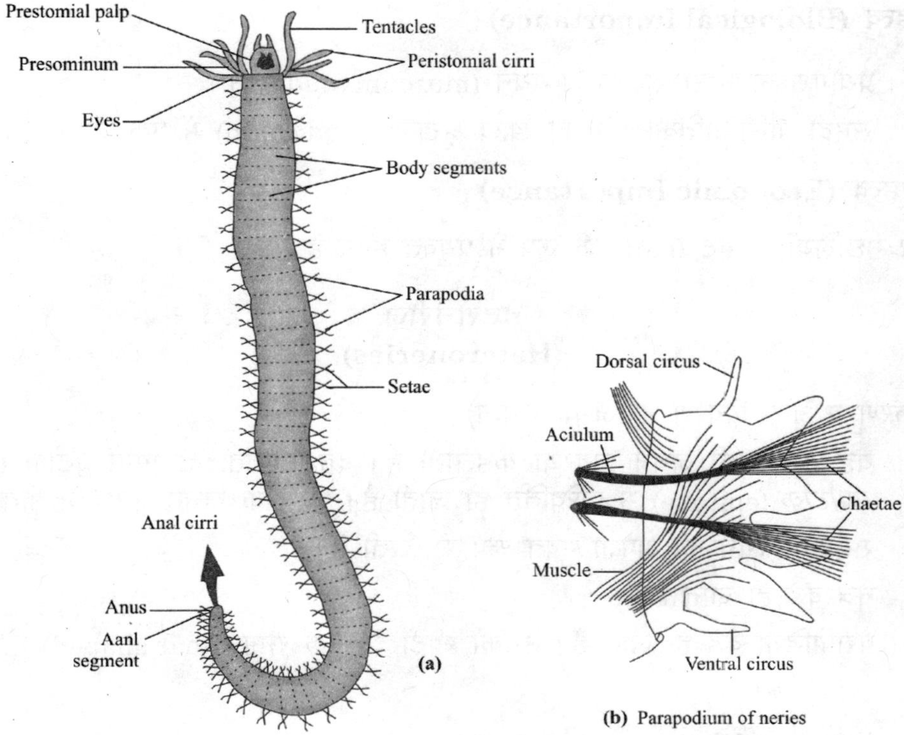

चित्र 1.44. नेरीज

पहचान के लक्षण (Characters of Identification)

1. देह विखंड युक्त (metamerically segmented) लगभग 8 इंच लम्बी, 80–120 खंड पाये जाते हैं।
2. अग्र भाग पर शीर्ष **प्रोस्टोमियम** (Prostomium) व **पेरीस्टोमियम** (peristomium) में विभाजित होता है।
3. प्रोस्टोमियम तिकोना, जिस पर दो जोड़ी नेत्र, एक जोड़ी स्पर्शक (tentacles) एक जोड़ी पैल्प (palp) पाये जाते हैं। पेरीस्टोमियम पर चार जोड़ी स्पर्शक या सिराई (cirri) पाये जाते हैं।

विशेष लक्षण (Special characters)

1. जनन अवस्था हेटरोनेरीज (heteroneries) कहलाती है। *एपीटोक* (epitoke) भी कहते हैं।
2. विदलन – स्पाइरल (spiral)
3. ट्रोकोफोर (trochophore) लारवा पाया जाता है।
4. आटोटॉमी (autotomy) व पुनरुद्धभवन (regeneration) पाया जाता है।

जैविक महत्व (Biological Importance)

1. प्रयोगशाला में संग्रहालय अध्ययन (museum study) में
2. समुद्री पारिस्थितिकी तंत्र की खाद्य श्रृंखला (food chain) में एक घटक है।

आर्थिक महत्व (Economic Importance)

एंगलर मछलियों के बेट (bait) के रूप में प्रयुक्त होती है।

हेटरोनेरीज (Heteroneries)

(वर्गीकरण व अन्य विवरण नेरीज के समान)

1. यह नेरीज की जनन प्रावस्था कहलाती है। देह स्पष्टतः दो भागों एटोक (Atoke) व *एपीटोक* (epitoke) में परिवर्तित हो जाती है। एपीटोक जनन भाग कहलाता है।
2. समुद्र में रेंगने की अपेक्षा मुक्त रूप से तैरती है।
3. नेत्र बड़े हो जाते हैं।
4. पैरापोडिया बड़े हो जाते हैं। उनकी सीटी चप्पू के समान (oar shaped) हो जाती है।

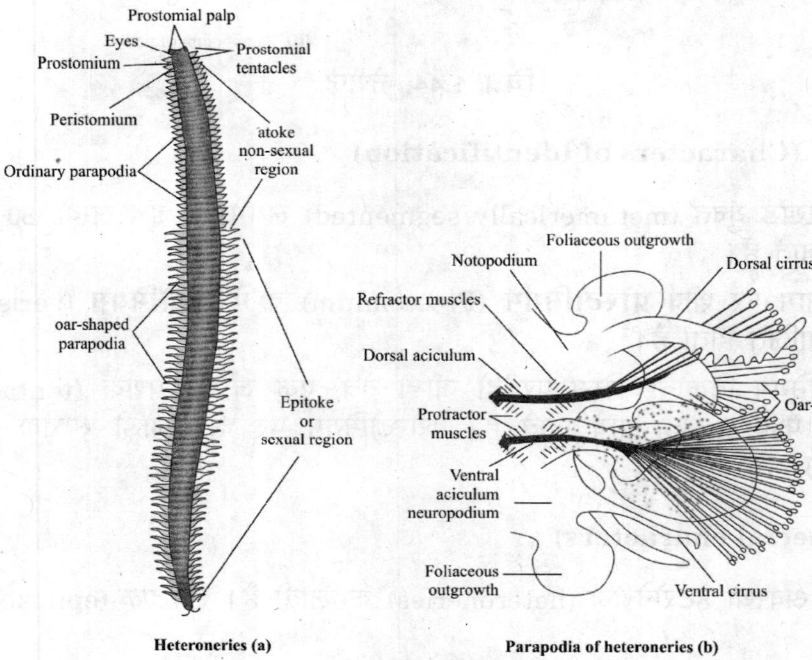

चित्र 1.45. (a) हेटरोनेरीज (b) पैरायोडिया हेटरोनेरीज

यूनिट - II

शरीर रचना विज्ञान
(Anatomy)

केंचुआ फायलम एनीलिडा, क्लास ओलिगोकीटा में वर्गीकृत किया गया है। एनीलिडा को विखंडीभवन (metamerism) के लिए जाना जाता है। इसमें वास्तविक सीलोम पायी जाती है।

बाहरी लक्षण

1. देह बेलनाकार करीब 100 से अधिक खण्डों की बनी होती है।
2. नम व छायादार स्थानों पर पाये जाते हैं।
3. रात्रिचर।
4. अग्र सिरे पर मुख तथा पश्च सिरे पर गुदा स्थित होती है। प्रोस्टोमियम मुख को घेरे रहता है।
5. **क्लाइटेलम** 14 से 16वें खण्ड तक पाया जाता है। यह फूला हुआ ग्रन्थिल होता है जो कोकून निर्माण में मदद करता है।
6. मध्य पृष्ठ रेखा एक सिरे से दूसरे सिरे तक जाती है।
7. मादा जनन छिद्र तक, जो 15वें खण्ड के मध्य में स्थित होता है, नर जनन छिद्र दो, जो 18वें खण्ड की पार्श्व दिशा में स्थित होते हैं।
8. प्रथम दो खण्डों को छोड़कर देह पर असंख्य नेफ्रिडियोपोर पाये जाते है।
9. प्रत्येक खण्ड पर (प्रथम व अन्तिम को छोड़कर) शूक (सीटी) पायी जाती है जो चलन में सहायक होती है।
10. यह द्विलिंगी होता है।

नोट : पूर्व में इसका नाम *फेरेटिमा पॉस्थ्यूमा* (*Pheretima posthuma*) था लेकिन अब *मेटाफाइर पॉस्थ्यूमा* (*Metaphire posthuma*) है।

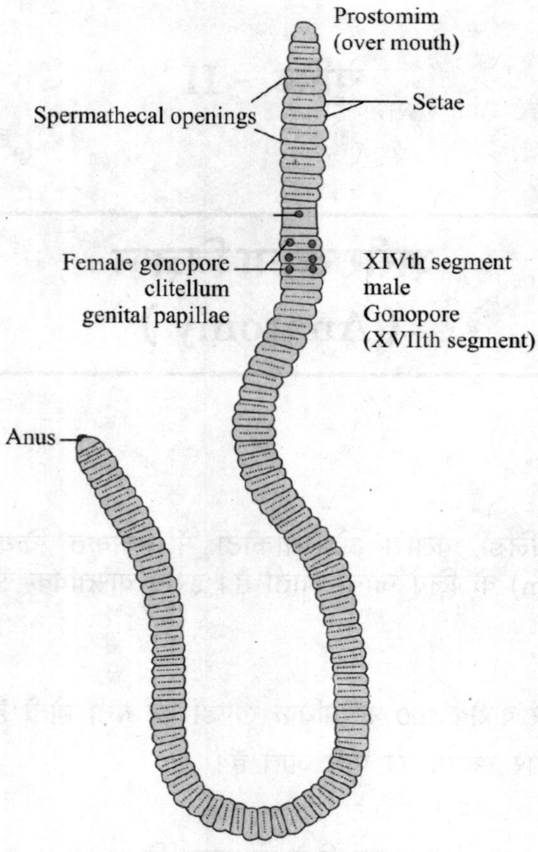

चित्र 2.1 Earthworm

आन्तरिक संरचना

1. केंचुआ लें तथा पृष्ठ मध्य रेखा (mid dorsal line) को खोजें तथा पृष्ठ सतह ऊपर की ओर रखे हुए, ट्रे में लिटायें।
2. क्लाइटेलम के पश्च सिरे में हल्का सा कट लगाकर कैंची को चलाते हुए अग्र सिरे की ओर लायें।
3. इस प्रकार कटी हुई देह के दोनों पर्दे (flap) पिन करें। पिन तिरछी हों। शिक्षक के बताये गये निर्देशों के अनुसार आन्तरिक शारीरिकी का अध्ययन करें। नर्वरिंग, आहारनाल, सेमाइनल वेसिकल्स, पृष्ठ व अधर रक्त वाहिकाएँ तथा तन्त्रिका रज्जु को एक्सपोज करें।

तंत्रिका तंत्र व तंत्रिका रिंग (Nervous System & Nerve Ring)

1. पूर्व में बताये गये अनुसार केंचुआ को खोलें।
2. क्लाइटेलम से पूर्व के क्षेत्र में से आहारनाल को एक तरफ कर दें।

3. तन्त्रिका रज्जु दृष्टिगोचर होती है। चौथे खण्ड तक इसे ट्रेस करें। तन्त्रिका रिंग पीली पट्टी के रूप में दिखाई देती है।
4. ग्रसनी को काटे तथा मांसपेशियों को ढीला करें। ग्रसनी को रिंग से नीचे धकेलें तथा नर्व रिंग को एक्सपोज करें सब फेरेंजियल, सरकम फैरेंजियल कनेक्टिव तथा सुप्राफैरेंजियल गैंगलियॉन को देखें।
5. तन्त्रिका रज्जु को अन्तिम खण्ड तक ट्रेस करें। प्रत्येक खण्ड में एक गैंगलिया पाया जाता है। (5वें खण्ड के बाद)

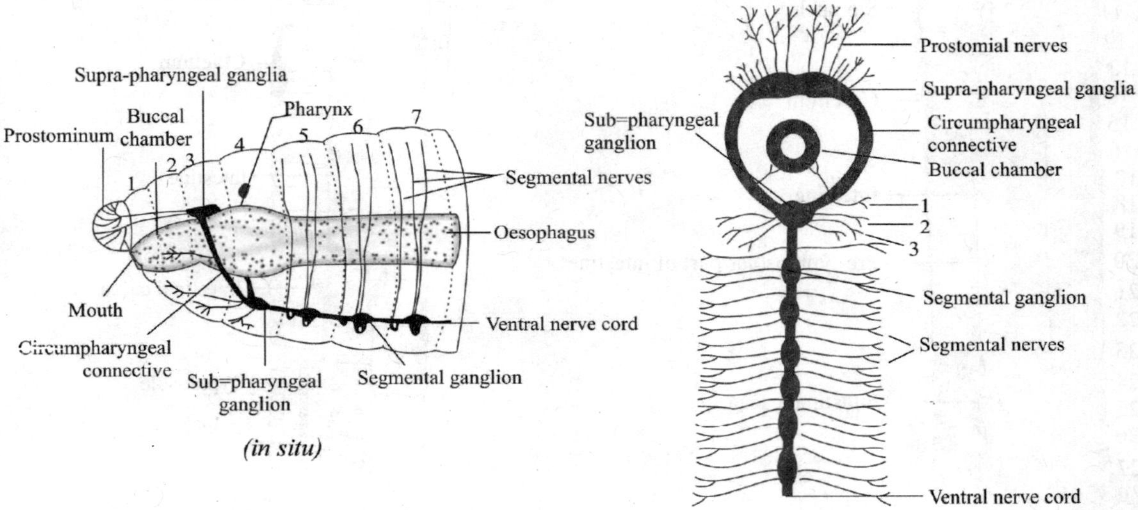

चित्र 2.2. तंत्रिका रिंग

आहारनाल

1. केंचुआ की देह को पूर्व में बताये गये अनुसार खोलें।
2. मुख को खोलें।
3. 3–4 खण्ड में ग्रसनी को देखें।
4. 5–7वें खण्ड में ग्रासनली एक पतली नलिका समान दिखाई देती है।
5. 8–9वें खण्ड में गिजर्ड पायी जाती है।
6. 14वें खण्ड तक (गिजर्ड के बाद) अमाशय पाया जाता है।
7. इसके बाद आंत होती है।
8. आन्त्रीय सीका व टिफ्लोसोल 25–26वें खण्ड में पाये जाते हैं।

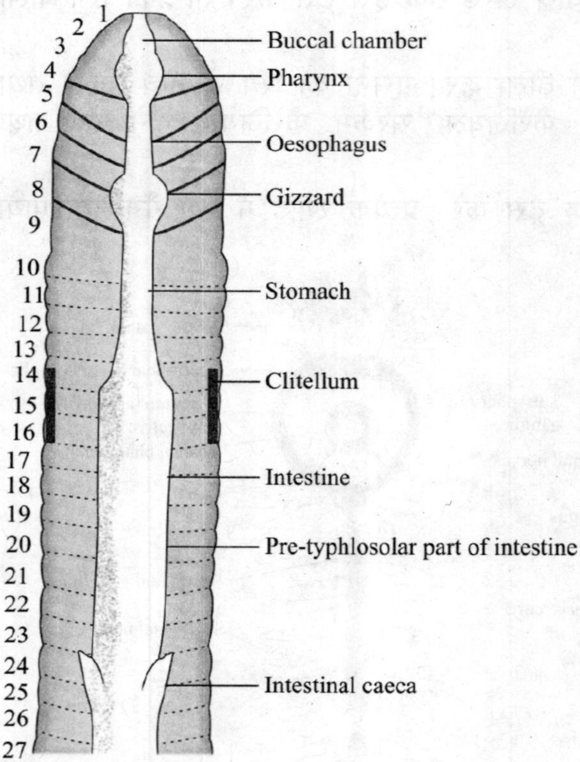

चित्र **2.3** (Alimentary Canal)

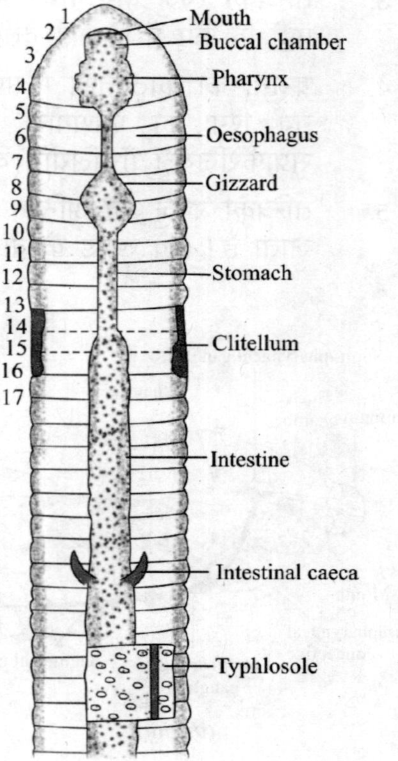

चित्र **2.4** (Alimentary Canal showing Typhosole)

टिफ्लोसोल (Typhlosole)

1. 25–26 वें खण्ड में अंत की दीवार को अनुप्रस्थ काटें तथा एक तरफ करें, साफ करें तथा टिफ्लोसोल को एक्सपोज करें।

नर व मादा जननतन्त्र (Male & Female Reproductive System)

1. प्रोस्टेट ग्रन्थि को क्लाइटेलम के बाद वाले भाग में देखें। 11–12वें खण्ड में शुक्रवाहिका (seminal vesicles) पायी जाती है तथा 6–9वें खण्ड में शुक्राशय (spermatheca)
2. 10–11वें खण्ड में एक जोड़ी वृषण पाये जाते हैं। शुक्रवाहिनी (vasdeferens) तंत्रिका रज्जु के समानान्तर प्रोस्टेट ग्रन्थि तक पायी जाती है।
3. अण्डाशय 12–13वें खण्ड के जोड़ पर स्थित होती हैं।

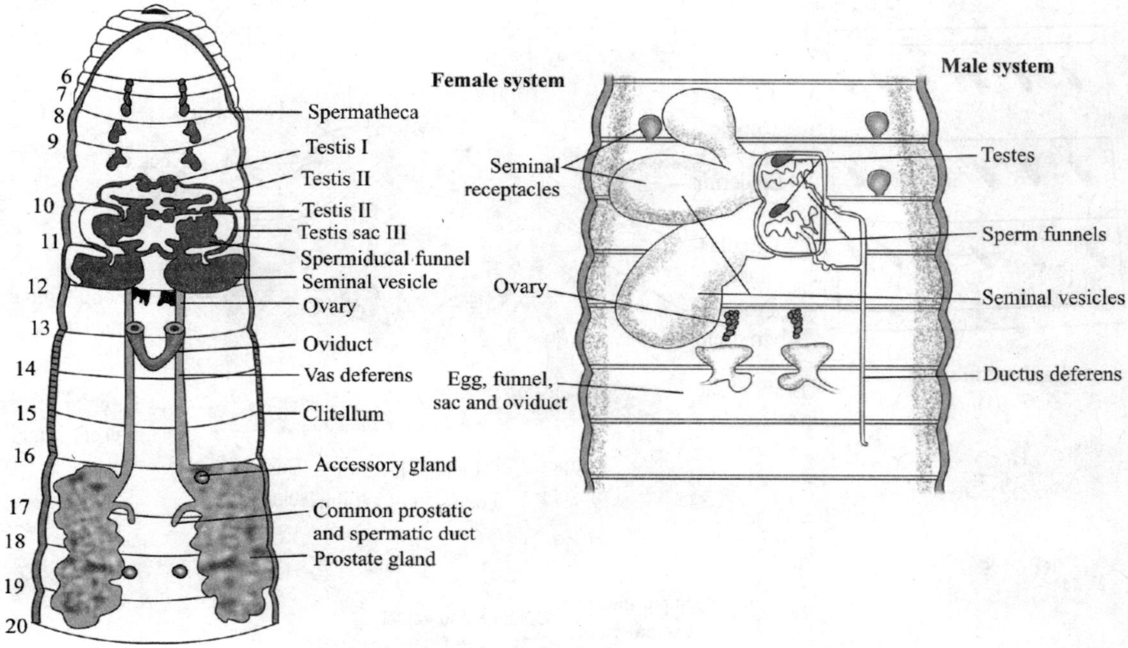

चित्र **2.5** Earthworm : Reproductive systems (in situ)

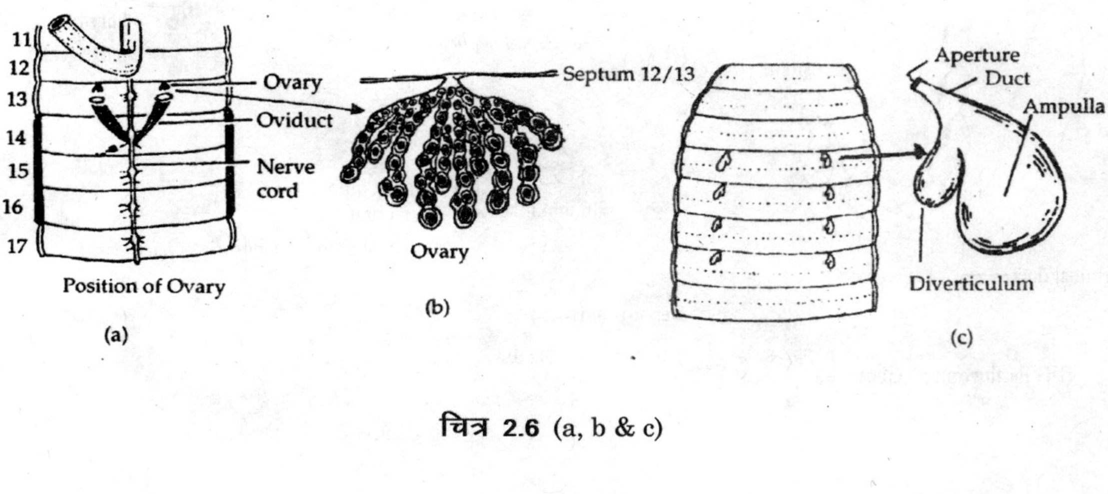

चित्र **2.6** (a, b & c)

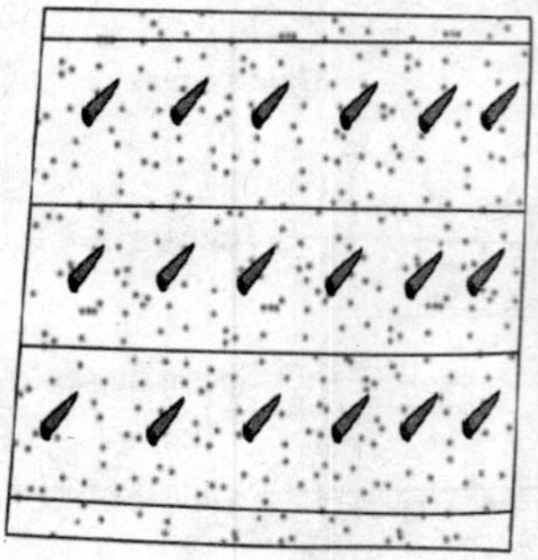

Earthworm setae
(I)

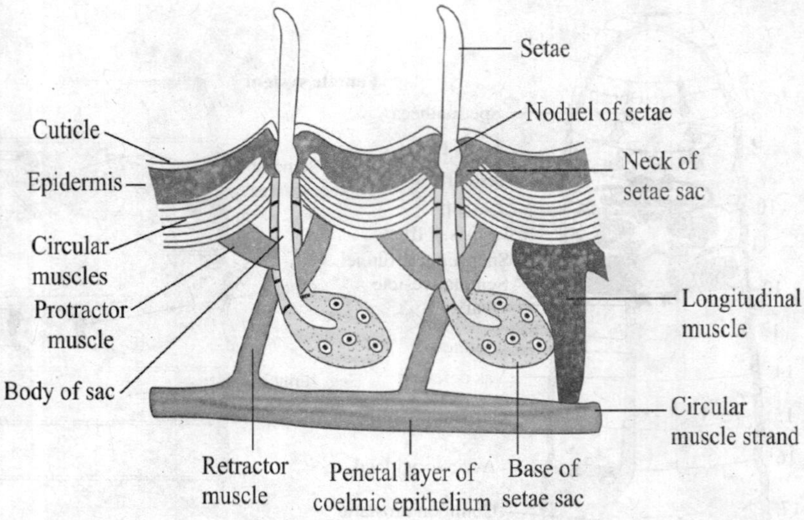

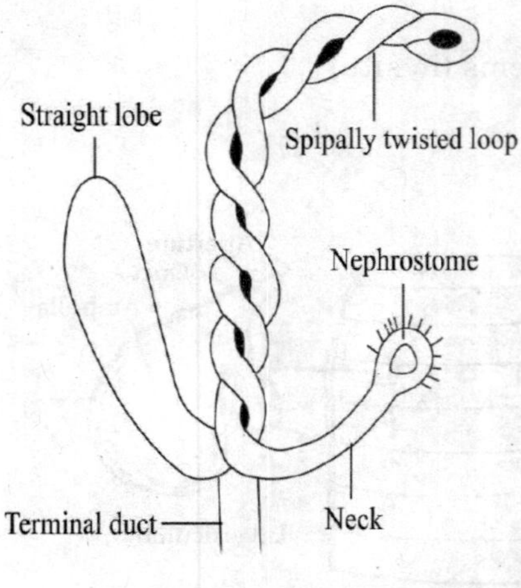

(III) Earthworm : Nephridium

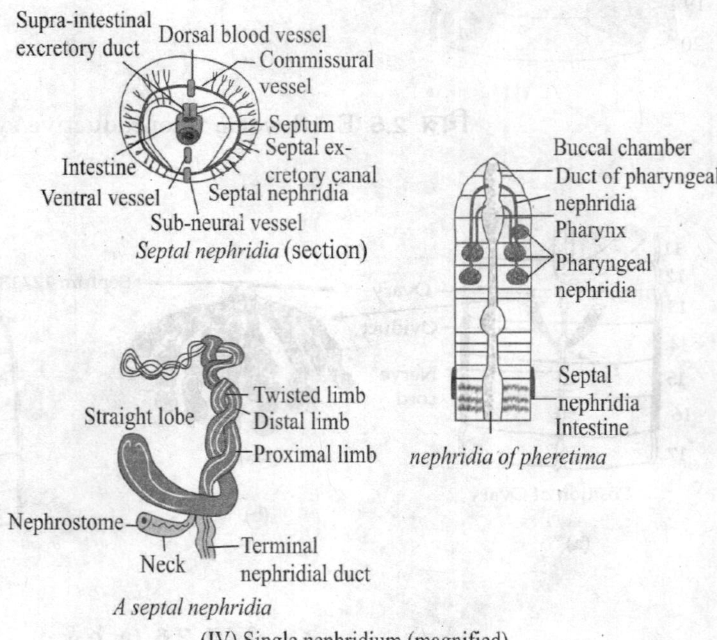

(IV) Single nephridium (magnified)

चित्र 2.6 (d) I. Setae II. Stucture and arrangement of setae III. Nephridium IV. Magnified structure of nephridium

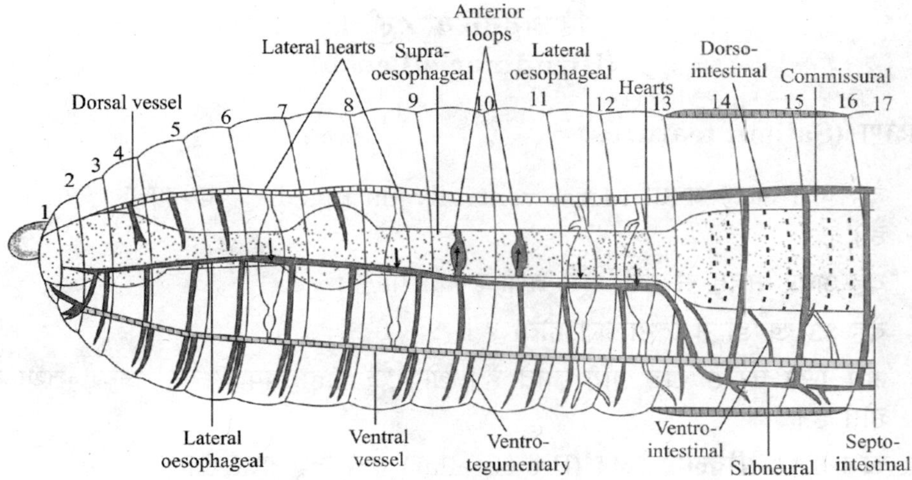

चित्र **2.7** Earthworm : Circulatory - system

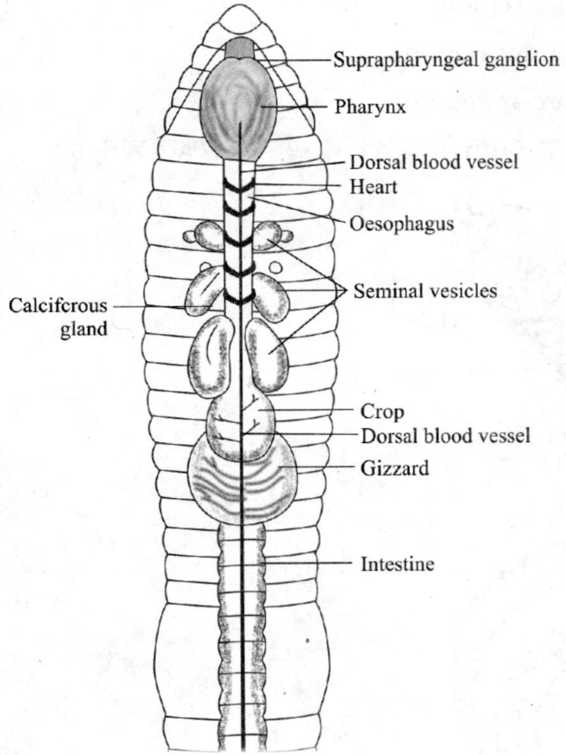

चित्र **2.8** Semidiagrammatic showing internalanatomy of Lumbricus

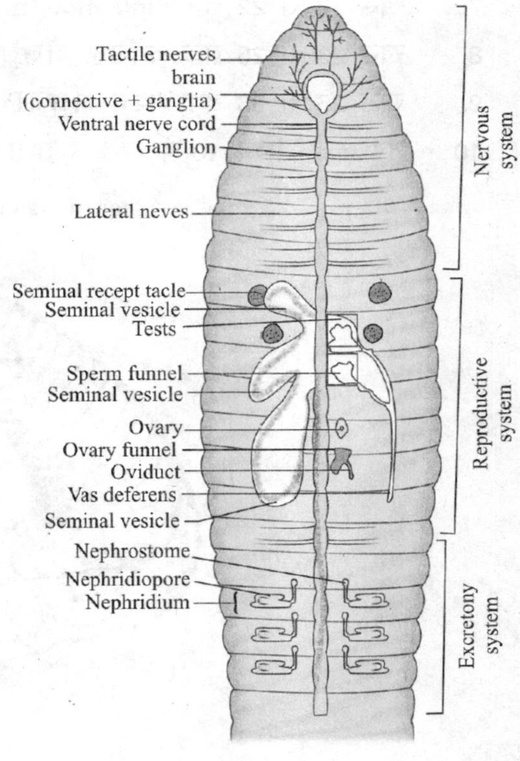

चित्र **2.9** Semidiagrammatic showing nervous, reproductive and excretory system in Lumbricus

हिरूडिनेरिया / लीच
(Hirudinaria/Leech)

सामान्य लक्षण (Salient features)

1. देह पृष्ठ अधर चपटी (dorso-ventrally flattened) चूषक दोनों सिरों पर पाये जाते हैं।
2. देह अधर सतह से हरी–भूरी तथा हल्की पीली।
3. देह 33 खण्डों में विभाजित होती है।
4. अग्र सिरे पर 5 खंड पाये जाते हैं। शीर्ष के जहां चूषक, मुंह, जबड़े तथा नेत्र स्थित होते हैं।
5. खंड 6,7,8 **प्रीक्लाइटेलर** (Pre-clitellar) क्षेत्र कहलाता है।
6. खंड 9,10,11 **क्लाइटेलर** क्षेत्र
7. खंड 12 से 22 तक **मध्य क्षेत्र** (middle region)
8. खंड 23 से 26 तक **कॉडल क्षेत्र** (Caudal region)
9. खंड 26 से 33 तक **पश्च क्षेत्र** (Posterior region)
10. नर जनन छिद्र 10 वें खंड में तथा मादा जनन छिद्र 11 वें खंड में स्थित होते हैं।

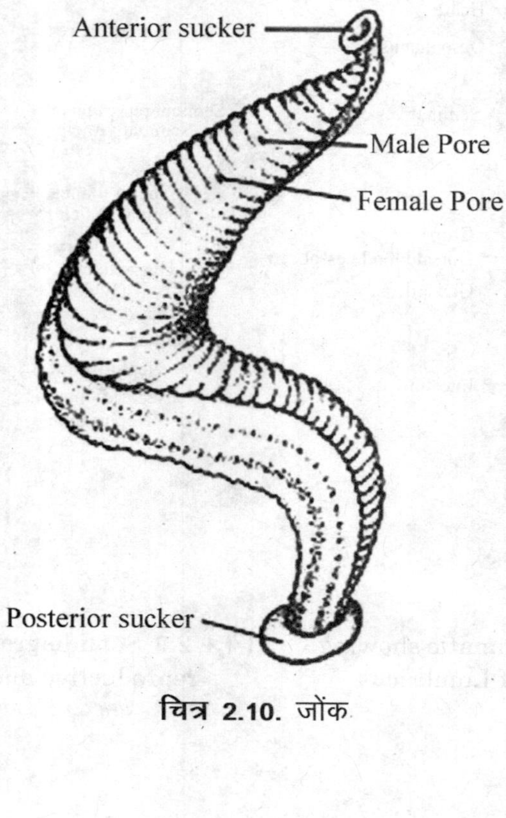

चित्र 2.10. जोंक

आहार नाल (Alimentary canal)

1. जोंक की पृष्ठ सतह उपर रखते हुए ट्रे में रखें।
2. मध्य में एक लम्बा कट लगाये।
3. संयोगी ऊतक को हटावें तथा आहारनाल का सहयोग करें।

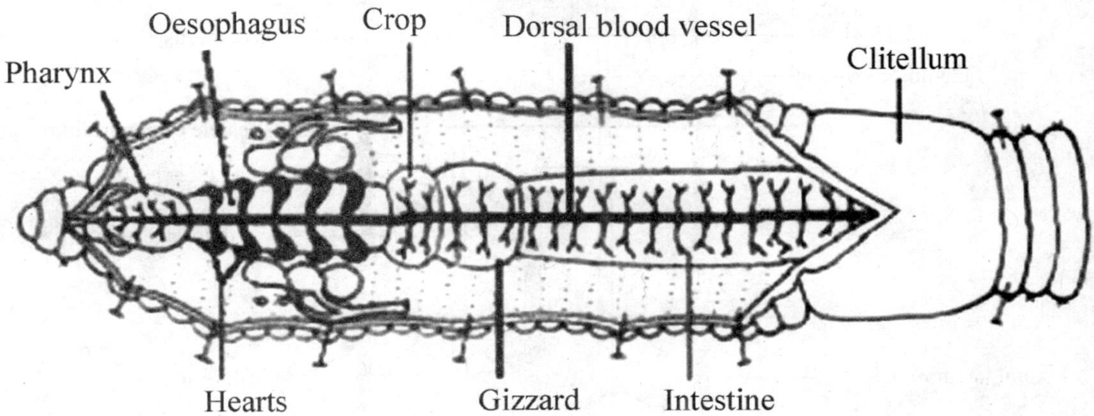

चित्र 2.11. Alimentary canal

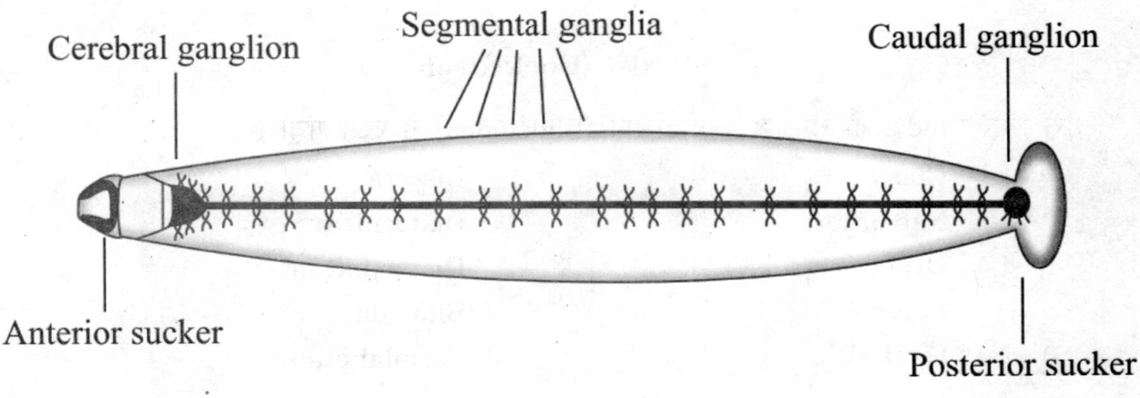

चित्र 2.12. तंत्रिका तंत्र

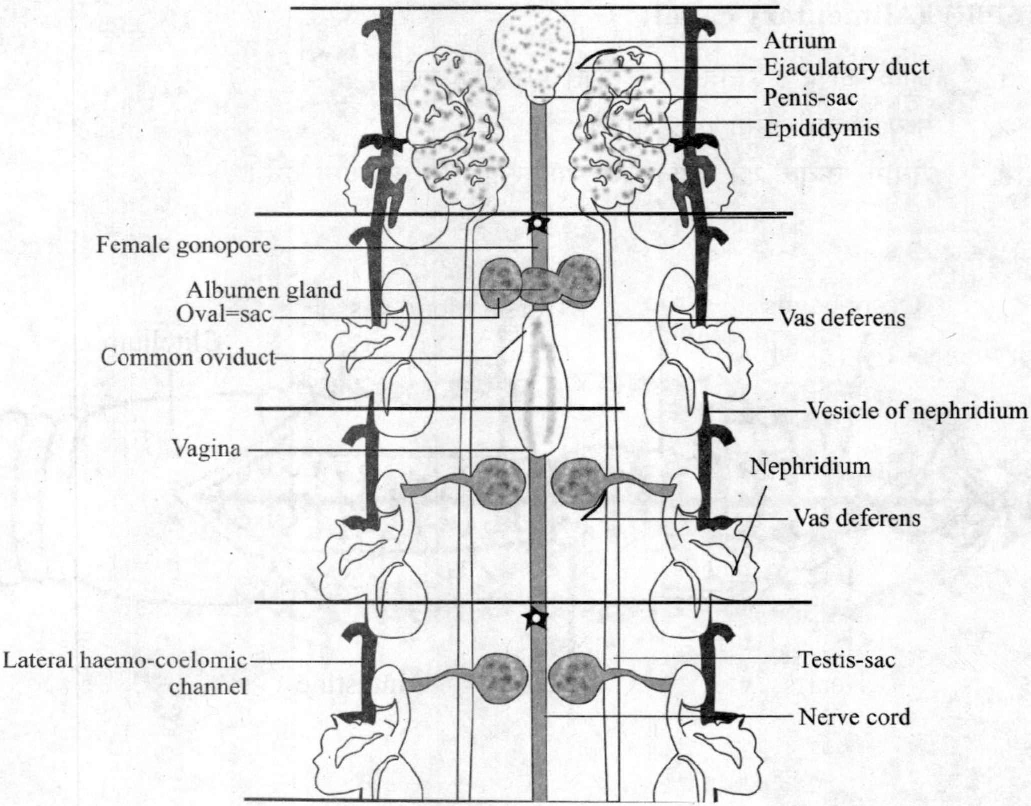

चित्र 2.13. जनन तंत्र

कॉकरोच (Cockroach)

इसे डिक्टियोप्टेरा के उपगण ब्लैटॉइडिया (Blattoidea) में रखा गया हैं।

Class	Insecta
Sub order	Blattoidea
Order	Dictyopptera
Family	Blattidae
Genus	Periplaneta

बाहरी लक्षण (External Features)

1. सिर प्रोनोटम से ढंका हुआ।
2. तेज दौड़ने में सक्षम।
3. (Cerci) स्पष्ट।

4. श्रंगिका फिलीफोर्म (filiform)
5. मुखांग चबाने व काटने के लिए अनुकूलित।
6. दो संयुक्त नेत्र पाये जाते हैं।
7. रात्रिचर तथा सर्वहारी।
8. देह, सिर, वक्ष व उदर में विभाजित।
9. वक्ष क्रमशः अग्रवक्ष (prothorax), मध्यवक्ष (mesothorax) व पश्चवक्ष (metathorax) में विभाजित रहता है।
10. उदर (abdomen) में दस खण्ड पाये जाते हैं।

प्रत्येक खण्ड पृष्ठ सतह पर काइटिन युक्त **टरगम** (पृष्ठ तल पर काइटिन की प्लेट) से तथा अधर सतह पर **स्टर्नम** (sternum) से ढंका रहता है। पार्श्व में कोमल प्लेट **प्लूरॉन** (pleuron) कहलाती है।

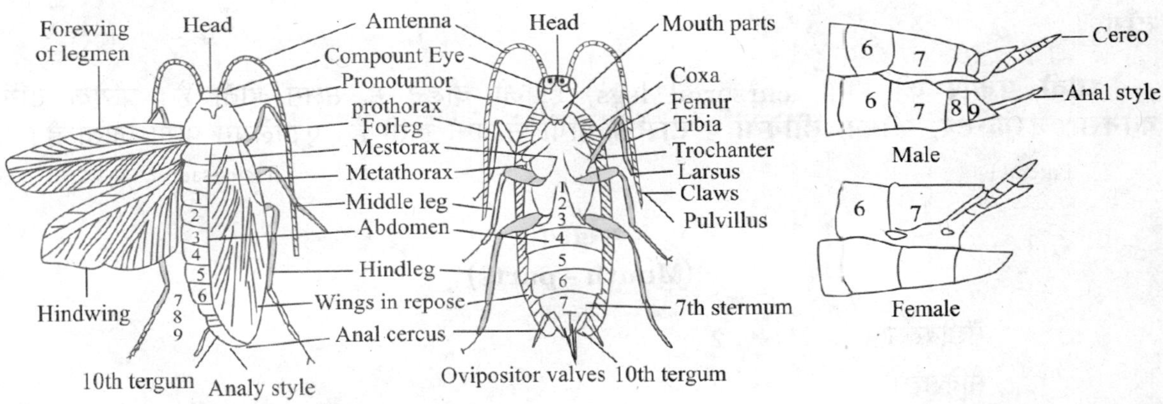

Wings & LEG

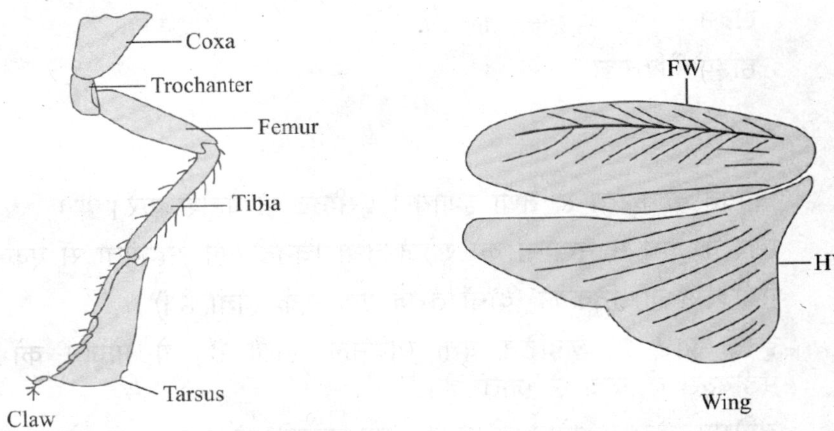

चित्र **2.14** Cockroach : (a) external features (b) Wings & leg

नर (Male)

नर में 10वें खण्ड का टरगम द्विपालीयुक्त (bilobed) होता है तथा गुदा के दोनों ओर से एक जोड़ी एनल सरसाई (anal cerci) निकले रहते हैं। 9वें स्टर्नम से एक जोड़ी एनल स्टायल (anal style) निकले होते हैं।

मादा (Female)

इसमें एनल स्टाइल नहीं पाये जाते। केवल 8 टरगम ही दिखाई देते हैं।

पंख व टाँग (Wings & Legs)

पंख दो जोड़ी होते हैं। अग्र पंख (fore wings) कठोर होते हैं जिन्हें **हेमइलेट्रा** (hemielytra) कहते हैं। पश्च जोड़ा जालिकावत (reticulated) इसमें शिराएँ दिखाई देती हैं।

टाँग

धावी प्रकार की होती (cursorial legs) हैं जो दौड़ने में सक्षम होती है। प्रत्येक टाँग **कोक्सा, ट्रोकेन्टर, फीमर, टीबिया** व **टार्सस** भागों से बनी होती है। एरोलियम पाया जाता है।

मुखाँग
(Mouth - parts)

मैंडीबल्स	–	2
मैक्सिला	–	2
लेबियम	–	1
लेब्रम	–	1
हाइपोफैरिन्गास	–	1

विधि

1. जीवित काकरोच लें तथा इथायल एसीटेट से बेहोश करें।
2. सिर के क्षेत्र में मुखांगों को खोजें तथा चिमटी की सहायता से एक–एक कर निकालें।
3. मैंडीबल्स को निकालें (दोनों तरफ एक–एक होता है।)
4. इनके पीछे 2 काइटिन युक्त मैक्सिला होती हैं। ये भोजन को पहचानती है तथा मैंडीबल्स के बीच ले जाती है।
5. लेबियम निचला ओष्ठ होता है। यह संवेदी होता है तथा भोजन को निकल जाने से रोकता है।

6. लेब्रम ऊपरी ओष्ठ कहलाता है।
7. हाइपोफैरिंग्स के आधार में लार ग्रन्थियां खुलती हैं।

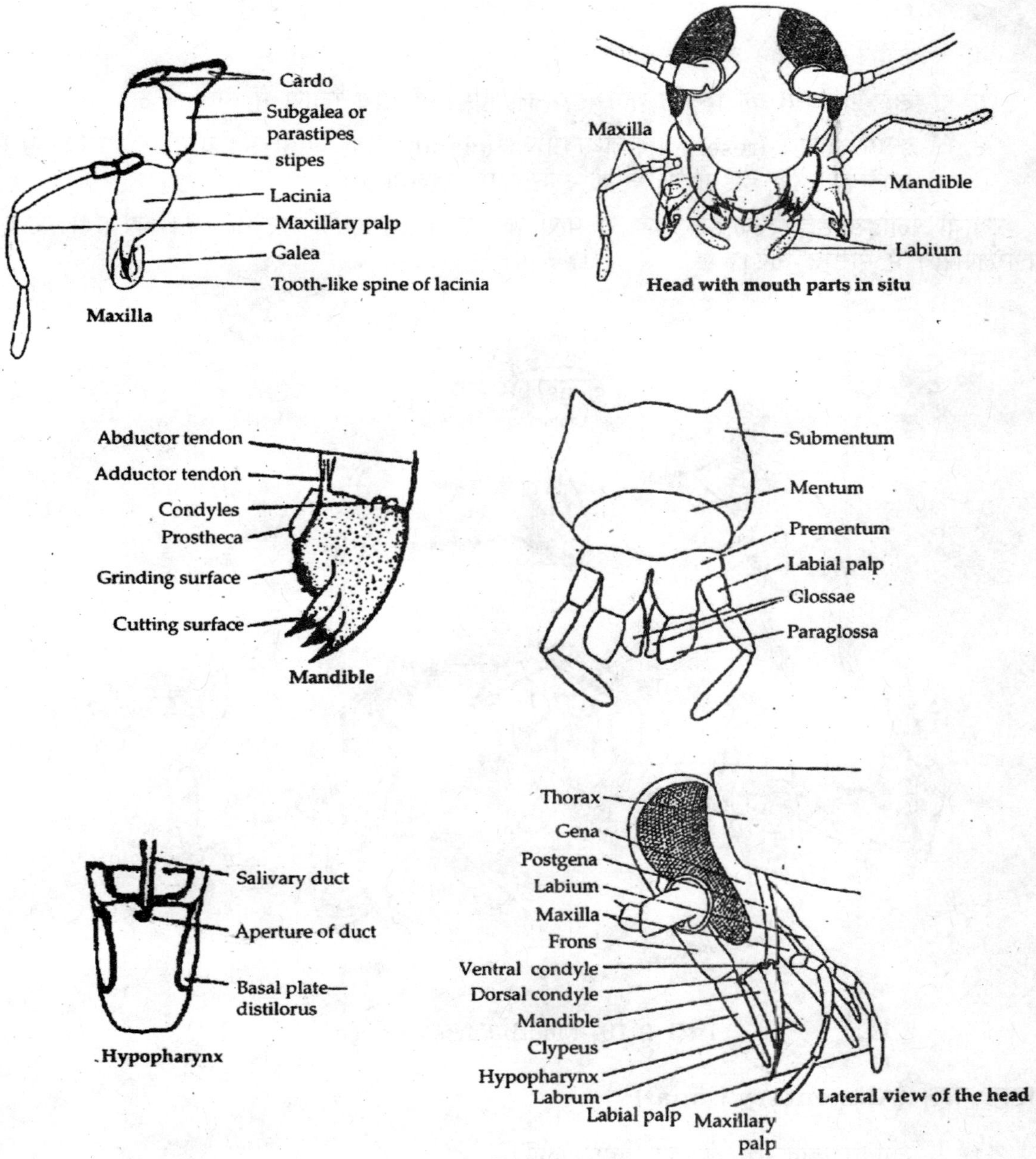

चित्र 2.15 Head and mouth parts of cockroach

लार ग्रन्थियाँ (Salivary Glands)

1. जीवित काकरोच लें तथा बेहोश करें।
2. प्लूरा को काटें।
3. काकरोच को ट्रे में फिक्स करें।
4. टर्गल प्लेट को हटावें।
5. लार ग्रन्थियों की स्थिति को पहचानते हुए इन्हें वाच ग्लास में निकाल लें।
6. इसमें आशय (reservoir) तथा ग्रन्थि (gland) पायी जाती है। दोनों ही पृथक–पृथक नालिका द्वारा हाइपोफैरिंग्स के आधार पर खुलती है।

स्थायी स्लाइड हेतु एल्कोहल ग्रेड से पास करें तथा DPX में माउन्ट करें। अस्थायी स्लाइड को ग्लिसरीन में माउन्ट करें।

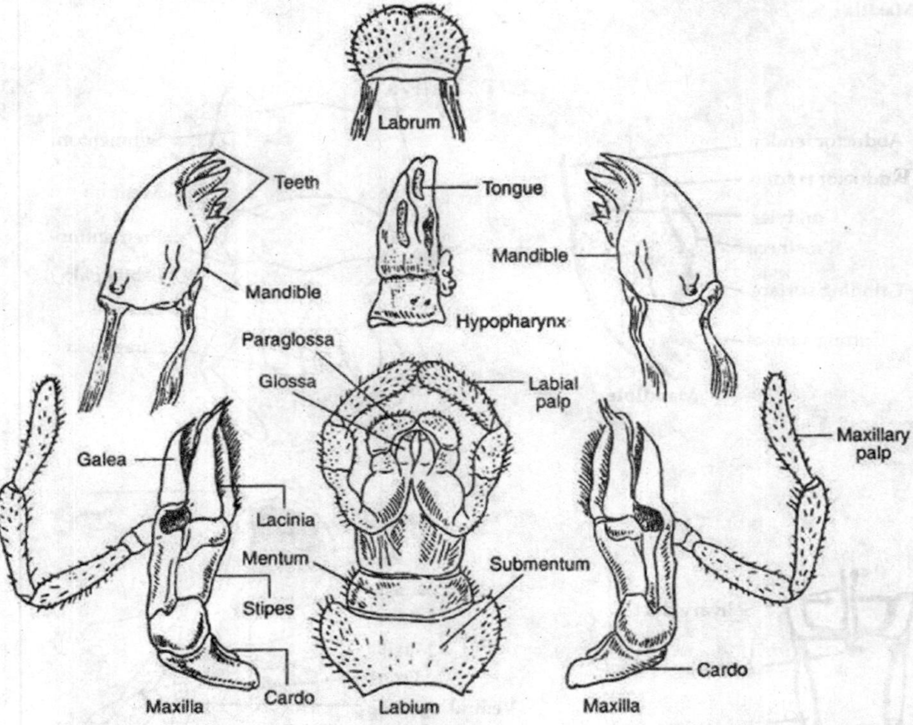

चित्र 2.16. Mouth Parts arranged

आहार नाल (Alimentary Canal)

1. जीवित काकरोच लें तथा बेहोश करें।
2. ट्रे में लिटा कर फिक्स करें। प्लूरा को काटें तथा टर्गल प्लेट को हटावें।

3. आहार नाल को एक्सपोज करें। इसमें लार ग्रन्थियाँ, ग्रासनली, क्रॉप, गिजर्ड, हिपैटिकसिका, मैल्पीजिन नालिकाएँ, इलियम, कोलन व रैक्टम होते हैं। यह अग्रांत्र (fore gut), मध्यांत्र (mid gut) व पश्चांत्र (hind gut) में विभक्त होती हैं।

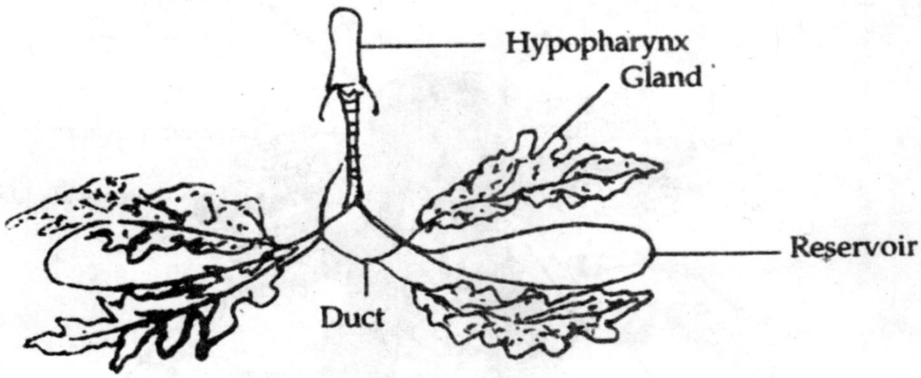

चित्र **2.17.** Salivary glands

Fore gut	–	Salivary glands
		Oesophagus
		Crop
		Gizzard
Mid gut	–	Hepatic Caeca
		Malpighian tubule
		Ileum
Hind gut	–	Colon
		Rectum
		Anus

नर व मादा जनन तन्त्र

1. 4, 5, 6वें खण्ड में पारदर्शी श्वेत पालियुक्त वृषण पाये जाते हैं। मशरुम व फैलिक ग्रन्थियों को खोजें।
2. अण्डाशय भी जोड़ी में होते हैं। कौलेटेरियल ग्रन्थि को खोजें।
3. चित्रानुसार एक्सपोज करें।

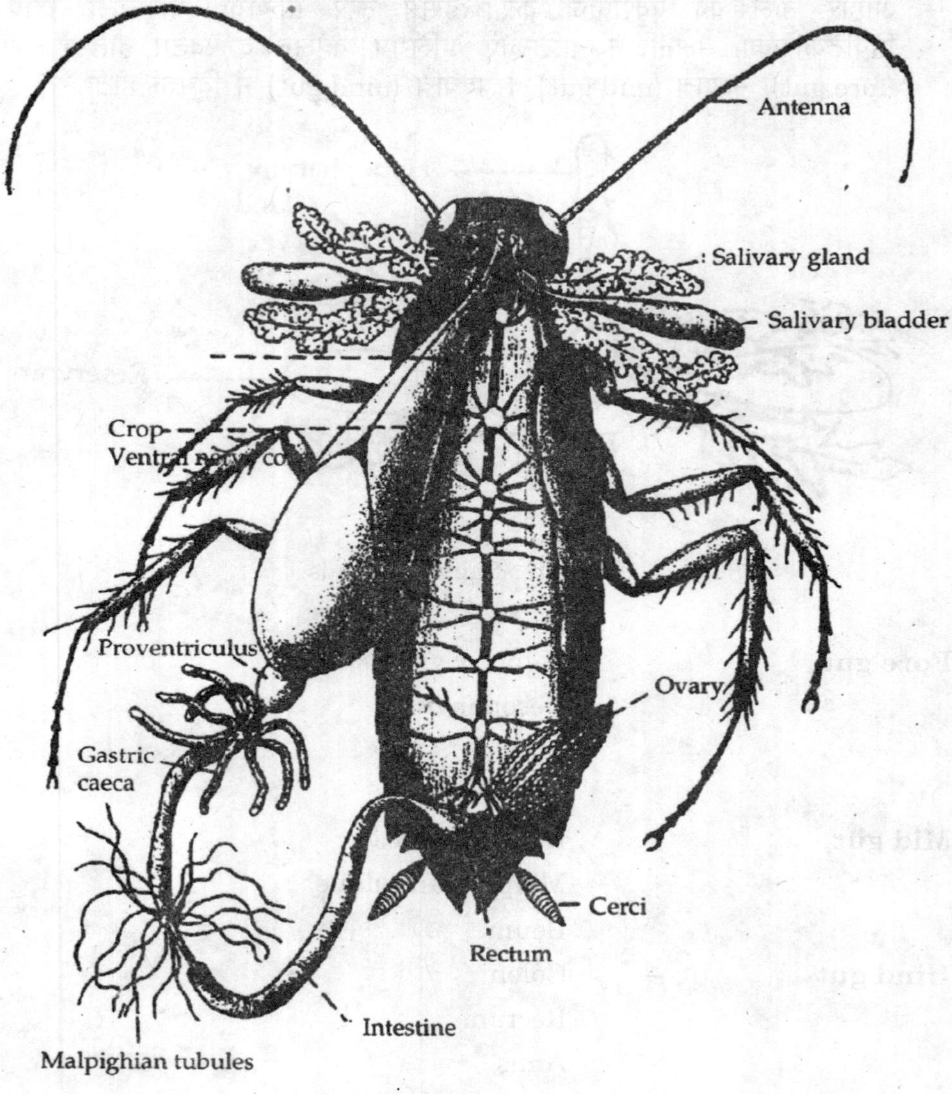

चित्र 2.18. Cockroach Alimentary Canal (in situ)

तंत्रिका तंत्र (Nervous System)

1. कॉकरोच को विच्छेदन हेतु बेहोश करें। ट्रे में पृष्ठ सतह स्वयं की ओर रखते हुए पिन करें तथा प्लूरा व टर्गम को हटावें।
2. आहारनाल को हटा दें।
3. तंत्रिका रज्जु को खोजें तथा मस्तिष्क तक ट्रेस करें।

4. 6वें खण्ड तक प्रत्येक में गैन्गिलिया (ganglia) को एक्सपोज करें। उसकी तंत्रिकाएँ भी खोजें।

5. मस्तिष्क को सावधानीपूर्वक एक्सपोज करें।

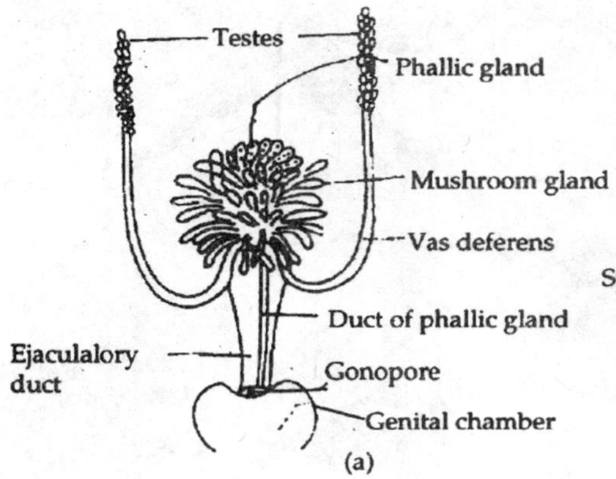

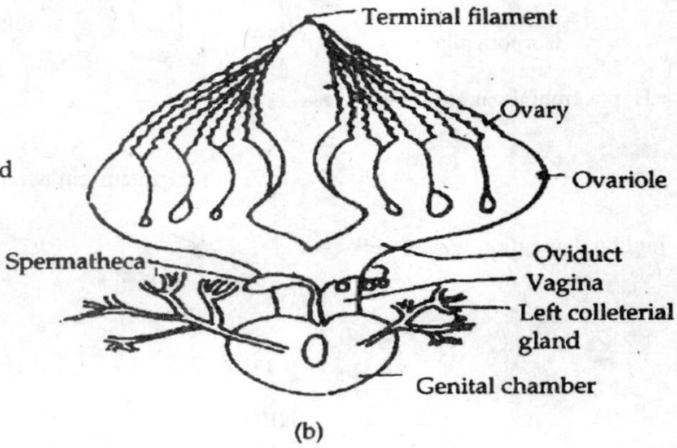

चित्र 2.19. जनन तंत्र (a) नर, (b) मादा

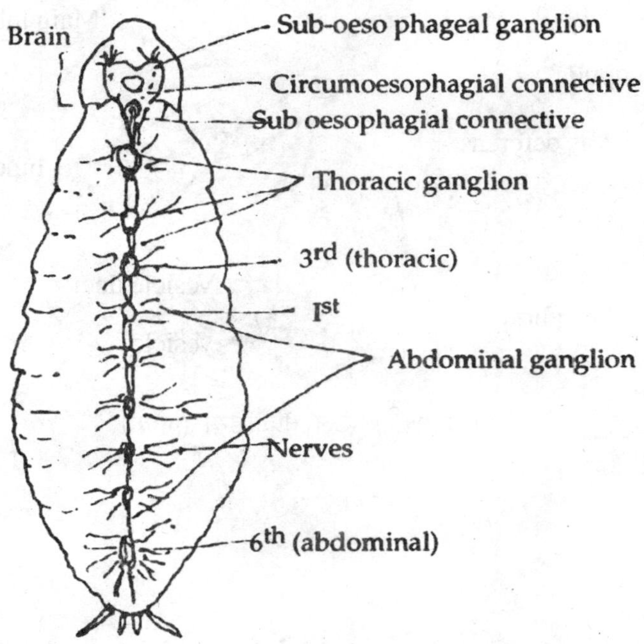

चित्र 2.20. तंत्रिका तंत्र

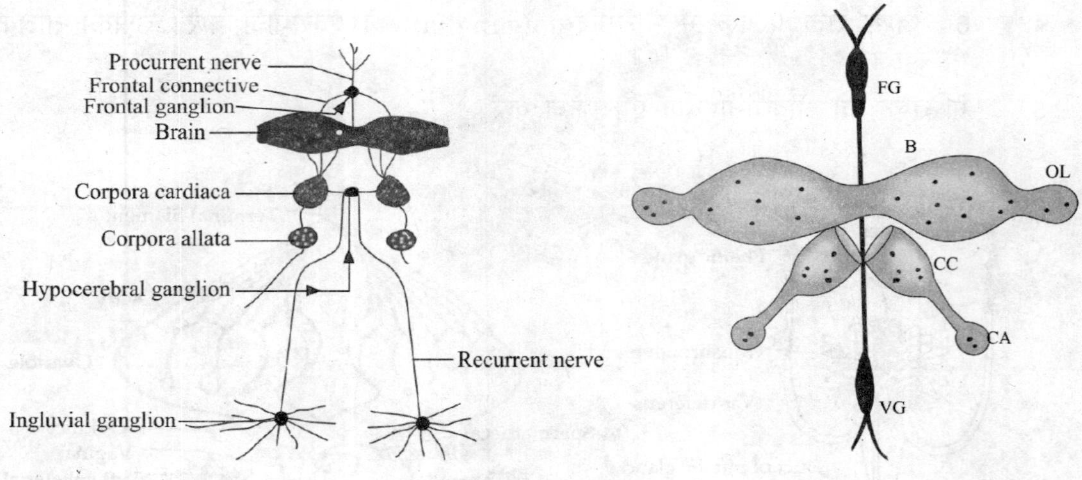

चित्र 2.21. तंत्रिका तंत्र (आरेखीय)

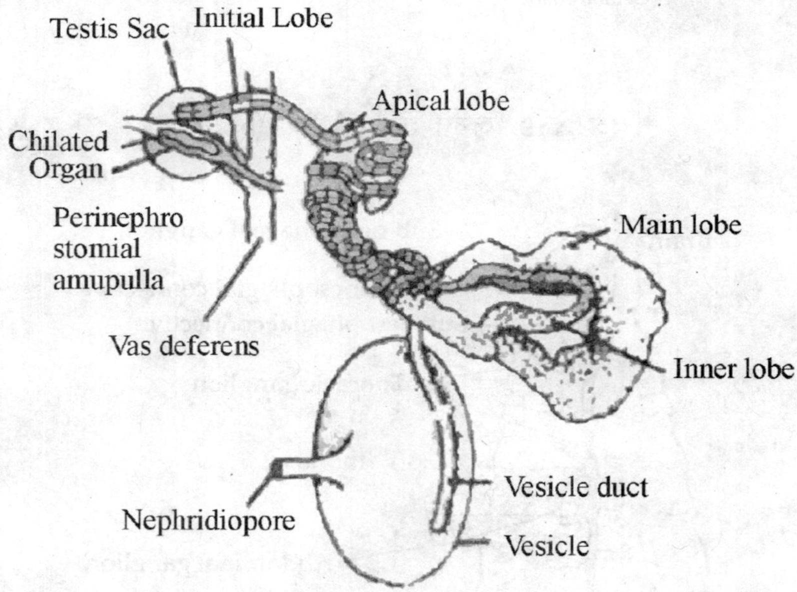

चित्र 2.21. सेप्टल नेफ्रीडिया (जोंक)

यूनिट - III

स्थायी स्लाइड
(Permanent Slides)

पैरामीशियम (द्विविभजन)

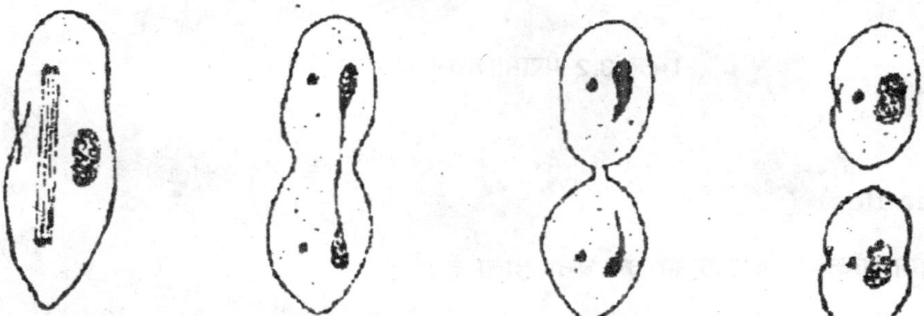

चित्र 3.1 पैरामीशियम द्विविभजन

पैरामीशियम संयुग्मन (Paramedciums conjugation)

1. संयुग्मन लैंगिक जनन की एक विधि है।
2. इसमें दो जननीय प्रकार जिन्हें संयुग्मक (conjugants) कहते हैं द्वारा केन्द्रकीय पदार्थ का आदान प्रदान किया जाता है। संयुग्मक अपने ओरल सतह से एक–दूसरे से चिपक जाते हैं।
3. वृहदकेन्द्रक (macronucleus) टुकड़ों में विभाजित हो जाता है जो बाद में कोशिका द्रव्य द्वारा अवशोषित कर लिये जाते हैं। लघु केन्द्रक समसूत्री विभाजन द्वारा 4 अगुणित (haploid) केन्द्रक में विभाजित हो जाता है। इनमें से तीन अदृश्य हो जाते

है तथा शेष एक समसूत्री विभाजन द्वारा दो असमान युग्मक केन्द्रक (gammete nuclei) में विभाजित हो जाता है।

4. इनमें छोटा सक्रिय जिसे माइग्रेटरी गैमीटन्यूक्लियस (migratory gammete nucleus) तथा बड़ा अक्रिय जिसे स्टेशनरी गैमीट न्यूक्लियस से संयुक्त होकर युग्मनज (zygote) बनाता है। इसे सिंकैरियॉन (synkaryon) भी कहते है।

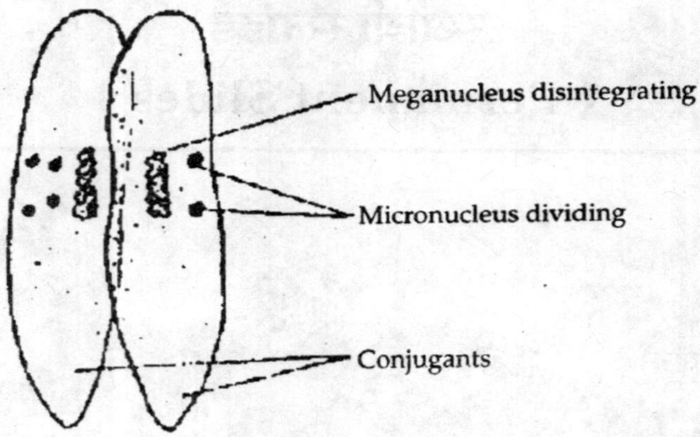

चित्र 3.2 पैरामीशियम (संयुग्मन)

कंटिकाएँ (Spicules)

1. स्पंज कंकाल कंटिकाओं का बना होता है।

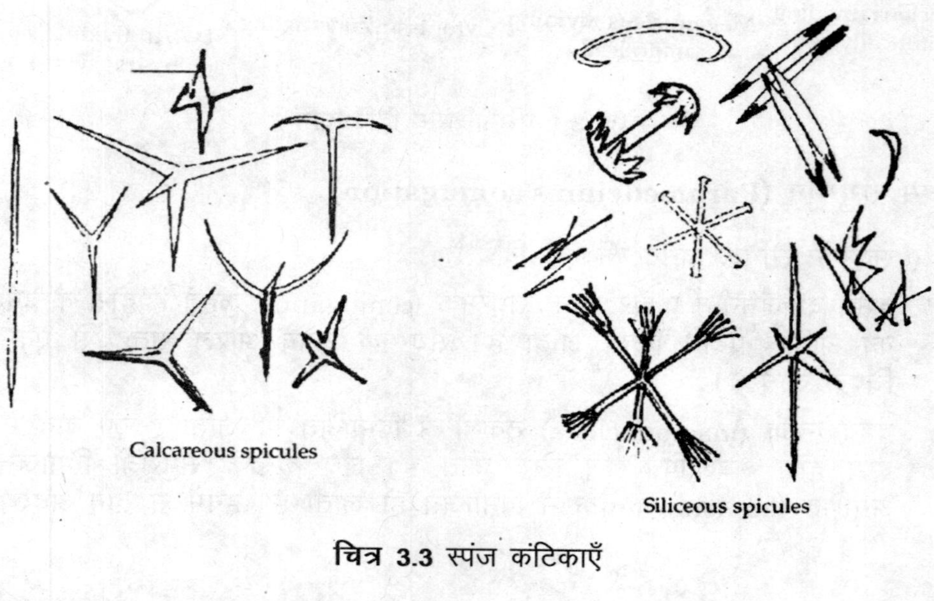

चित्र 3.3 स्पंज कंटिकाएँ

2. कैलिशयम कार्बोनेट से बनने वाली कैल्केरियस व सिलिका से बनने वाली सिलिसियस कंटिकाएँ कहलाती हैं।
3. बड़ी कंटिकाओं को **मेगास्केलेयर्स** (megascleres) तथा छोटी कंटिकाओं को **माइक्रोस्केलेयर्स** (microscleres) कहते हैं।
4. अक्ष के आधार पर इनको क्रमशः एकअक्षी (monaxon), त्रिअक्षी (triaxons), बहुअक्षी (polyaxons) व गोलाकार (spheres) कहते हैं।

स्पंज तंतु (Spongin fibres)

1. गण किटेह्येरोसा के स्पंज का कंकाल स्पँजिन तंतुओं का बना होता है। (उदाहरण – यूस्पांजिया)
2. स्पँजिन मध्य ऊतक में पायी जाने वाली स्पंजियोब्लास्ट कोशिकाओं द्वारा स्रावित होता है।
3. स्पँजिन अनियमित रूप से शाखित तंतुओं के रूप में दिखाई देता है।

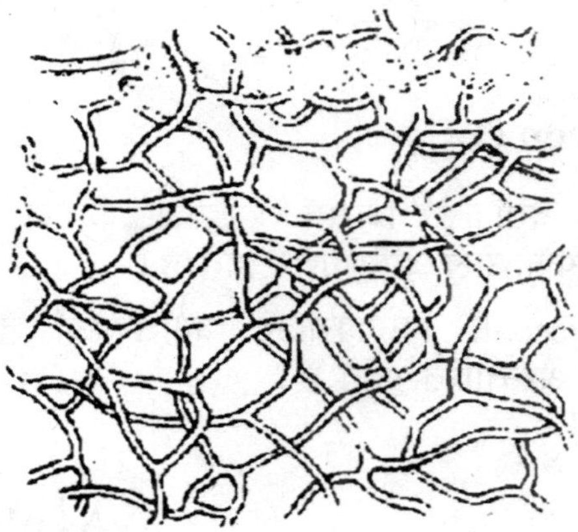

Spongin network - bath sponge

चित्र 3.4 स्पंज तंतु

साइकन लम्बवत काट (Sycon L.S)

1. इसमें अंतर्वाही नाल (incurrent canal) दिखाई देती है जो ऑस्टिया द्वारा बाहर खुलती है।
2. यह पिनेकोसाइटस कोशिकाओं से आस्तारित रहती है।
3. फ्लेजिलेटेड चैम्बर (Flagellated chamber) कोएनोसाइटस द्वारा आस्तारित रहता है।
4. ऊतक व देहभिति में कैल्शियम कार्बोनेट से बनी कंटिकाएं धंसी रहती है।
5. साइकन प्रकार का नाल तन्त्र पाया जाता है जिसमें जल के गमन की दिशा निम्न प्रकार रहती है।

Ostia ⇒ Incurrent canal ⇒ Prosopyle ⇒ Radial canal ⇒ Internal ostia ⇒ Spongocoel ⇒ Osculum Outiside

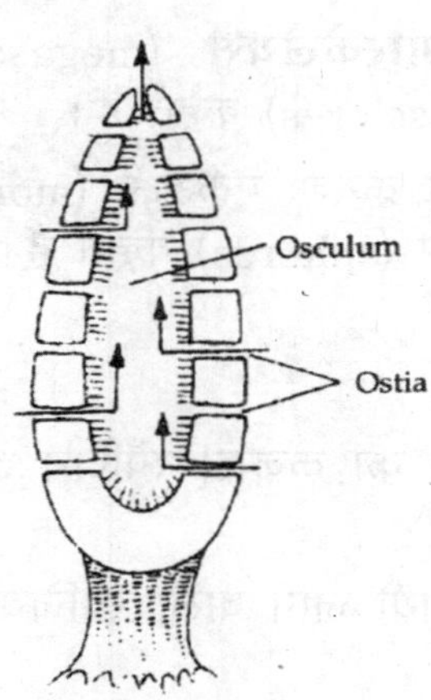

चित्र 3.5 साइकन (लम्बवत काट)

साइकन (अनुप्रस्थ काट) Sycon (T.S.)

1. वृत्ताकार दिखाई देता है जिसमें रेडियल कैनाल, ऑस्टिया, इनकरंट कैनाल, प्रोसोपाइल तथा स्पंजोसील दृष्टिगोचर होते हैं।
2. स्पंजगुहा (spongocoel) पिनेकोसाइट कोशिकाओं द्वारा तथा प्लेजिलेटेड चैम्बर कोएनोसाइट द्वारा आस्तारित रहते हैं।

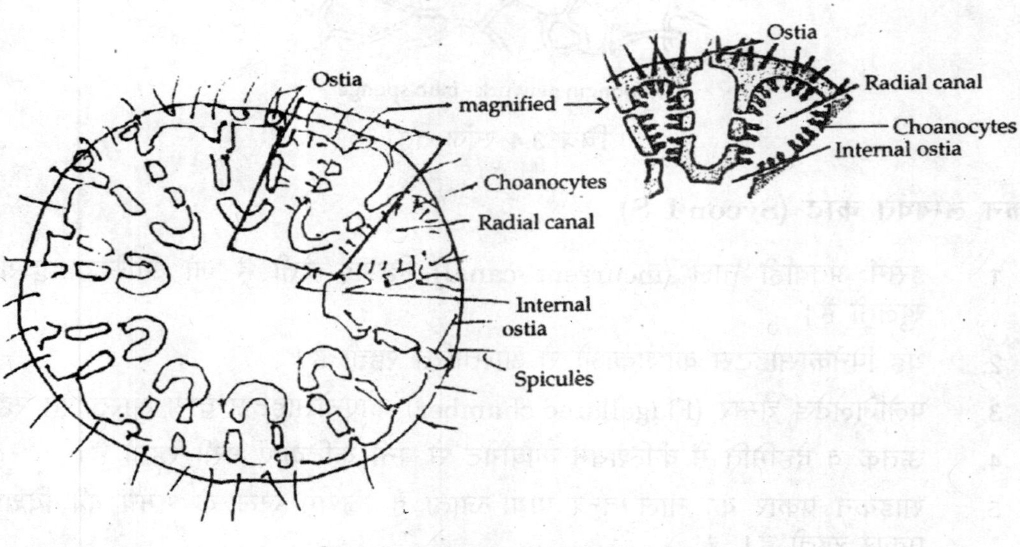

चित्र 3.6 साइकन (अनुप्रस्थ काट)

फोरेमिनिफेरा कवच (Foraminifera shell)

1. गण फोरेमिनिफेरा के मृत सदस्य जिनका कवच $CaCO_3$ का बना होता है, जब समुद्र के पेंदे में जम जाते हैं, तब वे फोरेमिनिफेरा ऊज कहलाते हैं।
2. पॉलिस्टोमेला ग्लोबिजेराइना आदि के कवच समुद्र तल में एकत्रित हुए पाए जाते हैं जो खडिया (chalk) की विस्तृत चट्टानों का रूप ले लेते हैं।

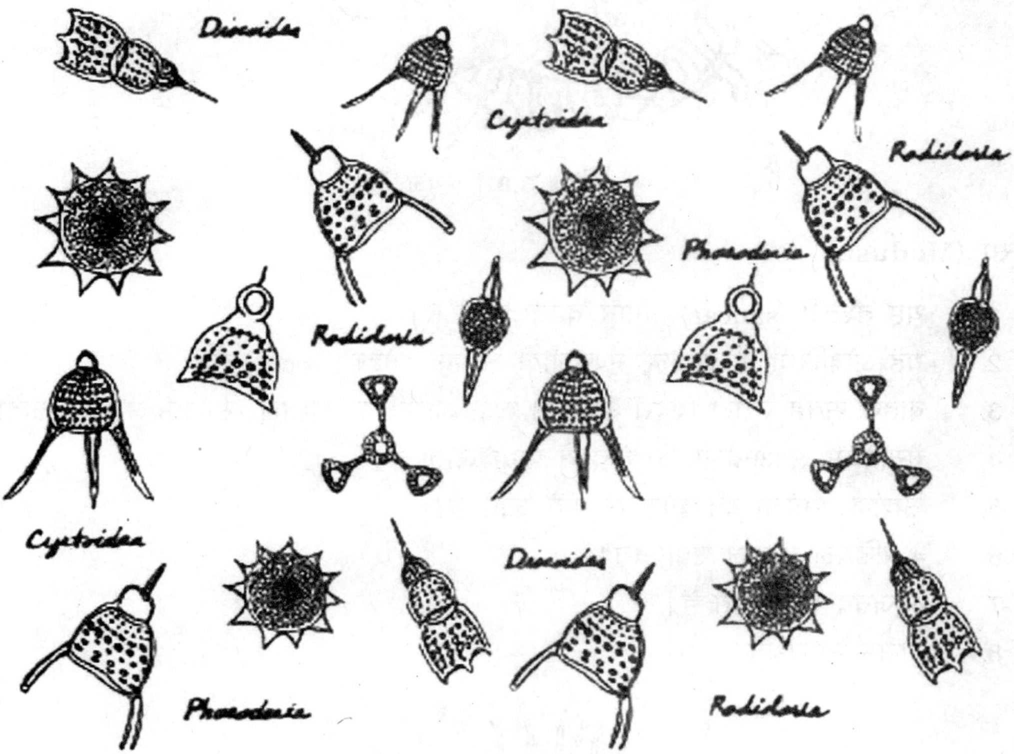

चित्र 3.7 फोरेमिनीफेरा कवच

जिम्यूल (Gemmule)

1. स्वच्छ जल में पाये जाने वाले स्पंज व कुछ समुद्री स्पंज विपरित परिस्थितियों में (सर्दी व गर्मी में) आन्तरिक कलिकाएँ उत्पन्न करते हैं जिन्हें जिम्यूल कहते हैं।
2. द्विस्तरीय कैप्स्यूल में भोजन से लदी हुई अमीबोसाइट कोशिकाएँ धंसी हुई पायी जाती हैं।
3. कवर एकअक्षी कंटिकाओं का तथा एम्फीडिस्क बना होता है।
4. माइक्रोपाइल उपस्थित।

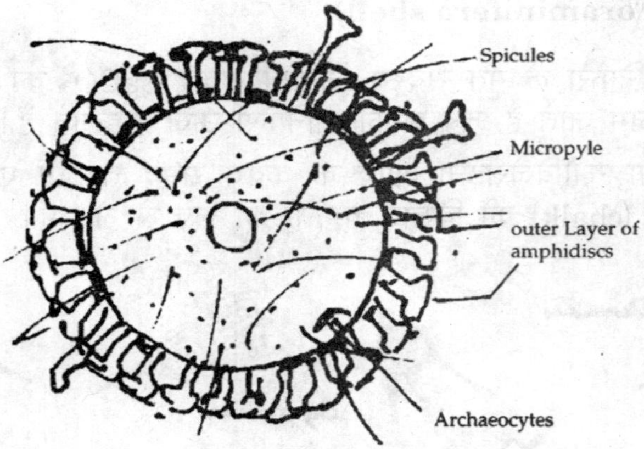

चित्र 3.8 जिम्यूल

मेडयूसा (Medusa)

1. यह तश्तरी (saucer) समान चपटी होती है।
2. यह ओबेलिया की एकल, मुक्तजीवी लैंगिक जोइड़ (zooid) है।
3. बाहरी सतह उत्तल (एक्स अम्ब्रेला) तथा आन्तरिक अवतल (सबअम्ब्रेला) कहलाती है।
4. मैनुब्रियम सबअम्ब्रेला के केन्द्र में पाया जाता है।
5. स्पर्शक अम्ब्रेला की कोर पर पाये जाते हैं।
6. 4 रेडियल कैनाल उपस्थित।
7. 4 जनद पाये जाते हैं।
8. वीलम उपस्थित।

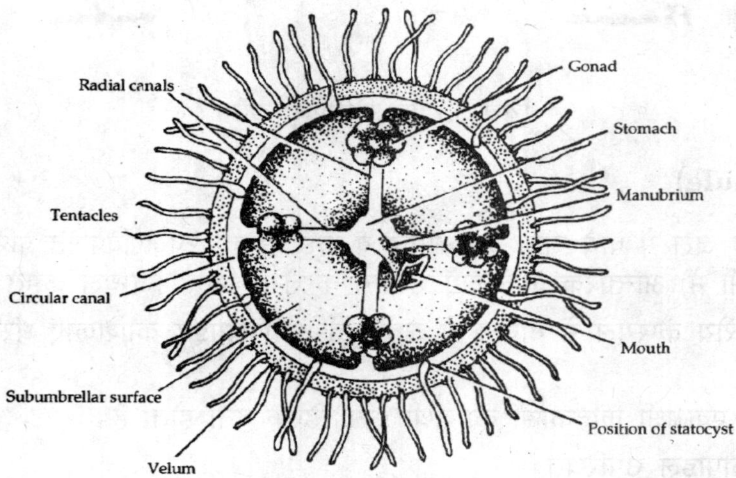

चित्र 3.9 मेडयूसा

साइक्लोप (Cyclops)

वर्गीकरण (Classification)

फायलम	–	आर्थोपोडा
क्लास	–	क्रस्टेशिया
ऑर्डर	–	साइक्लोपोइडा (Cyclopoida)
जीनस	–	साइक्लोप

साधारण नाम (Common Name)

इसको जल पिस्सू (water flea) कहते है।

आवास एवं प्रकृति (Habit & Habitat)

मीठे जल के तालाब, झील, बावड़ी में पाया जाता है।

वितरण (Distribution) भारत, श्रीलंका, बर्मा, यूरोप, एशिया आदि।

राजस्थान में उदयपुर, डूंगरपुर, बांसवाड़ा प्रतापगढ़ जिलों में अधिक पाया जाता है।

1. देह सिफैलोथोरेक्स व उदर में विभाजित रहती है।
2. सिर पर मध्यवर्ती नेत्र, एक जोड़ी एंटी न्यूल व एक जोड़ी श्रंगिका पायी जाती है।
3. टेलसन पाया जाता है जो कॉडल स्टाइल (caudal style) में परिवर्तित हो जाता है।
4. मादा में एक जोड़ी कोष अण्ड (egg sac) पाये जाते हैं।

विशेष लक्षण (Special Features)

1. यह ड्रेकनकुलस (नारु) का वाहक (vector) है।
2. नवजात ड्रेकनकुलस जल में इसके द्वारा खा लिया जाता है और जब इस जल को बिना छाने कोई व्यक्ति पी जाता है तो साइक्लोप उसके उदर में पहुँच जाता है।

जैविक महत्व (Biological Importance)

जंतुशास्त्र प्रयोगशाला में प्रादर्श के रूप में अध्ययन किया जाता है।

आर्थिक महत्त्व (Economic Importance)

यह नारु या बाला (dracunculiasis) बीमारी फैलाता है जो काफी कष्टप्रद होती है। नारु त्वचा से फोड़ा बनाकर धीरे– धीरे निकलता है जिससे भयकर वेदना होती है, कार्यक्षमता प्रभावित होती है।

नोट : UNICEF के सहयोग से राजस्थान से इसे समूल नष्ट (eradicate) किया जा चुका है।

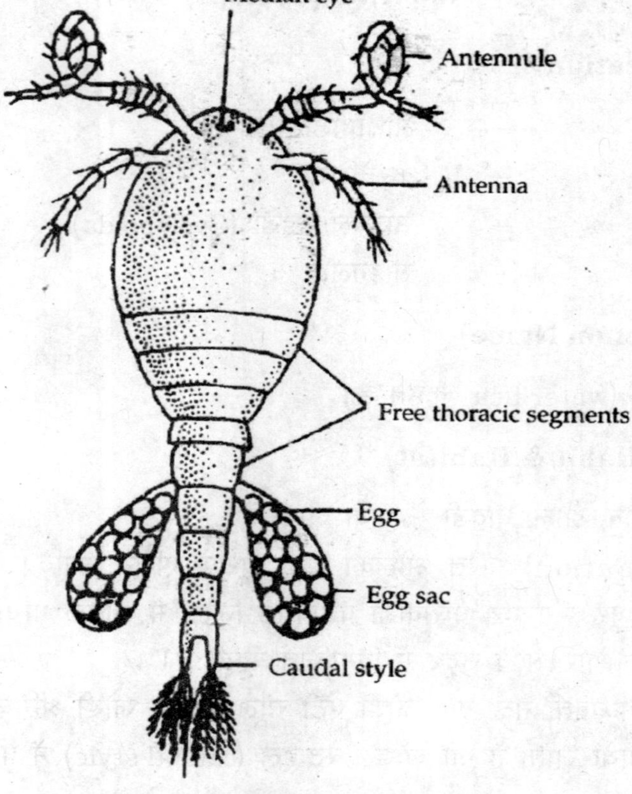

चित्र 3.10 साइक्लॉप (Cyclop) W.M.

डैफ्नीया (Daphnia)

वर्गीकरण (Classification)

फायलम	–	आर्थोपोडा
क्लास	–	क्रस्टेशिया
ऑर्डर	–	क्लेडोसीरा
जीनस	–	डैफ्नीया

साधारण नाम (Common Name)

इसे जल पिस्सू (Water flea) कहते हैं।

आवास एवं प्रकृति (Habit & Habitat)

मीठे जल में तालाबों, झीलों की सतह पर पाया जाता है।

वितरण (Distribution)

सर्वव्यापी

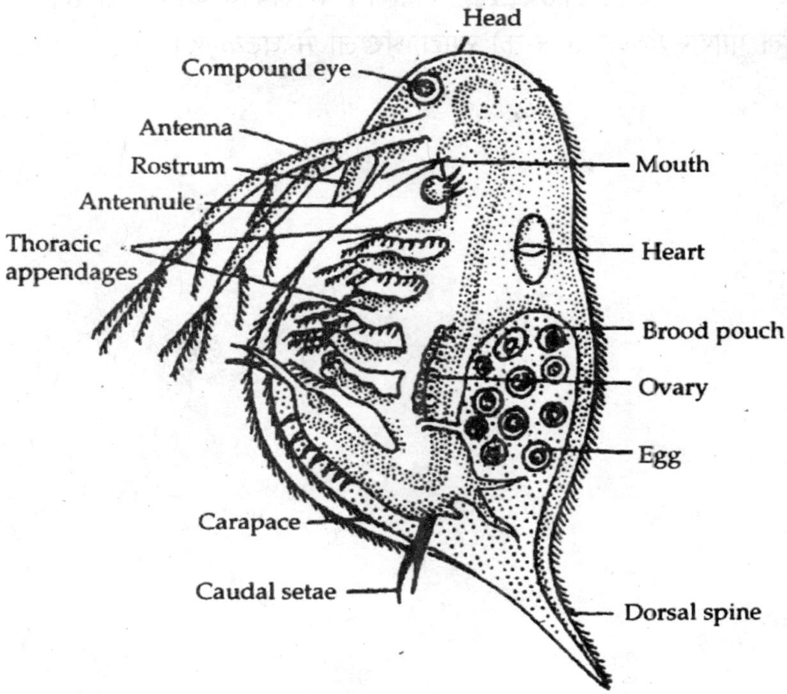

चित्र 3.11 डैफनीया (Daphnia, WM)

पहचान के लक्षण (Characters of Identification)

1. देह पार्श्व से चपटी द्विकपाटी (bivalved) कैरापेस से ढकी हुई रहती है जिसके एक सिरे पर कॉडल स्पाइन (Caudal spine) पाया जाता है।
2. देह सिर व ट्रंक में विभाजित।
3. सिर छोटी चोंच (beak) के रूप में जिस पर एक जोड़ी नेत्र तथा एक जोड़ी श्रंगिका (biramous antenna) पायी जाती है।
4. वक्ष पर 5 जोड़ी उपांग होते हैं।
5. मादा में भ्रूणधानी (brood pouch) पाई जाती है।

विशेष लक्षण (Special Features)

1. प्राणी प्लवक जो **साइक्लोमोरफोसिस** (Cyclomorphosis) दर्शाते है। अलग–अलग मौसम में इसकी आकृति अलग–अलग होती है।
2. दिन आर्वतिता (diel periodicity) दर्शाते हैं।

जैविक महत्त्व (Biological Importance)

1. जंतुशास्त्र प्रयोगशाला में क्लेडोसीरा के प्रादर्श के रूप में अध्ययन किये जाते हैं।
2. मत्स्य पालन (Pisci culture) में भोजन के रूप में काम आते हैं।
3. जल पारिस्थितिकी तन्त्र की खाद्य श्रृंखला में घटक है।

■■■■

यूनिट – IV

कोशिका विज्ञान के प्रयोग
(Exercise in Cell Biology)

1. प्रयोग : समसूत्री विभाजन का अध्ययन करना।

आवश्यक सामग्री : स्लाइड, सुई, ब्लेड, एसीटोकार्मिन व एसीटोओर्सिन रंजक, हाइड्रोक्लोरिक अम्ल, मिथेनॉल आदि।

सिद्धान्त : मूल के अग्र भाग में कोशिकाएँ निरन्तर विभाजन की अवस्था में होती हैं अतः मूलाग्र में कोशिका विभाजन का अध्ययन भली भांति किया जा सकता है। दबाब व एसीटिक अम्ल से कोशिकाएँ आसानी से विदीर्ण हो जाती हैं तथा गुणसूत्र स्पष्टतः दृष्टिगोचर होते हैं।

विधि

1. मूल के अग्रभाग को काट कर एसीटोमेथेनॉल (1 : 3) में 15 मिनिट तक फिक्स करें।
2. 15 मिनिट तक 5N Hcl में रखें।

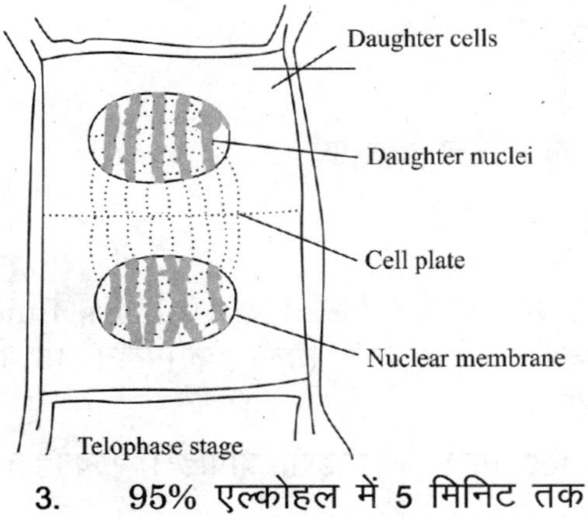

Telophase stage

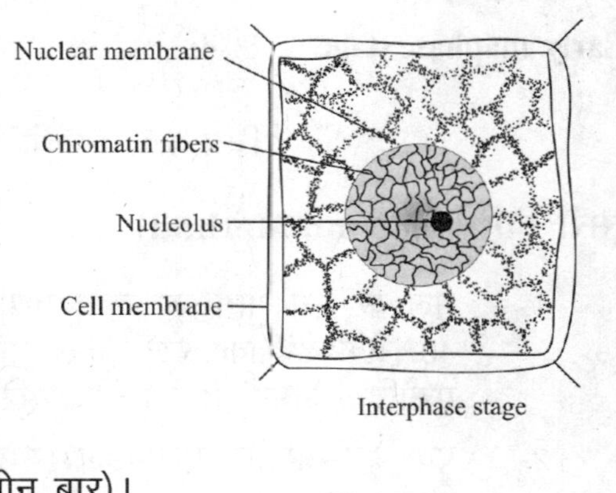

Interphase stage

3. 95% एल्कोहल में 5 मिनिट तक रखें (तीन बार)।
4. एसीटोकार्मिन रंजक से रंजित करें। आप 1:1 में एसीटो ओर्सिन व कार्मिन से भी रंजित कर सकते हैं। (करीब 20 मिनिट तक)।

5. 50% एसीटिक अम्ल से धोवें।
6. साफ स्लाइड पर 50% एसीटिक अम्ल की एक बूँद में रखें तथा कवर स्लिप रख कर अंगूठे से हल्का दबायें तथा चाहे तो नेल पालिश (nail polish) से सील कर दें।

परिणाम

समसूत्री विभाजन की विभिन्न प्रावस्थाएँ प्रोफेज, मेटाफेज, एनाफेज, टीलोफेज व इंटरफेज दिखाई देती हैं।

नोट: प्याज की वृद्धि करती हुई मूल में आसानी से किया जा सकता है (गेहूँ के अंकुरित दानों की जड़ों में भी करके देखें)।

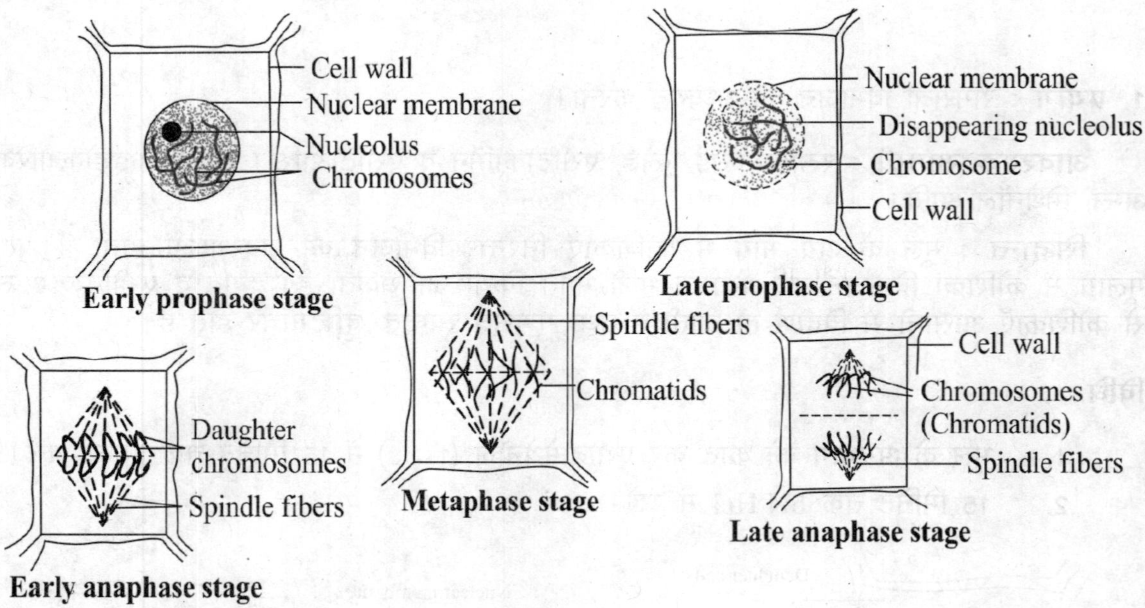

चित्र 4.1 समसूत्री विभाजन की विभिन्न अवस्थाएँ

दूसरी विधि (Second Method)

1. मूल के अग्र भाग को काटें तथा स्लाइड पर एक बूँद एल्लैन द्रव (Allen's fluid) में 40 सेकण्ड तक रखें (जल संतृप्त पिकरिक अम्ल 75 मिली, फॉर्मेलिन 15 मिली, एसीटिक अम्ल, 10 मिली व यूरिया 1 ग्राम)।
2. एक बूंद अम्लीय एल्कोहल (सांद्र HCl 100 मिली + आइसो प्रोपाइल एल्कोहल 200 मिली) डालें।
3. कुछ बूंद 2% एसीटोआर्सिन की डालें।
4. कवरस्लिप रखें तथा हल्का सा दबाएँ।

परिणाम

गुणसूत्र स्पष्टतः फैल जाते हैं तथा समसूत्री विभाजन की लगभग सभी अवस्थाएँ दृष्टिगोचर होती है।

2. प्रयोग : अर्धसूत्री विभाजन का अध्ययन करना (किसी कीट के वृषण में)

प्रयोग सामग्री : पूर्व प्रयोग के अनुसार।

सिद्धान्त : एसीटिक अम्ल वृषण नलिकाओं (tubules) को नरम (soft) बना देता है जिससे वे आसानी से टूट जाती है और अर्धसूत्री विभाजन की विभिन्न अवस्थाएँ स्पष्टतः देखी जा सकती है।

विधि

जीवित ग्रास हॉपर या कॉकरोच से विच्छेदन कर वृषण निकालें। इन्सैक्ट रिंगर्स विलयन में डाल दें तथा उसके बाद 5–7 मिनिट तक एसीटो मेथेनॉल (1 : 3) में फिक्स करें। अब स्वच्छ स्लाइड पर लेकर 2 बूँद एसीटोओर्सिन में अभिरंजन करें (8–10 मिनिट तक) कवर स्लिप से ढकें तथा अंगूठे से हल्का दबाएँ। दाब से वृषण नालिकाएँ फूट जाती है तथा विभाजन की विभिन्न अवस्थाएँ माइक्रोस्कोप में देखकर पहचानें। कवरस्लिप के किनारे नेल पॉलिश (nail polish) सील भी कर सकते हैं। अर्धसूत्री विभाजन की प्रोफेज की क्रमशः लेप्टोटीन, जाइगोटीन, पैचीटीन तथा डिप्लोटीन अवस्थाएं दिखाई देती है।

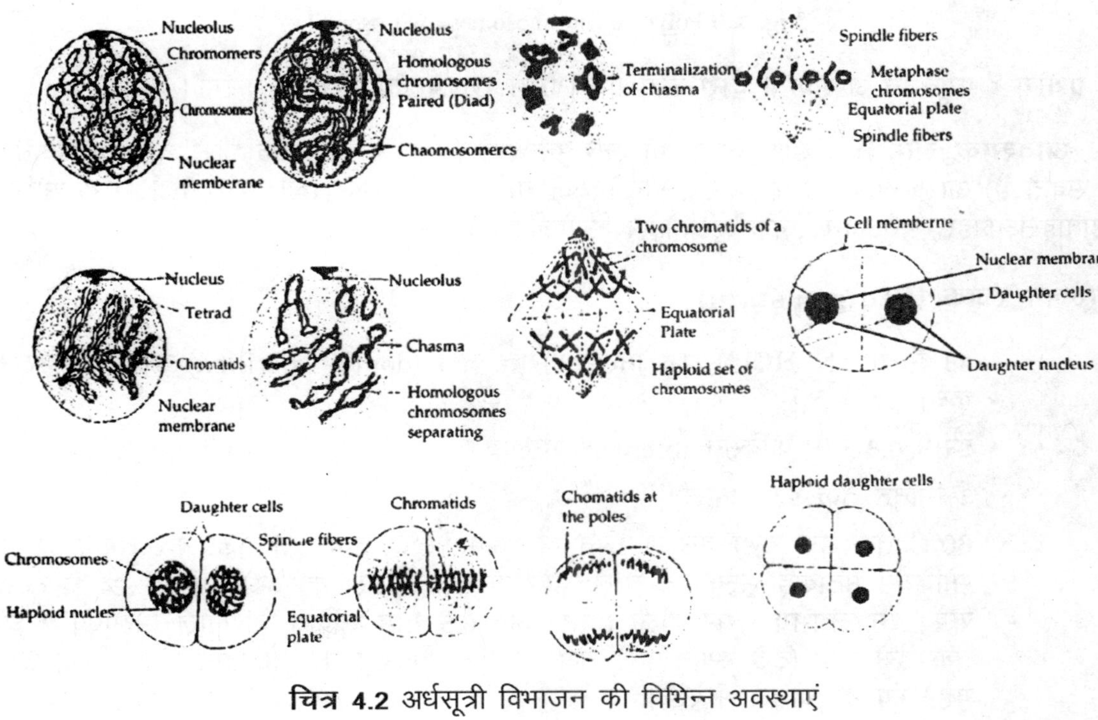

चित्र 4.2 अर्धसूत्री विभाजन की विभिन्न अवस्थाएं

3. प्रयोग : ड्रोसोफिला की लार ग्रन्थियों में पॉलीटीन क्रोमोसोम का अध्ययन करना। (आनुवांशिकी में देखें)

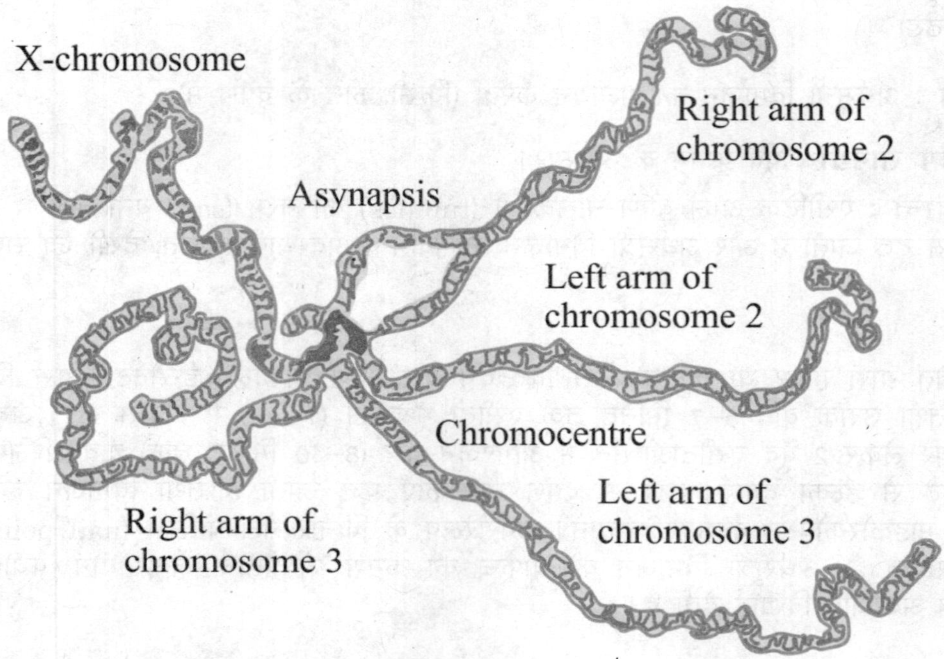

Fig. 4.3: Polytene Chromosomes of Drosophila

4. प्रयोग : फ्यूल्जन अभिक्रिया द्वारा लार ग्रन्थियों में **DNA** का अध्ययन करना।

आवश्यक सामग्री : ड्रोसोफिला की लार ग्रन्थियाँ (कोई अन्य ऊतक जैसे चूहे का यकृत भी ले सकते हैं) आसुतजल, पेस्टल मॉर्टर, सेन्ट्रीफ्यूज मशीन, बर्फ, 1N HCl, 5N HCl 10% सोडियम मेटाबाइसल्फाइट, फ्यूल्जन रंजक, एल्कोहल सिरीज आदि।

फ्यूल्जन रंजक (Feulgen stain)

• 48 मिली 1N HCl + 16 मिली आसुत जल (double distilled) इसे 60° पर गर्म करें।

•• इसमें 0.8 ग्राम फक्सिन (fuchsin) मिलायें।

••• 3 मिनिट तक इसे उबालें।

•••• 60°C तक इसे ठंडा करें व छान लें। अब 30°C तक इसे ठंडा करें तब 0.32 ग्राम सोडियम मेटाबाइ सल्फाइट डालें। हिलावें तथा बोतल को अंधेरें में 12–24 घण्टे तक रखें। रंग लगभग धूसर पीला होगा। अब 0.5 ग्राम सक्रिय चारकोल मिलाएँ। 2 घण्टे तक इसे रखें (ठंडे स्थान पर) तथा वाटमैन फिल्टर पत्र से छान लें। रेफ्रिजरेटर में गहरे रंग की बोतल में रखें।

रूपान्तरण (Modification)

0.5 ग्राम क्षारीय फक्सिन लें तथा 100 मिली उबलते हुए आसुत जल में घोलें तथा 58°C ताप आने पर ठंडा करें।

इसके बाद ताप को 26°C तक गिरने दें तब इसमें 10 मिली 1N HCl + 0.5 ग्राम $K_2S_2O_5$ (पौटेशियम मेटा बाइसल्फाइट) मिलावें। अंधेरे में 24 घंटे तक रखें (बोतल पर काला कागज ढक सकते है।) मेजेन्टा रंग का विलयन धूसर पीला (HCl की $K_2S_2O_5$ पर अभिक्रिया में निकली SO_2 की ब्लीचिंग द्वारा) एक चुटकी सक्रिय चारकोल मिलाकर अंधेरे में रखें व छान लें।

SO_2 बिलयन (सल्फाइट वाश)

20 मिली 10% सोडियम मेटाबाइसल्फाइट लें तथा 20 मिली 1N HCl इसमें 360 मिली आसुत जल मिलावें।

सिद्धान्त

अम्लीय अपघटन न्यूक्लियोटाइड को हटा देता है तथा एल्डिहाइड ग्रुप एक्सपोज हो जाता है। यह शिफ अभिकर्मक से क्रिया करके बैंगनी रंग देता है।

विधि

1. ड्रोसोफिला के तृतीय इन्सटार लारवा से लार ग्रन्थियों को विच्छेदन कर निकालें।
2. लार ग्रन्थियों को एसीटिक एल्कोहल (1 : 3) में 1 घण्टे के लिए फिक्स करें। इनका **जलीकरण** करें 95% – 70% – 50% – 30% एल्कोहल में (प्रत्येक में 15 मिनिट) तक रखें।
3. स्लाइड को 5 N HCl में कमरे के ताप पर 20 मिनिट के लिए रखें।
4. आसुत जल से दो बार धोएँ।
5. इन्हें फ्यूल्जन अभिकर्मक में 30–90 मिनिट तक अंधेरे में (कमरे के ताप पर) रखें।
6. 3 मिनिट तक तीन बार SO_2 विलयन में रखें।
7. अब इसका **निर्जलीकरण** क्रमशः 70% – 90% – 100% (दो बार) प्रत्येक 4 मिनिट तक करें।
8. जायलीन में दो बार रखें तथा DPX में माउन्ट करें।

परिणाम : लाल बैंगनी रंग की आभा में DNA दिखाई देता है। (रंग की तीव्रता DNA की मात्रा के समानुपाती है)।

द्वितीय विधि

आवश्यक सामग्री : 1 N HCl, शिफ अभिकर्मक, सल्फाइटवाश आदि। अन्य अभिकर्मक रंजक के लिए परिशिष्ट 1 देखें)।

1. काइरोनोमस या ड्रोसोफिला की लार ग्रन्थियों को कार्नोय द्रव (Carnoy's fixative) में 20 मिनिट तक फिक्स करें।
2. परिशुद्ध शुषव में 3–5 मिनिट तक रिंज करें।
3. 70% एल्कोहल तक इसका जलीकरण करें यानि 90% से होते हुए 70% तक रखें।
4. आसुत जल से रिंज करें।
5. 60ºC ताप पर 10 मिनिट तक 1 N HCl में इन्क्यूबेट करें।
6. पुनः आसुत जल से रिंज करें।
7. 10 मिनिट तक शिफ अभिकर्मक से रंगे
8. 3 बार सल्फाइट वाश से धोवें (प्रत्येक धोवन 2 मिनिट)
9. 15 मिनिट तक चलते हुए नल के नीचे धोवें (जब तक सल्फाइट की गंध ने चली जावे)।
10. 70% एल्कोहल से रिंज करें।
11. फास्टग्रीन से 4–5 सेकण्ड तक काउन्टर स्टेन करें।
12. परिशुद्ध शुषव निर्जलीकरण करें।
13. जायलीन में साफ करें।
14. DPX से माउन्ट करें।

परिणाम : DNA बैंगनी अथवा लाल रंग में दृष्टिगोचर होता है।

5. प्रयोग : लाल रक्त कणिकाओं में कोशिका पारगम्यता (Cell permeability) को प्रदर्शित करना

उद्धेश्य (Object) : स्तनधारी की लाल रक्त कणिकाओं द्वारा कोशिका–पारगम्यता का अध्ययन करना।

आवश्यक सामग्री (Requirement) : नार्मल सैलाइन, समपरासरी, अतिपरासरी, मंदपरासरी, विलयन, स्प्रिट, स्लाइड, कवरस्लिप आदि।

सिद्वान्त (Principle)

जब रक्त कोशिका को मंद परासरी विलयन में रखा जाता है तो जल के अणु तीव्रता से कोशिका के अंदर गमन करते हैं। और वह फूल जाती है फट भी सकती है (haemolysis) इसके विपरीत जब अति परासरी विलयन में रखा जाता है तो वह सिकुड़ जाती है क्योंकि कोशिका से जल के अणु बाहर आ जाते हैं। (अधिक सांद्रता से कम सांद्रता की ओर गमन के कारण) लेकिन समपरासरी विलयन में कोशिका साम्य की स्थिति में रहती है और उसके आकार पर कोई प्रभाव नहीं पड़ता।

विधि

1. बायें हाथ की अनामिका के सिरे को विसंक्रमित कर निडिल की सहायता से एक रक्त की बूंद निकालें तथा स्वच्छ स्लाइड पर तीन पृथक स्थानों पर रखें।
2. तीनों स्थानों पर क्रमशः समपरासरी, मंद परासरी तथा अतिपरासरी विलयन की एक–एक बूंद डालें तथा 5–7 मिनिट में प्रेक्षण ले। माइक्रोस्कोप में अध्ययन करें।

प्रेक्षण / परिणाम

समपरासरी के साथ कोशिका के आकार में कोई परिवर्तन नहीं। मंदपरासरी विलयन के साथ फूली (Swollen) हुई तथा कुछ फूटी (burst) हुई RBCs दृष्टिगोचर होती है। अतिपरासरी विलयन के साथ कोशिकाएँ पिचकी हुई (shrink) दृष्टिगोचर होती है।

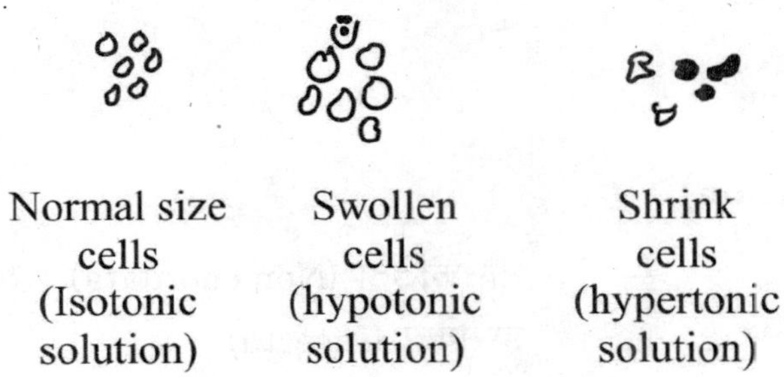

चित्र 4.4

■■■■

यूनिट - V

आनुवांशिकी
(Genetics)

ड्रोसोफिला का वर्गीकरण

वर्गीकरण (Classification)

फायलम	–	नॉनकॉर्डेटा (Non chordata)
क्लास	–	इन्सैक्टा (Insecta)
ऑर्डर	–	डिप्टेरा (Diptera)
कुल	–	ड्रोसोफिलिडी (Drosophilidae)
जीनस	–	ड्रोसोफिला (Drosophila)
जाति	–	मिलेनोगैस्टर (melanogaster)

आवास एवं प्रकृति (Habit & Habitat)

यह सड़े गले फल अथवा इनसे सम्बन्धित कचरे पर बहुतायत से पाई जाती है। यह किण्वन (fermentation) की गंध से आकर्षित होती है तथा यीस्ट भोजक (feeder) के रूप में जानी जाती है।

वितरण (Distribution)

यह विश्वव्यापी (cosmopolitan) है, जो लगभग सभी ऊष्ण प्रदेशों में पायी जाती है।

1. नर व मादा की पहचान (Identification of Male & Female)

प्रायोगिक सामग्री – ब्रुश, ड्रोसोफिला, स्लाइड, डिसैक्टिंग माइक्रोस्कोप, चिमटी आदि।

विधि (Procedure)

1. एक स्वच्छ स्लाइड लें तथा नर व मादा की पृथक पहचान हेतु कुछ मक्खियाँ (ईथर की वाष्प से बेहोश की हुई) स्लाइड पर रखें।
2. डिसेक्टिंग माइक्रोस्कोप में निम्नलिखित लक्षणों को देखें और परिणाम प्रायोगिक पुस्तिका में नोट करें।

क्र.सं. (S.No.)	लक्षण (Characters)	नर (Male)	मादा (Female)
1	**आकार** (size)	नर मादा की तुलना में आकार में छोटा होता है।	मादा नर की तुलना में अपेक्षाकृत बड़ी होती है।
2	**उदर** (abdomen)	नर के उदर का शीर्ष भाग (tip) गोलाकार (round) तथा काला होता है।	मादा के उदर का शीर्ष भाग (tip) नुकीला (pointed) होता है।
3	**उदर खण्ड** (abdominal segment)	नर में उदर भाग में 5 खण्ड (segment) देखे जा सकते हैं।	मादा में उदर भाग में 7 खण्ड देखे जा सकते हैं।
4	**सैक्स कॉम्ब** (sex comb)	प्रथम जोड़ी टाँगों के टार्सस पर एक **सैक्स कॉम्ब** (sex comb) पाया जाता है।	मादा में यह अनुपस्थित होता है।
5	**बाह्य जननांग** (external genitelia)	नर में **क्लास्पर्स** (claspers) व **पेनिस** (penis) पाई जाती है।	मादा में योनि पट्टी (vaginal plate) पाई जाती है।
6	**जीवन अवधि** (life span)	नर अपेक्षाकृत मादा से ज्यादा दिन जीवित रहता है।	मादा नर की तुलना में कम दिन तक जीवित रहती है।

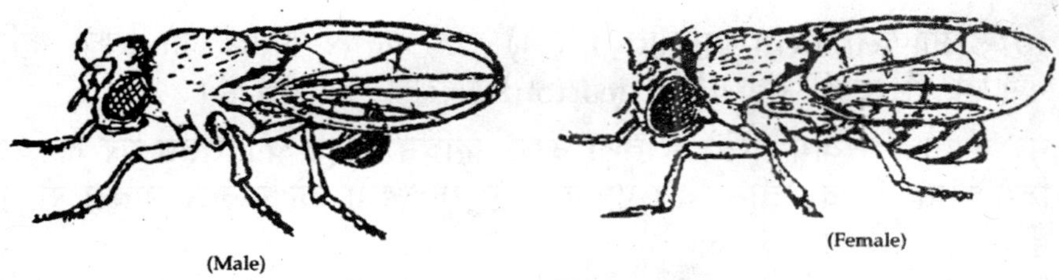

चित्र 5.1. नर व मादा ड्रोसोफिला

2. ड्रोसोफिला का जीवन–चक्र (Life Cycle of Drosophila)

ड्रोसोफिला जिसे साधारणतया **फल मक्खी** (fruit fly) के नाम से जाना जाता है, का जीवन चक्र अल्प अवधि का होता है। यह लगभग 11 दिनों में पूर्ण हो जाता है। नर मक्खी की औसत जीवन अवधि (average life span) लगभग 32–33 दिन तथा मादा की 26–27 दिन होती है।

प्रायोगिक सामग्री

कृत्रिम डाइट (artificial diet) चिमटी, ब्रुश, सुई, सेलाइन विलयन/रिंगर्स विलयन, डिसेक्टिंग माइक्रोस्कोप, स्लाइड, वाच ग्लास आदि।

ड्रोसोफिला के लिए कृत्रिम डाइट बनाना
(Preparation of artificial diet for Drosophila)

(a) अगर अगर (agar agar) अथवा जिलेटिन 10 ग्राम
(300 मिली. आसुत जल एक बीकर में लेकर गर्म करें तथा अगर–अगर (agar-agar) पाउडर को इसमें घोलें)

(b) शर्करा (अक्रिस्टलीय) 65 ग्राम

(c) मक्का आटा (cornflour) 75 ग्राम

(d) यीस्ट पाउडर 10 ग्राम

उपर्युक्त सभी को 450 मिली. आसुत जल में घोलें तथा गर्म करें तथा 2 मिली. प्रोपियोनिक अम्ल (propionic acid) मिलायें। जब पतली पेस्ट बन जायें तो कल्चर बोतल (culture bottles) अथवा ट्यूब में गर्म अवस्था में आधी–आधी भर लें। कमरे के ताप पर ठण्डा करें तथा कल्चर बोतल की अन्दर आन्तरिक सतहों पर एकत्रित जल बूँदों को फिल्टर पेपर से हटा दें। कृत्रिम डाइट तैयार है (परिशिष्ट 1 भी देखें)।

सिद्धान्त

ड्रोसोफिला में पूर्ण कायान्तरण (Complete metamorphosis) पाया जाता है, अर्थात् इसका जीवन–चक्र अण्डा, लारवा, प्यूपा व वयस्क अवस्था में पूर्ण होता है।

विधि

1. 10 ड्रोसोफिला (लिंग अनुपात 1 : 1) एक कल्चर बोतल जो आधी कृत्रिम डाइट से भरी हो, में छोडें। मुंह काटन (cotton) से बन्द कर देते हैं।
2. नर व मादा संयोग करते हैं तथा अण्डे कृत्रिम डाइट की सतह पर कल्चर बोतल में दे दिये जाते हैं। दो–तीन दिन पश्चात् इन मक्खियों को कल्चर बोतल से पृथक कर देते हैं।

ये अण्डे विकसित होकर वयस्क ड्रोसोफिला बनाते हैं। इनका जीवन चक्र निम्नलिखित अवस्थाओं में पूर्ण होता है –

अण्डा (Egg)

1. अण्डे श्वेत रंग के होते हैं, जिनमें पकड़ने हेतु दो तन्तु सदृश संरचनाएँ पाई जाती हैं। इन्हें एंकर्स (anchors) कहते हैं।

2. लगभग 24 घण्टे पश्चात् अण्डा लारवा में बदल जाता है।

लारवा (Larva)

1. लारवा 'मैगट' (maggot) के नाम से भी जाना जाता है। यह लगभग 4.5 मिमी. लम्बा होता है तथा क्रीम रंग (cream coloured) का होता है।
2. अत्यधिक क्रियाशील (active) होता है, जो कृत्रिम भोजन में धंसा रहता है तथा अत्यधिक खाने वाला (voracious eater) होता है। कल्चर बोतल की दीवार के सहारे टनल (tunel) में गमन करता हुआ आसानी से देखा जा सकता है। इन लारवा के गमन से बोतल की दीवार के सहारे अनेक लकीर जैसी बन जाती हैं।
3. प्रथम इंस्टार (instar) लगभग एक दिन पश्चात् द्वितीय इन्स्टार (second instar) में बदल जाता है। द्वितीय इन्स्टार आकार में प्रथम से बड़ी होती है। यह लगभग दो दिन पश्चात् तृतीय इन्स्टार लार्वा में बदल जाता है। तृतीय इन्स्टार लगभग तीन दिन पश्चात् प्यूपा में बदल जाती है।

प्यूपा (Pupa)

1. तृतीय स्टार लारवा बोतल की शुष्क सतह पर आकर चिपक जाता है। प्यूपा भूरा बादामी रंग का होता है।
2. यह गमन नहीं करता है (non motile)
3. प्यूपा भोजन नहीं करता है (non feeding stage)
4. लगभग 4 दिन पश्चात् यह वयस्क ड्रोसोफिला मक्खी में बदल जाता है।

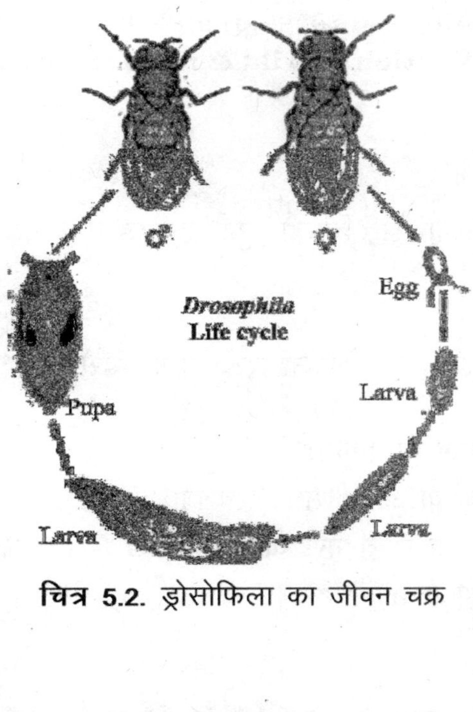

चित्र 5.2. ड्रोसोफिला का जीवन चक्र

वयस्क (Adult)

1. वयस्क ड्रोसोफिला लगभग 2 मिमी. आकार की होती है।
2. प्यूपा से निकलने के तुरन्त बाद यह हल्के रंग की होती है लेकिन हवा के सम्पर्क में आने पर यह गहरी भूरे रंग की हो जाती है।

विशेष टिप्पणी

1. राजकीय महाविद्यालयों में बहुत सी प्रयोगशाला ऐसी भी हो सकती हैं जहाँ कृत्रिम डाइट बनाने हेतु सामग्री ही उपलब्ध न हो। ऐसी स्थिति में भी ड्रोसोफिला का कल्चर चलाया जा सकता है। भली–भांति धुली बीकर में एक उबला हुआ आलू रख छोड़ें। यह उबले हुए आलू में भी अण्डे दे देती है और क्रमशः लारवा व प्यूपा अवस्था पहचानी जा सकती हैं। आलू के अतिरिक्त छिलका हटा केला, चीकू व अन्य फल जैसे – बेर में भी अण्डे देती है। बिना धुले काँच के उपकरण प्रयुक्त करने पर फफूंद जल्दी लग जाती है और सम्पूर्ण कल्चर समाप्त हो जाता है।
2. कृत्रिम डाइट में प्रोप्रियोनिक अम्ल फफूंद (fungus) को रोकने के लिए ही मिलाया जाता है।
3. ड्रोसोफिला का जीवन चक्र अल्प अवधि (11 दिन) का होता है। अतः अनुवांशिक प्रयोगों में यह सबसे अधिक प्रयुक्त की गई। उत्परिवर्तन (mutations) सम्बन्धी शोध कार्य भी इस पर अत्यधिक हुआ, क्योंकि 1 वर्ष में इसकी अनेकों पीढ़ी प्राप्त हो जाती है। यही कारण है कि इसे **आनुवांशिकी की रानी** (queen of genetics) कहा गया।

3. उत्परिवर्ती व साधारण ड्रोसोफिल की पहचान करना (Identification of wild & mutant Drosophila)

प्रायोगिक सामग्री

साधारण व उत्परिवर्ती ड्रोसोफिला, चिमटी, सुई, स्लाइड व डिसैक्टिंग माइक्रोस्कोप।

विधि

स्लाइड पर कुछ उत्परिवर्ती ड्रोसोफिला रखें तथा डिसैक्टिंग माइक्रोस्कोप में निम्नलिखित लक्षणों को देखें –

1. आँख का रंग (लाल या सफेद)
2. पंख (विकसित अथवा अविकसित/अवशेषी)
3. देह का रंग (भूरा या पीला भूरा या काला राख (soot) जैसा सीपिया (sepia)
4. आँख में कोई पट्टी (bar)

साधारण ड्रोसोफिला (Wild Drosophila) – में नेत्र का रंग लाल, पंख सुविकसित व लम्बे तथा देह का रंग पीला भूरा या भूरा होता है।

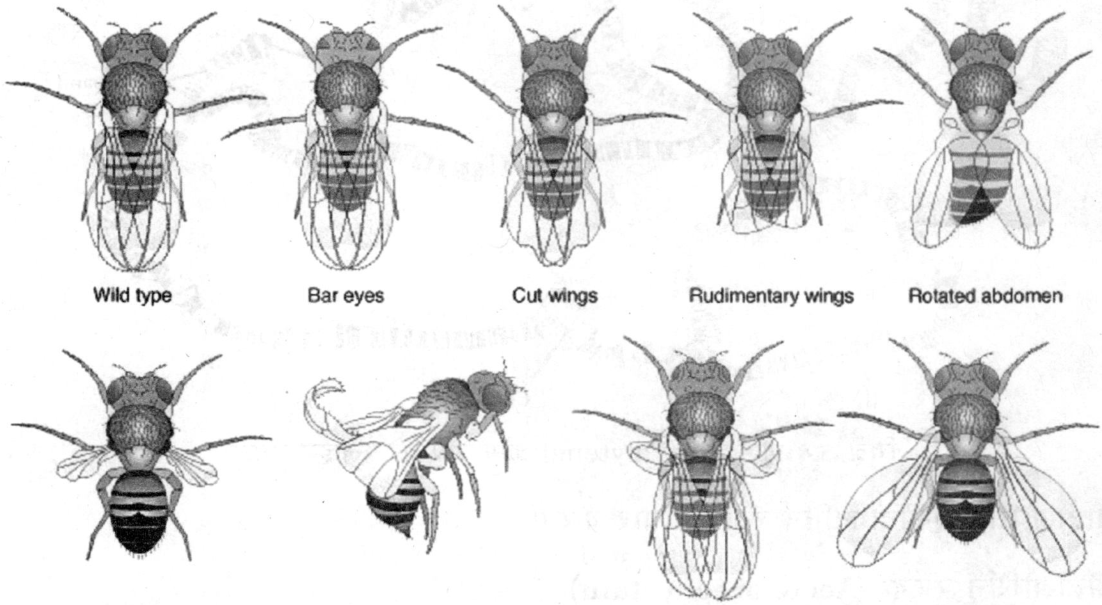

Fig. 5.3 Mutants of drosophila

उत्परिवर्ती ड्रोसोफिला (Mutant Drosophila) – में देह का रंग काला राख (soot) जैसा होता है। पंख अवशेषी (vestigial) होते हैं। नेत्र का रंग श्वेत (white) होता है। इसके अतिरिक्त नेत्र में एक पट्टी (bar) भी हो सकती है। श्वेत आँख वाला उत्परिवर्तन x **क्रोमोसोम्स** पर होता है। अवशेषी पंख वाला उत्परिवर्तन **क्रोमोसोम संख्या 2** पर इसे (v_g) से प्रदर्शित करते है तथा काला देह रंग (ebony body colour) वाला उत्परिवर्तन **क्रोमोसोम संख्या 3** पर होता है। इसे (**e**) से प्रदर्शित करते हैं। कुछ स्थितियों में नेत्र अत्यन्त ह्रासित (reduced) हो सकते हैं। इसे (**ey**) से प्रदर्शित करते है तथा यह **क्रोमोसोम संख्या 4** पर पाया जाता है।

4. पॉलीटीन (Polytene) क्रोमोसोम की स्लाइड बनाना (Slide preparation of Polytene Chromosomes)

ये क्रोमोसोम ड्रोसोफिला के लारवा की लार ग्रन्थियां (salivary glands) में पाये जाते हैं। काइरोनोमस लारवा की लार ग्रन्थियों में भी पाये जाते हैं।

रिंगर्स विलयन/नार्मल सेलाइन विलयन, ड्रोसोफिला का तीसरी इन्स्टार लारवा, चिमटी, सुई, स्लाइड, कवर स्लिप एसीटोकार्मीन रंजक (aceto carmine stain) या एसीटोओर्सिन (aceto orcin stain), एसीटोमेथेनॉल, माइक्रोस्कोप आदि।

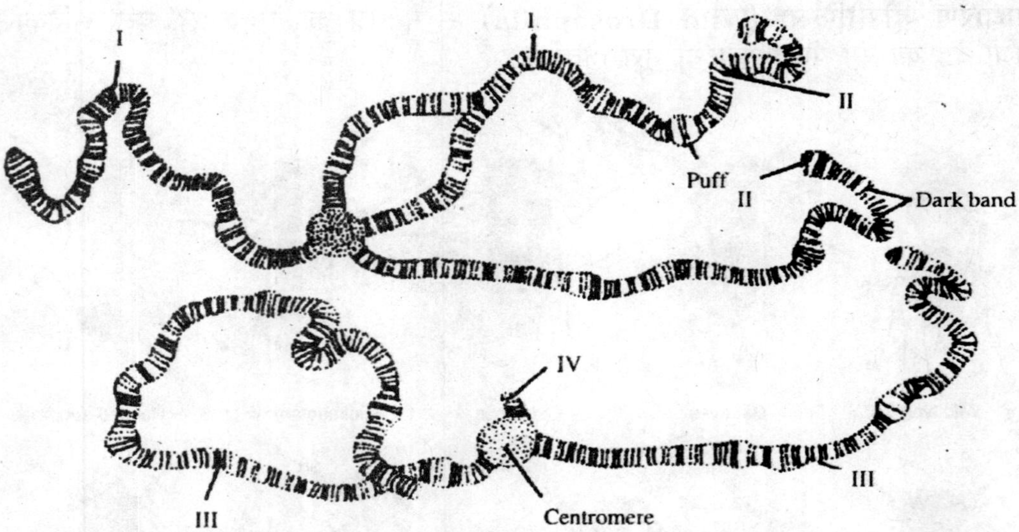

चित्र 5.4 पॉलीटीन (Polytene) क्रोमोसोम की स्लाइड बनाना

एसीटोओर्सिन एसीटोकार्मिन रंजक तैयार करना

एसीटोओर्सिन रंजक (Aceto orecin stain)

1. 2 ग्राम ओर्सिन पाउडर को 100 मिली. उबलते हुए 45% एसीटिक अम्ल में मिलायें।
2. पुनः लगभग 10 मिनिट तक गर्म करें।
3. इसे ठण्डा करें व छानकर प्रयुक्त करें।

एसीटोकार्मिन रंजक (Acton carmine solution)

1. 2 ग्राम कार्मिन पाउडर 100 मिली. 45% उबलते हुए एसीटिक अम्ल में मिलायें।
2. पुनः लगभग 10 मिनिट तक गर्म करें।
3. इसें ठण्डा करें व छानकर प्रयुक्त करें।

रिंगर्स विलयन (Ringer's solution)

सोडियम क्लोराइड	–	0.65 ग्राम
सोडियम कार्बोनेट	–	0.62 ग्राम
कैल्शियम क्लोराइड	–	0.03 ग्राम
पोटेशियम क्लोराइड	–	0.025 ग्राम
आसुत जल	–	100 मिली.

उपर्युक्त सभी रसायनों को आसुत जल में घोलें।

एसीटोमेथेनॉल (Aceto-methanol)

मेथेनॉल (methanol)	—	3 भाग
ग्लेशियल एसीटिक अम्ल	—	1 भाग

विधि

लार ग्रन्थियों का विच्छेदन (Dissection of salivary glands)

1. तृतीय इन्स्टार लारवा को सेलाइन विलयन/रिंगर्स विलयन की बूँद में ब्रुश की सहायता से स्लाइड पर रखें।
2. इसके देह के अग्र सिरे को पहचानें। अग्र सिरे पर हल्की काली संरचनाएँ दिखाई देती है, जो इसके मैंडीबल्स (mandibles) है। अग्र सिरा अपेक्षाकृत पतला व नुकीला भी होता है।
3. सेलाइन/रिंगर्स विलयन में गमन करते हुए इस लारवा के पश्च सिरे को चिमटी की सहायता से पकड़ें। अब लारवा अपने अग्र सिरे को तेजी से घुमाता हुआ प्रतीत होगा। अन्य चिमटी से इसके जबड़ों को कसकर पकड़ें तथा बाहर की ओर खींच लें। जबड़ों के साथ–साथ इसकी लार ग्रन्थियां भी मुख गुहा से बाहर खिंचकर बाहर निकल आती है। स्लाइड से लार ग्रन्थियों के अलावा अन्य ऊतकों आदि को हटा दें। अब एसीटोमेथेनाल की 2–3 बूँद डालकर उन्हें फिक्स करें।

लार ग्रन्थियों का रंजीकरण (staining of salivary glands) – एक बूंद एसीटोकार्मिन/एसीटोऑरेसिन रंजक को डालकर 5–10 मिनिट तक रहने दें। लार ग्रन्थियाँ रंजक ग्रहण कर थोड़ी गहरी हो जाती हैं।

स्लाइड बनाना (slide preparation) – भली भांति रंगी हुई (stained) लार ग्रन्थियों को 50% एसीटिक अम्ल की 1–2 बूंद डालकर धो दें तथा कवर स्लिप रखकर दबा दें। इस दाब से लार ग्रन्थियों की कोशिका टूट जाती है तथा पॉलीटीन क्रोमोसोम (polytene chromosome) बाहर आकर बिखर जाते हैं। कवर स्लिप को सीलिंग वैक्स (sealing wax) से सील करें तथा माइक्रोस्कोप से देखें।

परिणाम – क्रोमोसोम्स गहरे गुच्छे के रूप में दिखाई देते हैं। ड्रोसोफिला में चार क्रोमोसोम पाये जाते हैं। चौथा क्रोमोसोम दण्ड रूपी/शलाका सदृश (rod shaped) अत्यधिक छोटा होता है। सभी क्रोमोसोम की भुजाएँ क्रोमोसेंटर (chromocentre) से जुड़ी रहती है।

विशेष टिप्पणी

1. पॉलीटीन क्रोमोसोम **काइरोनोमस लारवा** (ऑर्डर डिप्टैरा) की लार ग्रन्थियों में भी पाये जाते हैं। अतः इनकी स्लाइड काइरोनोमस लारवा की लार ग्रन्थियों से भी बनाई जा सकती है। काइरोनोमस, मिजेज (midges) का लारवा होता है। मिज (midge) मच्छर सदृश कीट होते हैं।

2. इन क्रोमोसोम्स में हल्की व गहरी पट्टीयाँ (light and dark bands) पाई जाती हैं।
3. कुछ स्थानों पर ये फूले हुए से रहते है। इन्हें क्रोमोसोम पफ्स (puffs) कहते हैं। इसमें पाई जाने वाली रिंग बालबियानी रिंग (Ballbiani's rings) कहलाती हैं।

सेक्स काम्ब (Sex Comb) की स्लाइड बनाना (Slide preparation of Sex Comb)

नर ड्रोसोफिला की अग्रटांग के टार्सस (tarus) पर सेक्स काम्ब (sex comb) पाया जाता है। यह कंघे (comb) के समान एक काली संरचना होती है जिसमें 10 दाँत (teeth) पाये जाते हैं।

विधि

ड्रोसोफिला की अग्र टाँग को चिमटी की सहायता से देह से पृथक करें तथा एक बूंद ग्लिसरीन में रखकर सूक्ष्मदर्शी में देखें। यदि स्थायी स्लाइड बनानी हो तो एल्कोहल शृंखला से गुजारें तथा DPX मे माउंट करें।

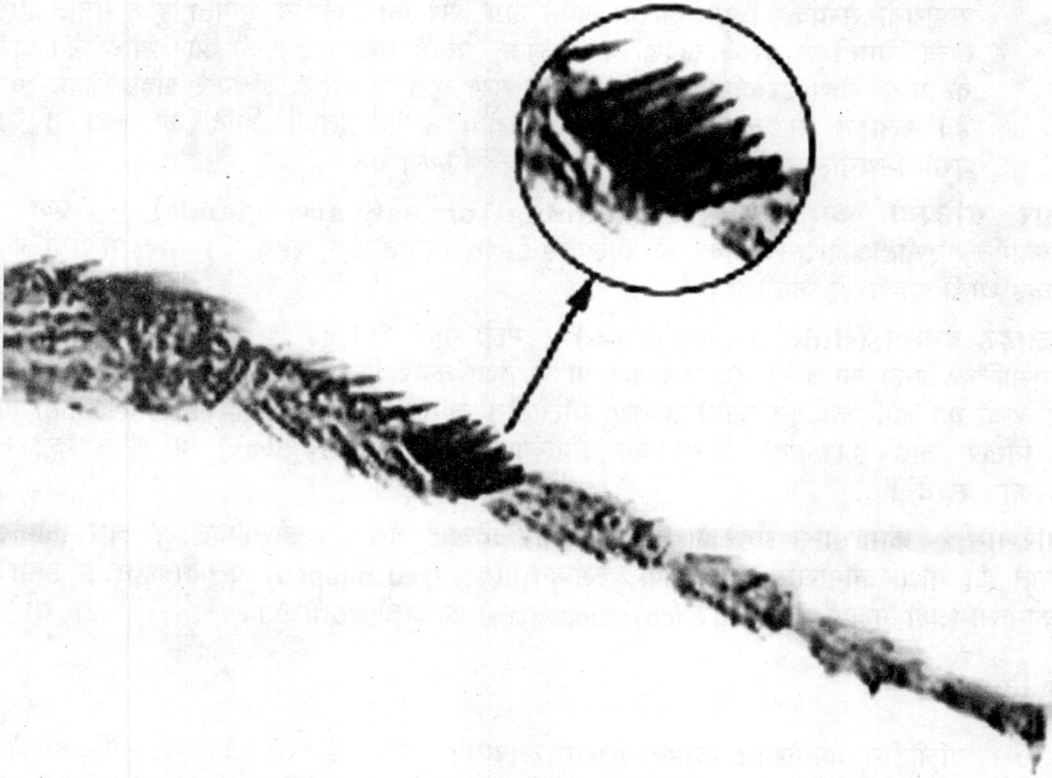

चित्र 5.5. अग्र टांग का टार्सस सेक्स काम्ब के साथ

1. ड्रोसोफिला में एक संकर (Monohybrid) क्रॉस (Cross) का प्रदर्शन (Demonstration of monohybrid cross in Drosophila)

साधारणतया अवशेषी पंख वाले क्रमशः मादा व नर ड्रोसोफिला के संयोग से प्राप्त होने वाली पीढ़ी में 3:1 का अनुपात पाया जाता है। इसे निम्न प्रकार प्रदर्शित किया जा सकता है –

मादा साधारण × नर (अवशेषी पंख)

v_g^+ .... F_1

$v_g^+ + v_g$ (साधारण मादा) $v_g^+ + v_g$ (साधारण नर)

♀ \ ♂	v_g^+	v_g
v_g^+	$v_g^+ v_g^+$ साधारण	$v_g^+ v_g$ साधारण
v_g	$v_g^+ v_g$ साधारण	$v_g v_g$ अवशेषी

3 : 1 . . . . फीनोटाइप
साधारण (normal) : अवशेषी (vestigial)
1 : 2 : 1 . . . . जीनोटाइप

2. यदि एक समयुग्मजी (homozygous) नर खरगोश (काला रंग) को श्वेत रंग वाली समयुग्मजी मादा खरगोश से संयोग कराया जाता है तो F_1 पीढ़ी की संतति का फीनोटाइप बताइये। यदि F_2 पीढ़ी के खरगोशों को आपस में संयोग कराया जाता है तो F_2 पीढ़ी की संतति का जीनोटाइप अनुपात भी बताइये।

(दिया गया है – काला रंग श्वेत रंग पर प्रभावी है)

हल – काले रंग के लिए एलील (B) तथा श्वेत रंग के लिए

(b) मानें

नर (काला) × नर (श्वेत)

BB × bb

(B) (b)

Bb ....F_1 पीढ़ी (सभी काले)

नर युग्मक (B) (b) मादा युग्मक F_2 पीढ़ी

	B	b
B	BB काला	Bb काला
b	bB काला	bb श्वेत

3:1 फीनोटाइप (काला : श्वेत)

जीनोटाइप	1	:	2	:	1
	BB		Bb		BB
	शुद्ध काला (Pure black)		संकर (hybrid black)		शुद्ध श्वेत (Pure white)

3. यदि एक लम्बे पंख वाली नर ड्रोसोफिला का संयोग अवशेषी पंख वाली मादा ड्रोसोफिला के साथ कराया जाता है तो F_1 पीढ़ी की संतति का फीनोटाइप बताइये।

(दिया गया है – लम्बे पंख प्रभावी लक्षण है)

नर LL × मादा *ll*

(L) (*l*)

L*l* ....F_1 लम्बे पंख (विषम युग्मजी)

टेस्ट क्रॉस

Ll x *ll*

(L) (*l*) (*l*) (*l*) . . . युग्मक

	l	l
L	Ll long	Ll long
l	ll vestigel	ll vestigel

लम्बे पंख : अवशेषी पंख

1 : 1

टेस्ट क्रॉस में F_1 पीढ़ी का समयुग्मजी अप्रभावी पैतृक (homozygous recessive parents) से क्रास कराया जाता है।

4. **एक भूरी आंखों वाला पुरुष एक नीली आंखों वाली स्त्री से शादी करता है। इनके बच्चे बराबर अनुपात में क्रमशः भूरी व नीली आंखों वाले होते हैं। लेकिन जब नीली आंखों वाला पुरुष एक नीली आंखों वाली स्त्री से शादी करता है तो सभी नीली आंखों वाले होते हैं। क्रॉस द्वारा समझाइये।**

(दिया गया है – भूरा रंग नीले पर प्रभावी है।)

हल – यदि भूरे रंग का एलील B तथा नीले रंग के लिये b मानें तो –

(i) (पुरुष) (स्त्री)

भूरी आंख नीली आंख

Bb x bb

विषमयुग्मजी

(b) (b) (b) (b) . . . युग्मक

	b	b
B	Bb भूरा	Bb भूरा
b	bB नीला	bb नीला

भूरी आंख : नीली आंख

1 : 1

(ii) पुरुष स्त्री

नीली आंख : नीली आंख

bb x b

(b) (b) (b) (b) . . . युग्मक

	b	b
b	bb नीली	bb नीली
b	bb नीली	bb नीली

सभी नीली आंख वाले बच्चे होंगे।

5. ड्रोसोफिला में टैस्ट क्रॉस का प्रदर्शन

(मादा) (नर)

लाल आंख x श्वेत आंख

$w^+ \phi \phi w$ $w \phi ↿$

♂ / ♀	$w \phi$	↿
$\overset{+}{w} \phi$	$\overset{+}{w} \phi \phi w$ मादा (लाल आँख)	$\overset{+}{w} \phi ↿$ नर (लाल आँख)
$w \phi$	$w\phi\phi w$ मादा (श्वेत आँख)	$w\phi ↿$ नर (श्वेत आँख)

50% लाल आंख : 50% श्वेत आंख फीनोटाइप

जीनोटाइप

1	:	1	:	1	:	1
लाल आंख	:	लाल आंख	:	श्वेत आंख	:	श्वेत आंख
मादा		नर		मादा		नर

5. एक चूहे में काला रंग व लम्बी पूंछ क्रमशः श्वेत रंग व छोटी पूंछ पर प्रभावी है। यदि एक समयुग्मकी काले रंग व लम्बी पूंछ वाले चूहे का संयोग एक समयुग्मकी श्वेत रंग व छोटी पूंछ वाली चूहिया के साथ कराया जाता है तो F_1 पीढ़ी की संतति बताइये। यदि F_1 पीढ़ी की संतति में स्वयं निषेचन कराया जाता है तो F_2 की पीढ़ी की जीनोटाइप व फीनोटाइप को पन्नेट चैकर बोर्ड (Punnet checker board) की सहायता से समझाइये।

उत्तर – यह **द्विसंकर आनुवांशिकता** (dihybrid inheritance) को निरूपित करता है।

काला रंग व लम्बी पूँछ

श्वेत रंग व छोटी पूँछ

BBLL × bbll

(BL) (bl)

↓

Bb*Ll*............F_1 सभी काले व लम्बी पूँछ वाले (all black and long tail)

Self fertilization

♂ / ♀	BL	B*l*	bL	bl
BL	*BBLL* (Black long)	*BBLl* (Black long)	*BbLL* (Black long)	*BbLl* (Black long)
Bl	*BBLl* (Black long)	*BBll* (Black short)	*BbLl* (Black long)	*BbLL* (Black short)
bL	*BbLL* (Black long)	*BbIL* (Black long)	*bbLL* (White long)	*bbLl* (White long)
bl	*BbLl* (Black long)	*Bbll* (Black short)	*bbLl* (White long)	*bbll* (White short)

Phenotypic ratio 9 : 3 : 3 : 1

9	:	3	:	3	:	1
Black long	:	Black short	:	White long	:	White short

Black and white – 3 : 1

Long and short – 3 : 1

Short cut method

3 : 1

Black : White

3 : 1

Long : Short

9	:	3	:	3	:	1
Black long	:	White long	:	Black short	:	White short

7. यदि एक विषम युग्मजी काले रंग व लम्बी पूंछ वाले चूहे को समयुग्मजी अप्रभावी पैतृक (श्वेत रंग व छोटी पूंछ) से संयोग कराया जाता है तो F_1 पीढ़ी का भी फीनोटाइप बताइये।

हल – काला रंग लम्बी पूंछ x श्वेत रंग छोटी पूंछ

BbLl *bbll*

♂ ♀	*bl*	*bl*	*bl*	*bl*
BL	*BbLl*	*BbLi*	*BbLI*	*BbLl*
Bl	*Bbll*	*Bbll*	*Bbll*	*Bbll*
bL	*bbLl*	*bblL*	*bbLl*	*bbLl*
bl	*bbll*	*bbll*	*bbll*	*bbll*

काला रंग लम्बी पूंछ
(Black long) – 4

काला रंग छोटी पूंछ
(Black short) – 4

श्वेत रंग लम्बी पूंछ
(White long) – 4

श्वेत रंग छोटी पूंछ
(White short) – 4

अतः फीनोटाइप 4 : 4 : 4 : 4

8. एक श्वेत आंख वाले नर ड्रोसोफिला को लाल आंख वाली समयुग्मजी मादा से संयोग कराया जाता है। संतति में आंख का रंग क्या होगा? जीनोटाइप व फीनोटाइप भी बताइये।

चित्र – ड्रोसोफिला में श्वेत रंग लिंग सहलग्न (sex linked) लक्षण है। श्वेत आंख के लिए जीन **x क्रोमोसोम** पर स्थित होती है।

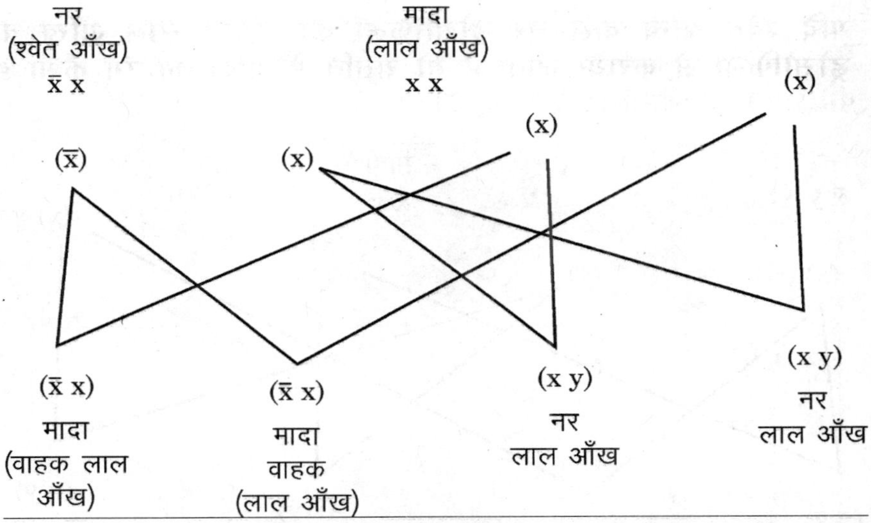

सभी नर व मादा लाल आंख वाले होंगे लेकिन मादा श्वेत आंख के लिए वाहक (carrier) होगी, क्योंकि श्वेत आंख एक लिंग सहलग्न लक्षण है, जिसके लिये जीन x क्रोमोसोम पर स्थित है।

9. **एक श्वेत आंख रंग की वाहक (carrier) मादा ड्रोसोफिला का संयोग यदि लाल आंख वाले नर से कराया जाता है तो संतति में आंख का रंग क्या होगा?**

हल –

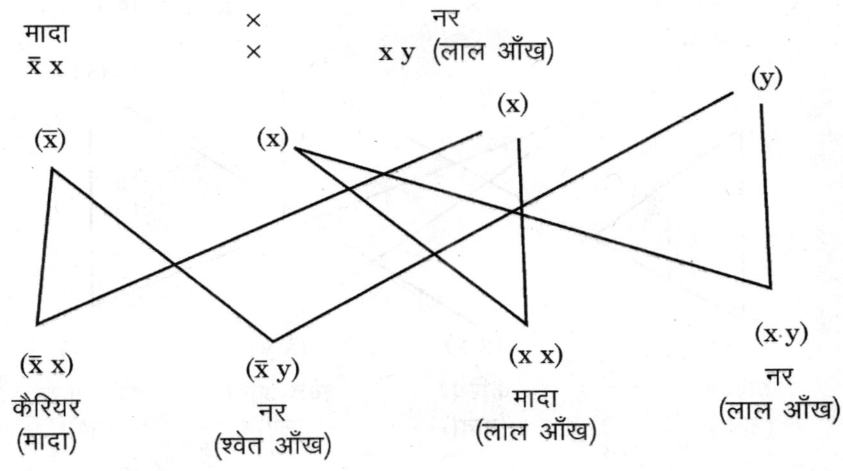

यहाँ 25% वाहक मादा

25% लाल आँख वाली मादा

25% श्वेत आँख वाला नर

25% लाल आँख वाला नर

10. यदि श्वेत आँख वाले नर ड्रोसोफिला का संयोग लाल आँख वाली कैरियर ड्रोसोफिला से कराया जाता है तो संतति में आँख का रंग कैसा होगा?

हल –

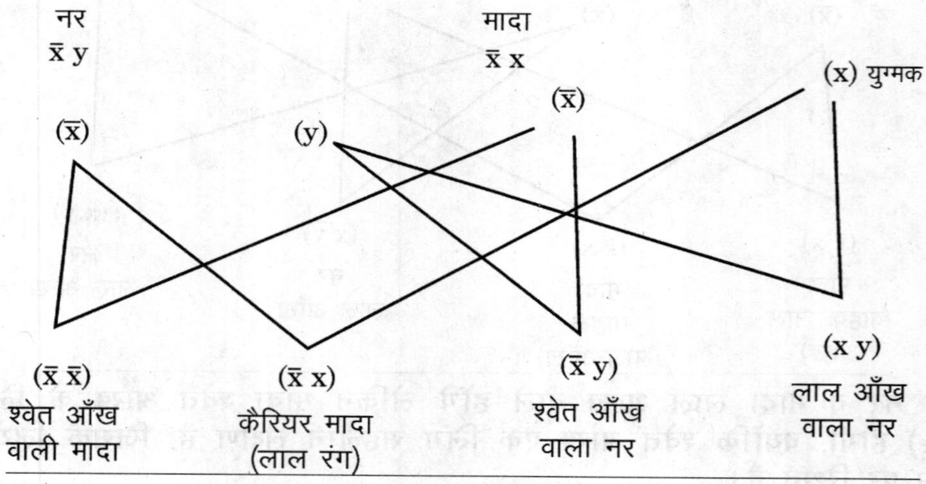

11. यदि श्वेत आँख वाली मादा ड्रोसोफिला का संयोग लाल आँख वाले नर के साथ कराया जाता है तो संतति में आँख का रंग क्या होगा?

हल –

x y (नर) × x̄, x̄ (मादा)

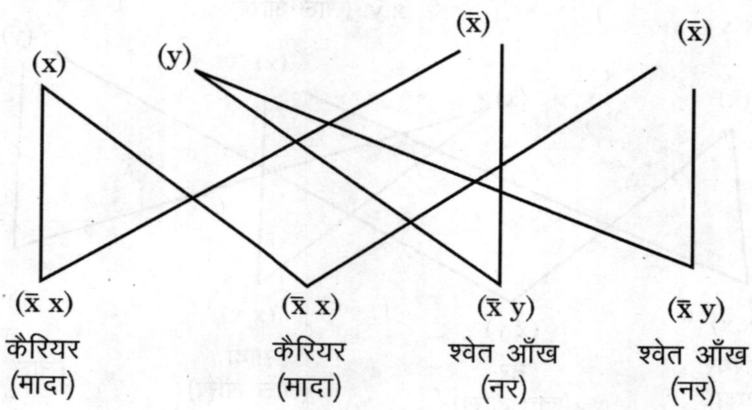

यह सभी मादा कैरियर तथा नर श्वेत आँख वाले होंगे।

12. यदि श्वेत आँख वाली मादा का श्वेत आँख वाले नर के साथ संयोग कराया जाता है तो संतति का रंग क्या होगा?

हल –

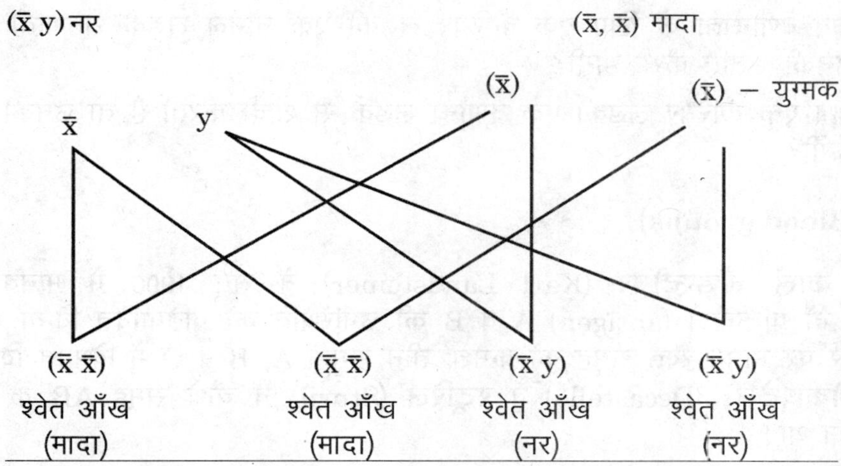

संपूर्ण संतति श्वेत आँख वाली होगी।

13. यदि एक वर्णांध (Colour blind) व्यक्ति एक नॉर्मल स्त्री से शादी करता है तो इनके बच्चों में वर्णान्धता का प्रतिशत बताइये।

उत्तर – वर्णान्धता एक **लिंग सहलग्न** (sex linked) बीमारी है। इसके लिए x क्रोमोसोम पर जीन स्थित होती है।

हल –

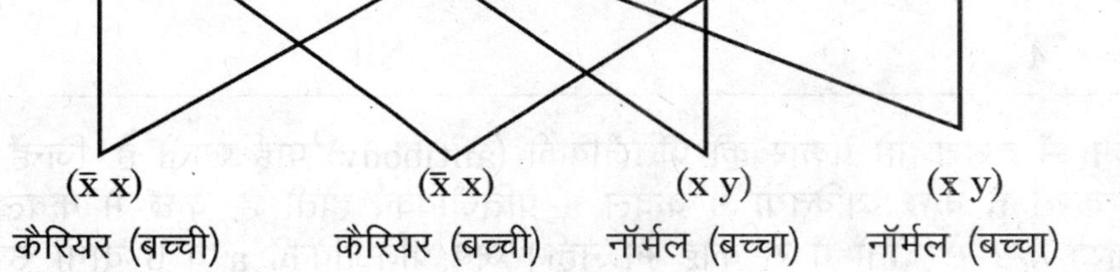

सभी बच्चियाँ वर्णान्धता की वाहक तथा बच्चे नॉर्मल होंगे।

छात्र स्वयं करें –

1. जब वर्णान्धता के लिए एक कैरियर लड़की एक नॉर्मल लड़के से शादी करती है तो उनकी संतति कैसी होगी?
2. जब एक कैरियर लड़की एक वर्णान्ध लड़के से शादी करती है तो उनकी संतति कैसी होगी?

रक्त समूह (Blood groups)

सर्वप्रथम **कार्ल लैंडस्टीनर** (Karl Landsteiner) ने सन् 1900 में मानव लाल रक्त कणिकाओं पर दो प्रतिजीवी (antigen) A व B की उपस्थिति को प्रतिपादित किया था और इसी खोज के आधार पर मानव रक्त समूह को क्रमशः तीन समूहों A, B व O में विभक्त किया था। बाद में 1902 में **डीकास्टेलो** (Decastello) व **स्टूरिल** (Sturil) ने चौथे समूह AB के अस्तित्व को प्रतिपादित किया था।

मानव लाल रक्त कणिकाओं के अन्दर **प्रतिजीवी** (antigen) पाई जाती हैं और प्लाज्मा में **प्रतिजैविकी** (antibody)। यदि इन प्रतिजीवी व प्रतिजैविकी को साथ लाया जाता है, तो वे एग्लूटिनेट हो जाती है।

कुछ व्यक्तियों में A प्रतिजीवी होती है, कुछ में B, कुछ में दोनों A व B होती है तथा कुछ में दोनों ही नहीं होती हैं अतः इसी के आधार पर चार तरह के रक्त समूह पाये जाते है –

(i) समूह A जिनमें A प्रतिजीवी पाई जाती है।

(ii) समूह B जिनमें B प्रतिजीवी पाई जाती है।

(iii) समूह AB जिनमें A व B दोनों प्रतिजीवी पाई जाती है।

(iv) समूह O जिनमें A व B दोनों में से कोई भी नहीं पाई जाती।

क्र.सं.	रक्त समूह	प्रतिजीवी लाल रक्त कणिकाओं में
1	A	A
2	B	B
3	AB	A & B
4	O	Nil

रक्त प्लाज्मा में क्रमशः दो प्रकार की प्रतिजैविकी (antibody) पाई जाती है, जिन्हें क्रमशः a व b से निरूपित करते हैं कुछ व्यक्तियों में केवल a प्रतिजैविकी होती है, कुछ में केवल b, कुछ में दोनों a व b तथा कुछ में दोनों में से कोई भी नहीं। जब प्रतिजैविकी a व b दोनों उपस्थित होती हैं तब उनमें प्रतिजीवी (antigen) नहीं पाई जाती अर्थात् रक्त समूह O होता है जबकि a व b प्रतिजैविकी अनुपस्थित होने पर प्रतिजीवी A व B दोनो पाई जाती है अर्थात् रक्त समूह AB

होगा। प्रतिजीवी A क्रमशः प्रतिजैविकी a के साथ व B, प्रतिजैविकी b के साथ क्रिया करती है। ये कभी भी एक साथ नहीं पाई जाती है। किसी प्रतिजीवी (antigen) के लिये विपरीत प्रतिजैविकी (antibody) ही मानव में पाई जाती है अर्थात् A प्रतिजीवी वाले रक्त में b प्रतिजैविकी पाई जाती है व B वाले में a यही कारण है कि स्वयं की देह में रक्त कभी एग्लुटिनेट नहीं हो पाता।

क्र.सं.	रक्त समूह (Blood group)	प्रतिजैविकी (antibody) (प्लाज्मा में)	प्रतिजीवी (antigen) (लाल रक्त कणिकाओं में)
1	A	b	A
2	B	a	B
3	AB	nil	A and B
4	O	a and b	nil

O रक्त समूह वाले व्यक्ति किसी भी रक्त समूह वाले व्यक्ति को रक्त दान कर सकते हैं, क्योंकि उनके रक्त में कोई प्रतिजीवी (antigen) नहीं पाई जात है। अतः ये सार्वत्रिक दाता (universal donar) कहलाते हैं। AB रक्त समूह वाले व्यक्ति किसी भी रक्त समूह वाले व्यक्ति से रक्त ग्रहण कर सकते हैं, क्योंकि इनके रक्त में कोई भी प्रतिजैविकी (antibody) नहीं पाई जाती है। अतः ये सार्वत्रिक ग्राही (universal recipient) कहलाते है।

रक्त समूह की पहचान करना

आवश्यक सामग्री (Materials required)

एंटी सीरम (A, B व AB), तथा एंटी सीरम D सुई, स्प्रिट लैम्प, एल्कोहल, स्लाइड व माइक्रोस्कोप।

सिद्धान्त (Principles)

जब ज्ञात एंटीसीरा (antisera) के साथ किसी रक्त प्रतिदर्श को मिलाया जाता है तो दो प्रकार की क्रिया होती है।

(i) एग्लूटिनेशन (agglutination)

(ii) एग्लूटिनेशन नहीं (no agglutination)

जिस एंटीसीरा के साथ एग्लूटिनेशन होता है, वही रक्त समूह है। उदाहरणार्थ यदि **एंटीसीरा–A** के साथ एग्लूटिनेशन हुआ है तो **रक्त समूह A** है और यदि **एंटीसीरा – B** के एग्लूटिनेशन होता है तो **रक्त समूह B** है। **एंटीसीरा–AB** के साथ एग्लूटिनेशन रक्त समूह AB को इंगित करता है। एंटीसीरा A व एंटीसीरा B के परिणामों को एंटीसीरा AB ही सुनिश्चित करता है। यदि किसी भी एंटीसीरा के साथ **एग्लूटिनेशन** नहीं होता है तो **रक्त समूह O** है। **O समूह सार्वत्रिक दाता** (universal donar) तथा AB समूह सार्वत्रिक ग्राही (Universal recipient)

कहलाता है। यदि एंटीसीरा D के साथ एग्यूटिनेशन होता है तो Rh positive ग्रुप है और यदि नहीं होता है तो Rh negative है।

विधि (Procedure)

इसे निम्नलिखित दो विधियों से ज्ञात कर सकते हैं।

(i) त्वरित स्लाइड विधि (rapid slide test)

(ii) टैस्टट्यूब विधि (test tube method)

त्वरित स्लाइड विधि (rapid slide test)

स्लाइड पर तीन चुने हुए स्थानों पर एक–एक रक्त की बूंदें डालें तथा प्रत्येक में एक बूंद नार्मल सेलाइन मिलायें।

2. अब क्रमशः एंटीसीरा A, B व AB का एक एक बूंद उपर्युक्त तीन स्थानों पर डालें।

3. कांच की छड़ से मिलायें तथा स्लाइड को थोड़ा आगे पीछे झुकायें। जिस एंटीसीरा के साथ एग्लूटिनेशन हुआ है, उसे नोट करें।

परिणाम (Result)

एंटीसीरम की उपस्थिति में लाल रक्त कणिकाओं का एग्लूटिनेशन धनात्मक जांच (positive test) दर्शाता है।

S.No.	anti - A	anti - B	Anti AB	Anti D	Blood group	
1	–	+	+	+	B	B+ive
2	+	+	+	+	AB	AB+ive
3	+	–	+	+	A	A+ive
4	–	–	–	+	O	O+ive

+ = एग्लूटिनेशन (जांच धनात्मक positive test)

– = एग्लूटिनेशन नहीं (ऋणात्मक जांच negative test)

टेस्ट ट्यूब विधि (Test tube method)

1. तीन परखनली लेकर क्रमशः A, B व AB अंकित करें।
2. नॉरमल सेलाइन में रक्त का लगभग 4% ससपेंशन (suspension) बनावें तथा प्रत्येक टेस्ट ट्यूब में डालें।
3. अब संबंधित परखनली में क्रमशः A, B व AB एंटीसीरा की एक बूंद मिलावे तथा एग्लूटिनेशन नोट करें तथा परिणाम प्रायोगिक पुस्तिका में नोट करें।

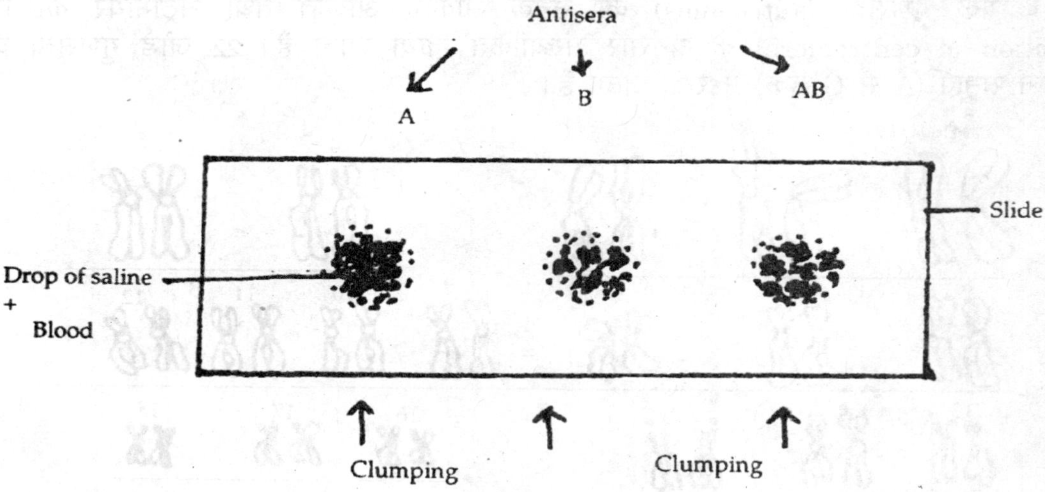

Fig. 5.6. Clumping of RBCs with antisera A, B & AB.

Rh - रक्त समूह की जांच करना

यह त्वरित स्लाइड जांच की भांति ही है, केवल एंटीसीरा A, B व AB के स्थान पर एंटीसीरा D प्रयुक्त करें। यदि एंटीसीरा D के साथ एग्लूटिनेशन होता है, जो Rh – धनात्मक (Rh-positive) है अन्यथा Rh = negative है। वैसे मनुष्य की कुल जनसंख्या का 90% Rh-positive होती है।

मानव गुणसूत्र (Human Chromosomes)

Tigio व Levin (1956) के अनुसार मानव में 46 गुणसूत्र पाये जाते हैं (2n = 46)

देह की प्रत्येक कोशिका में 46 गुणसूत्र पाये जाते है, जिनमें से 22 तो स्त्री व पुरुष में समान होते है इन्हें ऑटोसोम (autosomes) या कायिक गुणसूत्र कहते हैं जबकि 23वां जोड़ा भिन्न होता है (स्त्री में XX तथा पुरुष में XY) इसे **लिंग गुणसूत्र** (sex chromosomes) कहते हैं।

22 + XX स्त्री में

22 + XY पुरुष में

Y क्रोमोसोम X की तुलना में छोटा होता है।

जब कोशिका विज्ञान सम्बन्धी अध्ययन के लिए मानव अथवा किसी अन्य जाति के गुणसूत्रों को उनकी आकृति व संरचना के आधार पर व्यवस्थित करते हैं तो इस क्रम को **कैरियोटाइप (karyotype)** कहते हैं। जब इस कैरियोटाइप को चित्र द्वारा निरूपित किया जाता है तो इसे **इडियोग्राम (Idiogram)** कहते हैं।

यहां केवल मनुष्य के कैरियोटाइप का संक्षिप्त विवरण दिया जा रहा है।

कायिक गुणसूत्रों (autosomes) को उनके आकार, आकृति तथा सेंट्रोमीयर की स्थिति (position of centromere) के अनुसार संख्यांकित किया जाता है। 22 जोड़े गुणसूत्रों को 7 विभिन्न समूहों (A से G तक) में रखा जाता है।

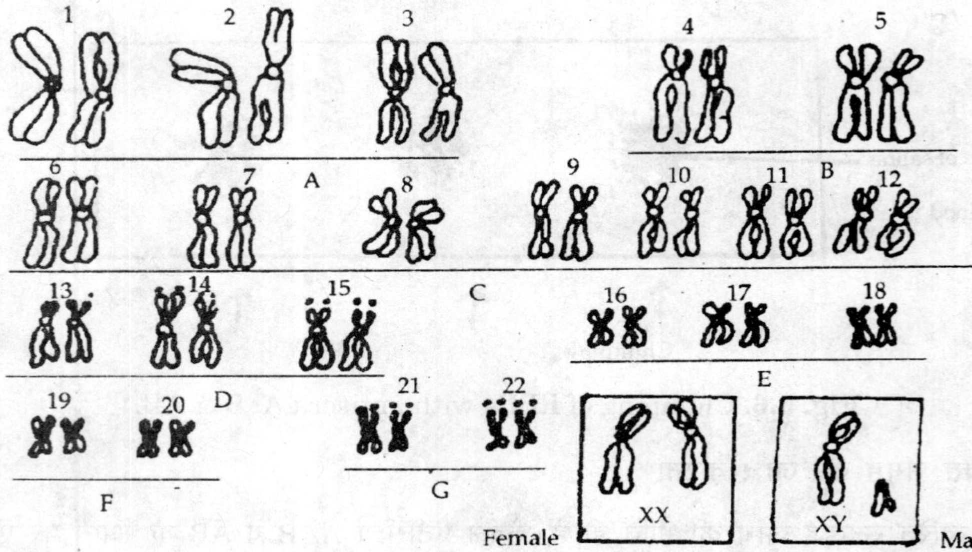

चित्र 5.7. कैरियोटाइप

समूह A (Group A)

मेटासेंट्रिक (metacentric) गुणसूत्र, बड़े, तीन जोड़े (संख्या 1 से 3 तक)।

समूह B (Group B)

सब मेटासेंट्रिक (sub metacentric) गुणसूत्र, दो जोड़े (संख्या 4 व 5)। ये भी बड़े होते है लेकिन समूह A से तुलनात्मक रूप से छोटे होते हैं।

समूह C (Group C)

सब मेटासेंट्रिक (sub metacentric) गुणसूत्र मध्यम आकार के (संख्या 6 से 12 तक)

समूह D (Group D)

एक्रोसेंट्रिक (acrocentric) गुणसूत्र, मध्यम आकार के (संख्या 13 से 15 तक)

समूह E (Group E)

मेटासेंट्रिक (metacentric) गुणसूत्र संख्या 16 से 16 तक जो तुलनात्मक रूप से समूह व से छोटे हैं।

समूह F (Group F)

मेटासेंट्रिक गुणसूत्र छोटे आकार के (संख्या 19 से 20 तक)।

समूह G (Group G)

सबसे छोटे मेटासेंट्रिक गुणसूत्र (संख्या 21 से 22 तक)।

लिंग गुणसूत्र (sex chromosomes)

X व Y जो आकार व आकृति में C समूह के X गुणसूत्र से मिलते है। Y क्रोमोसोम छोटा होता है तथा G समूह के गुणसूत्रों से मिलता है। लिंग गुणसूत्रों को **इडियोग्राम** के अन्त में निरूपित किया जाता है।

■■■■

खण्ड - VI

परिवर्द्धन जैविकी
(Developmental Biology)

मेंढक और टोड वर्ग एम्फिबिया (Amphibia), गण – **सैलिंएशिया** (Salientia) के जंतु है। मेंढक **'रेनिडी'** कुल (Family Ranidae) तथा टोड **ब्यूफोनिडी** कुल (Family Bufonidae) के अन्तर्गत आता है। वर्षा ऋतु में प्रायः दोनों के जीवन चक्र का बड़ी आसानी से अध्ययन किया जा सकता है। स्वयं लेखक ने महारानी श्रीजया कालेज, भरतपुर परिसर में स्थित एक अस्थायी टैंक से टोड के अंड समूह को एकत्रित कर इसके परिवर्द्धन की विभिन्न अवस्थाओं को छात्रों के अध्ययन हेतु संग्रहित किया है। हम अपने आस पास के जलाशयों, पोखरों तथा तालाबों में जो मेंढक प्रायः देखते है वह राना टाइगरीना (Ranna tigerina) है। वैसे राना सायनोफिलिक्टिस (Rana cynophylctis) भी सहजता से पाया जाता है। राना टाइगरीना को टोड, **ब्यूफो स्टोमेटिकस**, (Bufo stomaticus) से आसानी से विभेदित किया जा सकता है। यह विभेदन क्रमशः अंडे तथा टैडपोल अवस्था में भी सुस्पष्ट नजर आता है। टोड के टैडपोल, मेंढक के टैडपोल की अपेक्षा छोटे होते है। तथा अंडे माला के रूप में पाये जाते है। वयस्क टोड खुरदरी तथा शुष्क त्वचा वाला होता है जबकि मेंढक की त्वचा चिकनी व लिसलिसी होती है।

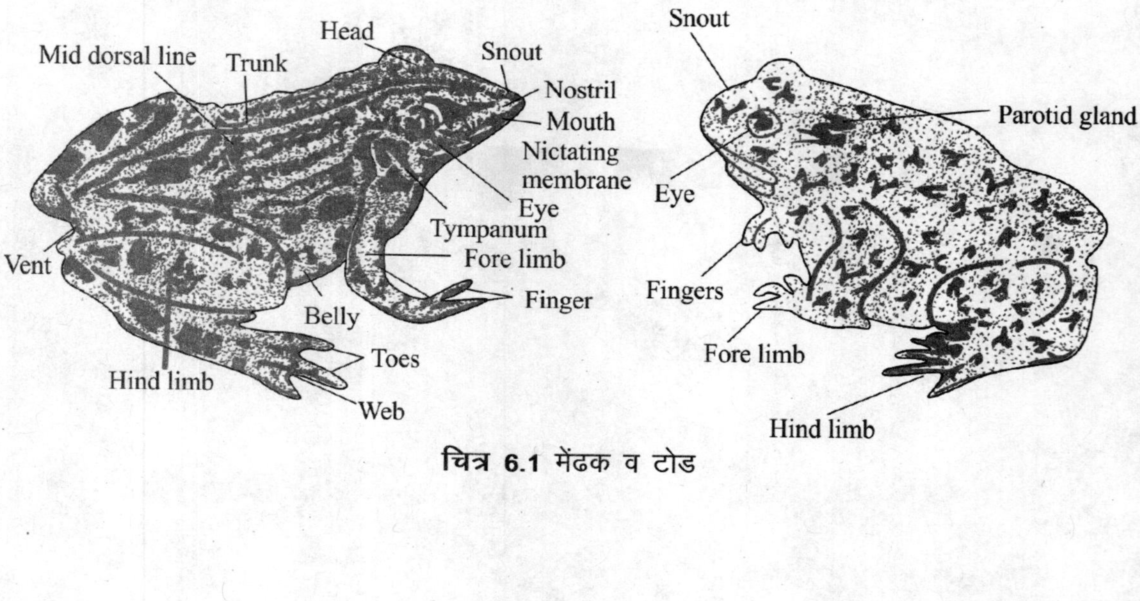

चित्र 6.1 मेंढक व टोड

1. मेंढ़क / टोड के परिवर्द्धन की विभिन्न अवस्थाएँ (Various Stages of Development of Frog/Toad)

1. अंडा (Egg)

मेंढक व टोड के अंडों में एक प्रमुख अंतर पाया जाता है जिससे हम यह पहचान कर सकते हैं कि अमुक अंड समूह (Egg mass) मेंढक का है अथवा टोड का।

मेंढक के अंडे एक गुच्छे के रूप में होते है जबकि टोड के अंडे माला सदृश होते है वर्षाकाल में मेंढक व टोड दोनों के ही अण्डे एकत्रित कर तथा प्रयोगशाला में विकसित कर प्रयोग हेतु काम में ले सकते हैं। इन्हें 2% फार्मेलिन में संग्रहित किया जा सकता है, वैसे 70% ऐल्कोहल में भी संग्रहित कर सकते है। अंडों के चारों तरफ जैली (jelly) होती है जिसके कई लाभ है, यथा –

(1) जैली पानी को अवशोषित कर पानी की श्यानता घटा देती है जिससे यह इधर उधर अधिक फिसल नहीं पाती और अंड समूह को लगभग स्थिर कर देती है।

(2) यह बुरे स्वाद वाली होती है। फलस्वरूप अंडों को कोई अन्य जन्तु खा नहीं पाता। पारदर्शी होने से प्रकाश की किरणें इसमें से आसानी से गुजर जाती है जिससे अंड समूह के परिवर्द्धन के लिए आवश्यक ऊर्जा मिलती रहती है।

(3) जैली अंडों को बहने से रोक लेती है क्योंकि जैली प्रायः पानी में मिलने वाली किसी वनस्पति से आसानी से चिपक जाती है।

अंडे **गोलार्द्धपीतकी** (telolecithal) होते हैं अर्थात् ज्यादातर पीतक (yolk) एक सिरे पर संग्रहित रहता है जिसे **अल्पक्रिय ध्रुव** (Vegetal pole) कहते हैं। इसके विपरीत अंडे का वह सिरा जो ऊपर की ओर रहता है तथा गहरे रंग का (pigmented) होता है **"सक्रिय ध्रुव"** (Animal pole) कहलाता है।

(a)

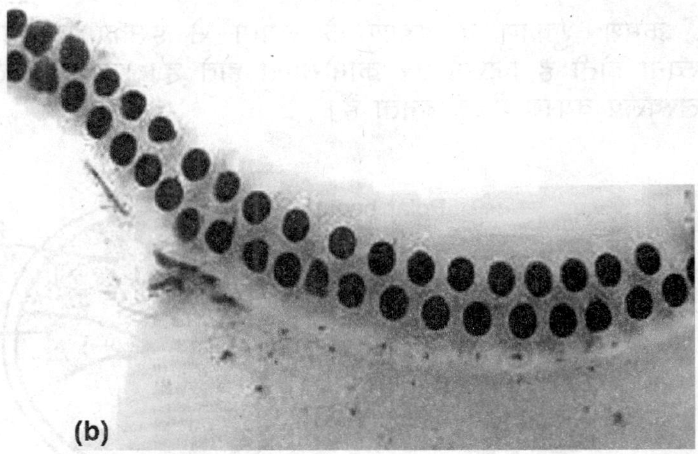

(b)

चित्र 6.2 टोड व मेंढक के अण्डे (a) Frog (b) Toad

(a) अनिषेचित अंडा (Unfertilized Egg) – अनिषेचित अंडा एक गोल संरचना है जिसका व्यास लगभग 1.6 मि.मी. होता है। इसके चारों तरफ पीतक झिल्ली (vitelline membrane) होता है जो ऐल्बुमिन की परत (albumin layer) से ढकी रहती है। सक्रिय ध्रुव क्षेत्र में अंड केन्द्रक (egg nucleus) होता है। इसमें पीतक की मात्रा उससे अधिक होती है जो अल्पक्रिय ध्रुव क्षेत्र में पाया जाता है। विकास के दौरान पोषक पीतक से ही मिलता है।

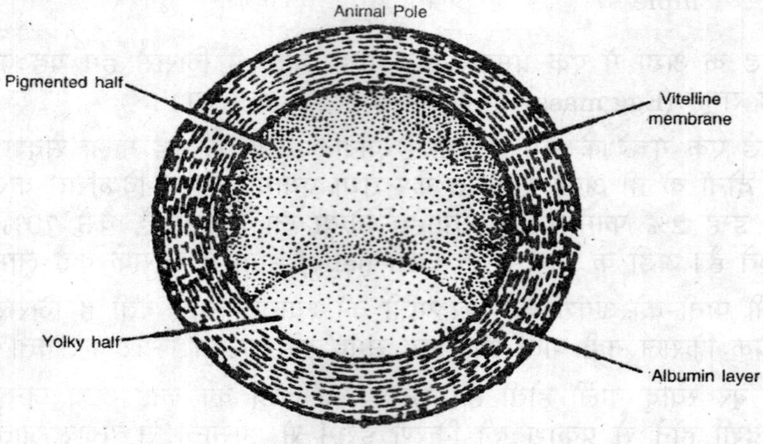

चित्र 6.3 अनिषेचित अंडा

(b) निषेचित अंडा (Fertilized Egg) – यह लगभग अनिषेचित अंडे के समान ही होता है लेकिन इसमें **ग्रेक्रेसेन्ट** (grey crescent) पाया जाता है। अतः निषेचित अंडा तीन भागों में बंटा हुआ प्रतीत होता है –

(a) ऊपरी रंजित भाग (pigmented part)

(b) हल्का काला ग्रे क्रेसेन्ट भाग (grey crescent part)

(c) निचला श्वेत पीतकीय भाग (yolky part)

क्रमशः शुक्राणु व अंडाणु के संयोग से इसका निर्माण होता है। यह द्विगुणित (diploid) संरचना होती है जिसमें 2x क्रोमोसोम्स होते है। इसके विदलन से उत्पन्न विभिन्न अवस्थाओं के फलस्वरूप वयस्य मेंढक बनता है।

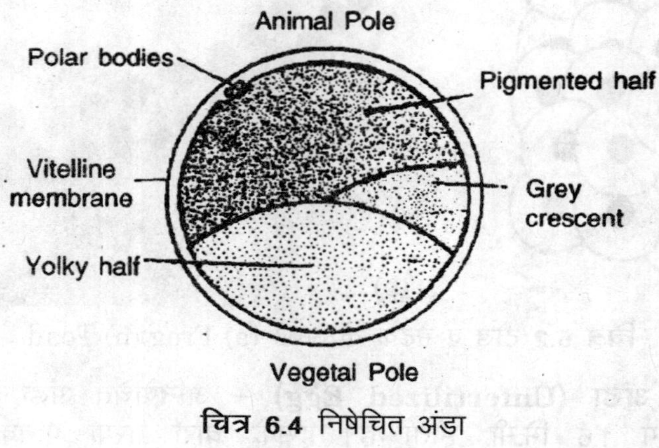

चित्र 6.4 निषेचित अंडा

2. विदलन (Cleavage)

निषेचन के लगभग ढाई से तीन घंटे पश्चात् ही विदलन शुरू हो जाता है जो पूर्णभंजी व पूर्ण (holoblastic and complete) होता है। प्रथम विदलन लम्बवत् (vertical) होता है जिससे अंडा दो कोशिकाओं में बंट जाता है। तत्पश्चात् अण्डा चार, आठ सोलह व बत्तीस कोशिकाओं में विभाजित हो जाता है। इसके पश्चात् 64 व 128 कोशिकाएं बनती है। तत्पश्चात् विदलन अनियमित हो जाते हैं। इस समय अंडा शहतूत (mulbery) के फल की भांति गुंथा हुआ प्रतीत होता है तथा यह अवस्था 'मोरूला' (morula) कहलाती है। बत्तीस कोशिकाओं वाली अवस्था से ही यह मोरूला (morula) कहलाने लगता है।

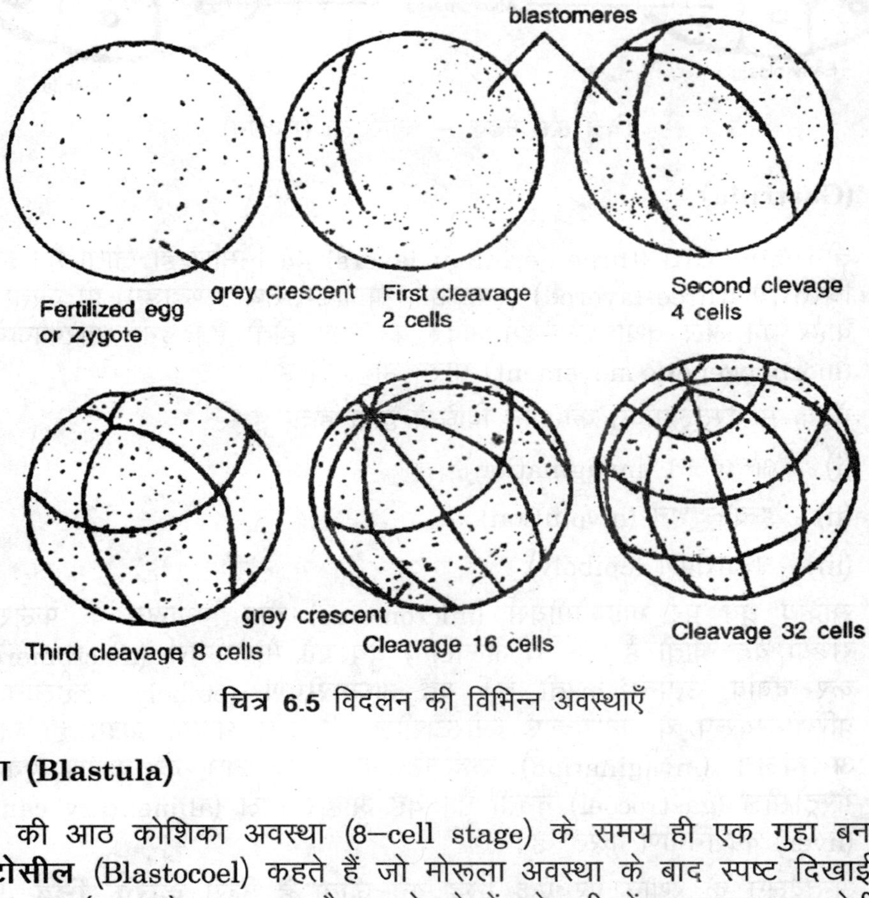

चित्र 6.5 विदलन की विभिन्न अवस्थाएँ

3. ब्लास्टूला (Blastula)

विदलन की आठ कोशिका अवस्था (8–cell stage) के समय ही एक गुहा बनने लगती है जिसे **ब्लास्टोसील** (Blastocoel) कहते हैं जो मोरूला अवस्था के बाद स्पष्ट दिखाई देने लगती है। इसमें एक द्रव (liquid) भरा रहता है यह देखने में खोखली गेंद सदृश रचना होती है। इसका आधार अपेक्षाकृत बड़ी पीतक कोशिकाओं – मैक्रोमीयर्स (macromeres) का होता है। ऊपरी सिरे पर छोटी रंजक कोशिकाएं, जिन्हें **माइक्रोमीयर्स** (micromeres) कहते है, होती है। ब्लास्टोसील सक्रिय ध्रुव पर केन्द्र से हट कर (eccentric) होती है। प्रारंभिक ब्लास्टूला में ब्लास्टोसील छोटी होती है जबकि विलंबित ब्लास्टूला (late blastula) में यह अपेक्षाकृत बड़ी हो जाती है।

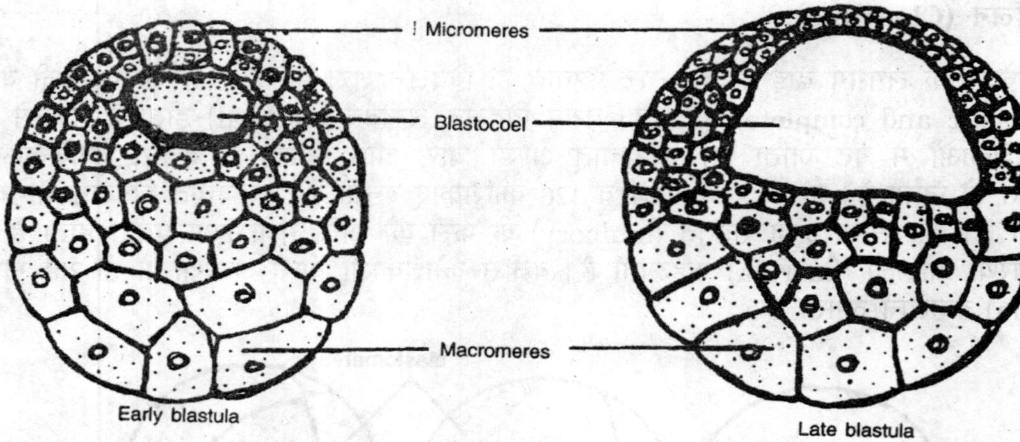

चित्र 6.6 मेंढक – ब्लास्टूला (सैक्शन)

4. गैस्ट्रूला (Gastrula)

(1) तीन जनन स्तरों (three germinal layers) का निर्माण हो जाता है। इस समय भ्रूण त्रिस्तरीय (three layered) (एक्टोडर्म, मीजोडर्म तथा एण्डोडर्म) हो जाता है। एक्टोडर्म बाहर की ओर तथा एण्डोडर्म अंदर की ओर होती है। इनमें मारफोजेनेटिक मूवमेंट (morphogenetic movement) प्रारंभ हो जाते हैं।

(2) मेंढक में गैस्ट्रूलाभवन की तीन विधियों द्वारा होता है –

(i) अन्तर्वलन (invagination),

(ii) इन्वोल्यूशन (involution)

(iii) अध्यारोपण (epiboly)

(3) सक्रिय ध्रुव पर माइक्रोमीयर्स (micromeres) तीव्र विभाजन के फलस्वरूप इनकी संख्या बढ़ जाती है और ये अल्पक्रिय ध्रुव की मैक्रोमीयर्स (macromeres) पर फैल कर दबाव उत्पन्न करती है। यह **अध्यारोपण** (epiboly) कहलाता है जिसके परिणामस्वरूप ये कोशिकाएं ब्लोस्टोसील की ओर धंसना प्रारंभ हो जाती है। यह **अन्तर्वलन** (invagination) कहलाता है। अन्तर्वलन के कारण एक अन्य गुहा गैस्ट्रोसील (gastrocoel) बनती है। यह आहार नाल (alimentary canal) व यकृत (liver) का निर्माण करती है।

(4) अन्तर्वलन के स्थान पर एक छिद्र बन जाता है जिसे **कोरक छिद्र** (blastopore) कहते है। इसके ऊपरी सिरे को पृष्ठ ओष्ठ (dorsal lip) कहते हैं। यह वृद्धि करता हुआ क्रमशः अर्द्धचन्द्रकार तथा गोल होता है। पृष्ठ ओष्ठ पार्श्व में वृद्धि करता है और घोड़े की नाल के समान (horse shoe shaped) प्रतीत होता है। इसे पार्श्व ओष्ठ (lateral lip) कहते हैं। मैक्रोमीयर्स कोरकरन्ध्र को ढक लेती है, यह **पीतक प्लग** (yolk plug) कहलाता है।

(5) पृष्ठ ओष्ठ क्षेत्र से कोशिकाएं अंदर ब्लास्टोसील की ओर गमन करती है, यह **इन्वोल्यूशन** (involution) कहलाता है।

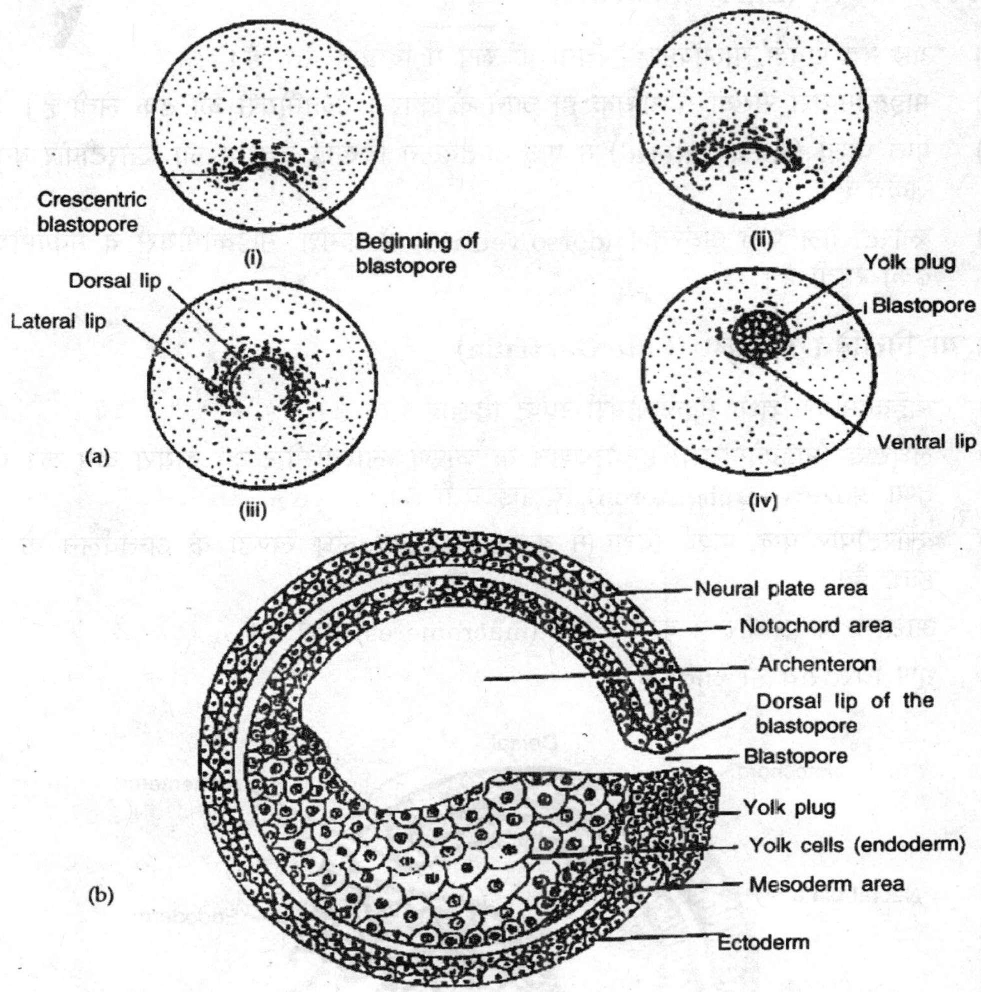

चित्र 6.7. मेंढक – गैस्ट्रूलाभवन (gastrulation) की विभिन्न अवस्थायें

(i) ब्लास्टोपोर की शुरूआत

(ii) इसका फैलाव

(iii) पृष्ठ व पार्श्व (डॉर्सल व लेटरल) ओष्ठ का बनना

(iv) पीतक प्लग

(6) इन्वोल्यूशन के कारण ब्लास्टोसील कम होती जाती है और **आद्यान्त्र** (archenteron) आकार में बढ़ जाती है तथा शनैः शनै ब्लास्टोसील समाप्त हो जाती है।

गैस्ट्रूला की लम्बवत काट (Vertical Section of Gastrula)

(a) आरंभिक गैस्ट्रूला (Early Gastrula)

(1) यह गेंद सृदश गोलाकार संरचना के रूप में दिखाई देती है।

(2) माइक्रोमीयर्स संख्या में अधिक हो जाने के कारण मैक्रोमीयर्स को ढक लेती है।

(3) पृष्ठ पार्श्व (dorso lateral) में एक अर्न्तवलन दिखाई देता है जो ब्लोस्टोपोर बनने का संकेत है।

(4) ब्लोस्टोसील पृष्ठ अधरतल (dorso-ventral) में क्रमशः माइक्रोमीयर्स व मैक्रोमीयर्स से ढकी रहती है।

(b) पश्च या विलंबित गैस्ट्रूला (Late Gastrula)

(1) माइक्रोमीयर्स तथा मैकरोमीयर्स स्पष्ट दिखाई देती है।

(2) लघुखंड (माइक्रोमीयर्स) इन्वोल्यूशन के कारण ब्लास्टोसील का दायरा कम कर देती है तथा आद्यान्त्र (archenteron) दिखाई देती है।

(3) ब्लोस्टोपोर पृष्ठ पार्श्व दिशा में बनता है। ऐसा लघु खण्डों के अन्तर्वलन के कारण होता है।

(4) आद्यान्त्र के आधार में वृहद खण्ड (macromeres) होते हैं।

(5) भ्रूण त्रिस्तरीय हो जाता है।

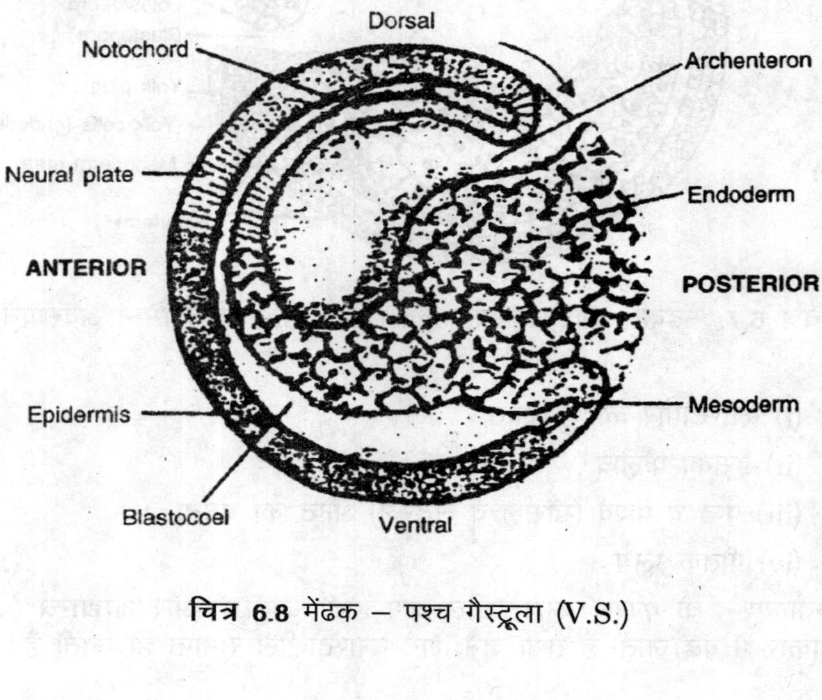

चित्र 6.8 मेंढक – पश्च गैस्ट्रूला (V.S.)

5. न्यूरूला (Neurula)

न्यूरल ट्यूब (neural tube), जिससे मस्तिष्क (brain) व मेरू रज्जु (spinal chord) बनते हैं, का निर्माण **न्यूरूलेशन** (neurulation) कहलाता है और भ्रूण को इस अवस्था में न्यूरूला (neurula) कहा जाता है।

न्यरोएक्टोडर्म मध्य पृष्ठ सतह पर आकर नाशपाती सदृश हो जाती है। यह **न्यूरल पट्टिका** (neural plate) बनाती है। यह वृद्धि कर किनारों से कुछ ऊपर उठ जाती है जिसे **न्यूरल फोल्ड** (neural fold) कहते है। अब इसके मध्य **न्यूरल खांच** (neural groove) बन जाती है। यह न्यूरल खांच न्यूरल फोल्ड के बढ़ने से गहरी हो जाती है और जब दोनों फोल्ड मिल जाते हैं तो **न्यूरल ट्यूब** (neural tube) बन जाती है।

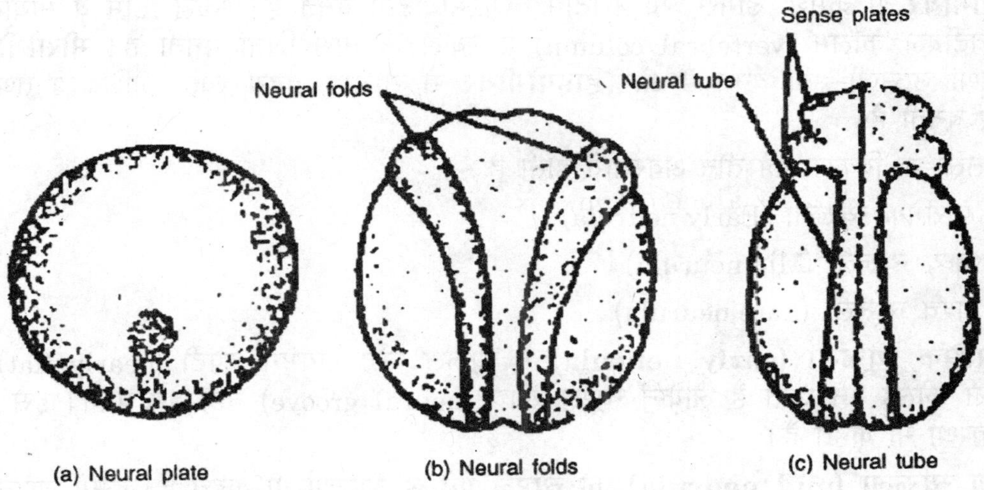

चित्र 6.9 न्यूरूला की विभिन्न अवस्थाएँ

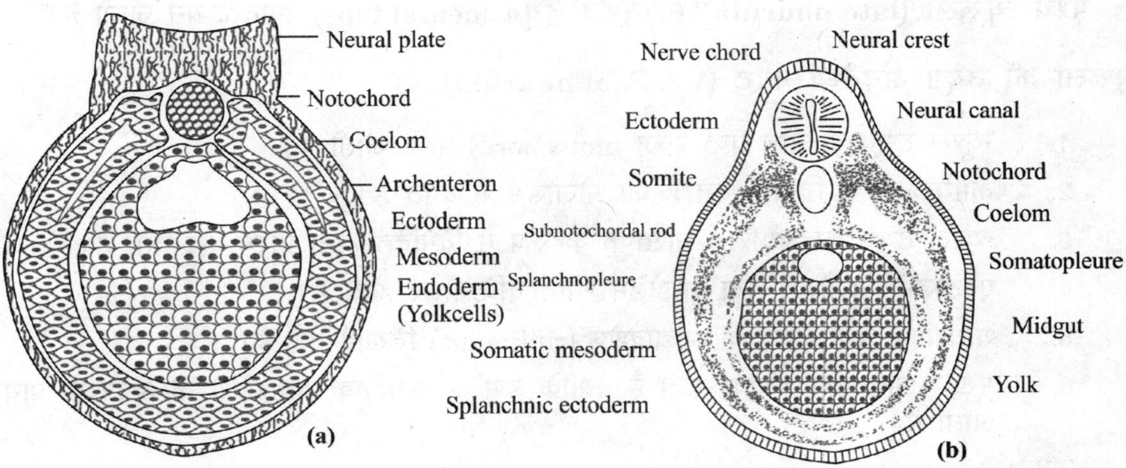

चित्र 6.9a. मैंढक – पूर्ण विकसित न्यूरूला (V.S.)

इस अवस्था की कुछ घटनाएं (events) निम्नलिखित हैं –

(1) न्यरल एक्टोडर्म एपीडर्मल एक्टोडर्म से पृथक हो जाती है तथा अन्तर्वलयित होकर "न्यूरल ट्यूब" बनाती है।

(2) एण्डोडर्म से क्रमशः कोर्डामीजोडर्म तथा मीसोडर्म पृथक हो जाती है।

(3) मीसोडर्म तीन भागों में विभेदित हो जाती है –

(a) एपीमीयर (Epimere/dorsal mesoderm)

(b) मीसोमीयर (Mesomere)

(c) हाइपोमीयर (Hypomere/latero-ventral mesoderm)

एपीमीयर से क्रमशः डर्मिस, स्केलेरोटोम तथा मायोटोम बनते हैं। स्केलेरोटोम व मायोटोम से क्रमशः वर्टीब्रल कॉलम (vertebral column) व स्केलेटल मांसपेशियां बनती है। **मीसोमीयर** से जनन तथा उत्सर्जी–अंग बनते हैं और **हाइपोमीयर** से सीलोम, हृदय रक्त कोशिकायें तथा रक्त वाहिकाएं बनती है।

न्यूरूला के विकास की तीन अवस्थायें होती है –

(1) प्रारंभिक न्यूरूला (Early neurula)

(2) मध्य न्यूरूला (Mid neurula)

(3) पश्च न्यूरूला (Late neurula)

प्रारंभिक न्यूरूला (early neurula) में न्यूरूल प्लेट लगभग चपटी (nearly flat) रहती है। न्यूरल फोल्ड बन जाते है लेकिन न्यूरल खांच (neural groove) नहीं बन पाती। इसे **न्यूरल प्लेट** अवस्था भी कहते हैं।

मध्य न्यूरूला (mid neurula) को **न्यूरल फोल्ड** अवस्था भी कहते हैं। इसमें न्यूरल खांच भी स्पष्ट हो जाती है।

पश्च न्यूरूला (late neurula) में **न्यूरल ट्यूब** (neural tube) स्पष्टतः बन जाती है।

न्यूरूला की उदग्र अनुदैर्ध्य कांट (V.L.S. of neurula)

1. न्यूरल ट्यूब के नीचे पृष्ठ रज्जू (notochord) पायी जाती है।
2. कायिक खण्ड दिखाई देते हैं जो मीजोडर्म से बनते हैं।
3. न्यूरल ट्यूब का अग्रसिरा मस्तिष्क के रूप में विभेदित होना प्रारंभ कर देता है।
4. एक्टोडर्म, मीजोडर्म तथा एण्डोडर्म स्पष्ट दृष्टिगोचर होती है।
5. थायरॉइड तथा हृदय के आद्यावशेष (rudiment) दिखाई देते हैं।
6. मुख व गुदा का अभाव रहता है क्योंकि इस अवस्था तक यह जैली के अंदर ही पाया जाता है।

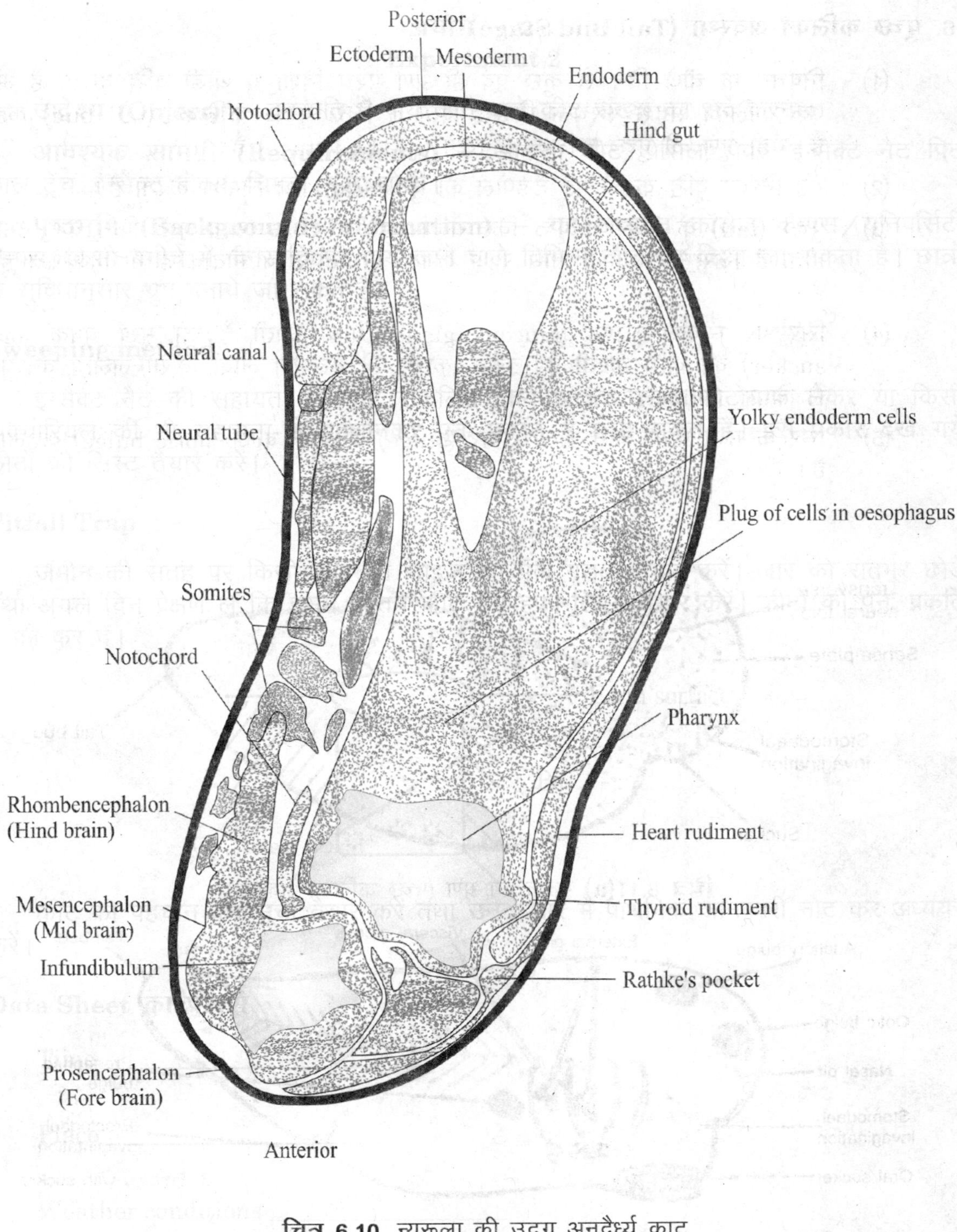

चित्र 6.10. न्यूरूला की उदग्र अनुदैर्ध्य काट

6. पुच्छ कलिका अवस्था (Tail Bud Stage)

(1) निषेचन के चौथे दिन से कुछ पूर्व ही भ्रूण पश्च दिशा में थोड़ी वृद्धि करता है और एक कलिका सदृश संरचना दिखाई देती है जिसे **पुच्छ कलिका** (tail bud) कहते हैं। यही भ्रूण की पुच्छ कलिका अवस्था (tail bud stage) है।

(2) यह निरंतर वृद्धि करती हुई टैडपोल की पुच्छ (tail) का निर्माण करती है।

(3) पुच्छ (tail) के अधर व पृष्ठ किनारों पर ही क्रमशः अधर व पृष्ठ फिन का निर्माण होता है जिसमें समय के साथ साथ क्रमशः मायोटोम्स व नोटोकॉर्ड भी विकसित होते है।

(4) सिर पर म्यूकस ग्लैण्ड (mucous gland) पायी जाती है जो मुख चूषक (oral sucker) का कार्य करती है। इसके कारण ही टैडपोल लार्वा किसी जलीय वनस्पति से चिपक जाता है।

(5) सिर के मध्य पाया जाने वाला उभार (bulge) ऑप्टिक बल्ज (optic bulge) कहलाता है।

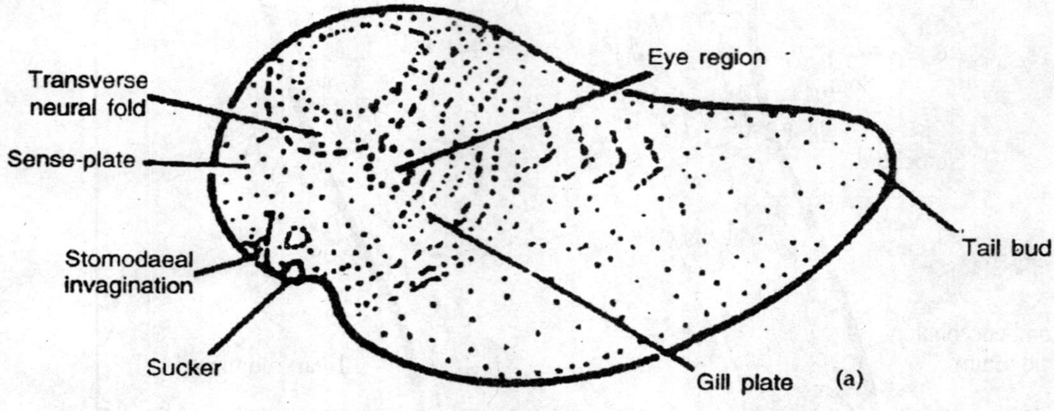

चित्र 6.11(a) मेंढक का भ्रूण (पुच्छ कलिका अवस्था)

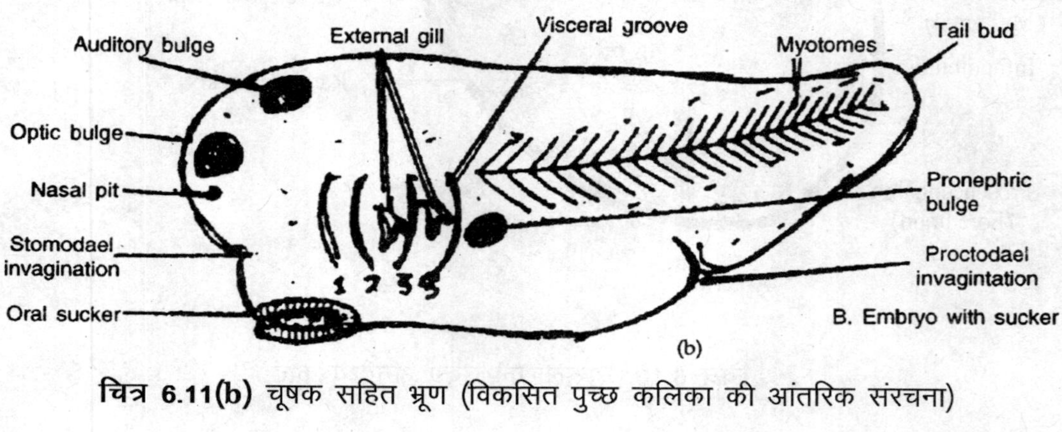

चित्र 6.11(b) चूषक सहित भ्रूण (विकसित पुच्छ कलिका की आंतरिक संरचना)

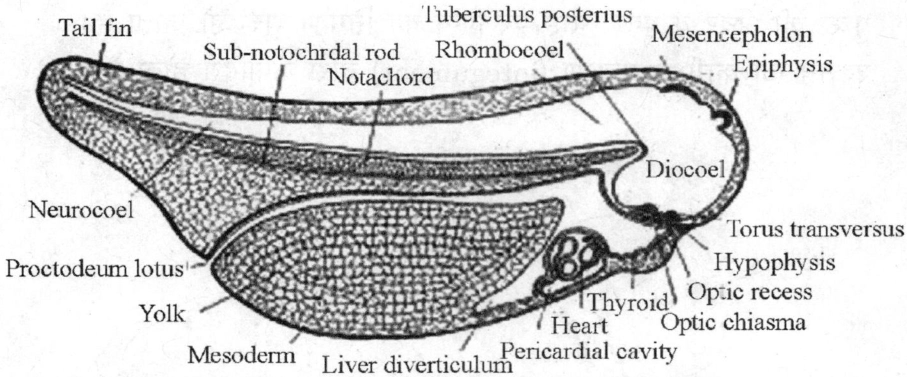

चित्र 6.11 (स) मेंढक – पुच्छ कलिका की सममितार्धी (sagittal) काट

पुच्छ कलिका अवस्था (Tail Bud Stage) की काट

(1) न्यूरल ट्यूब अग्र सिरे पर प्रोसेनसिफेलान, मीसेनसिफेलॉन तथा रोम्बेनासिफेनॉल में विभेदित हो जाती है।

(2) आद्यन्त्र की कोशिकाओं से यकृत अंधवर्ध (liver diverticuala) बनते हैं जो आगे चलकर यकृत में विभेदित हो जाते है।

(3) नोटीकार्ड लगभग समस्त लम्बाई तक फैली हुई दिखाई देती है।

(4) मध्यभाग में एंडोडर्म कोशिकाएँ दिखाई देती है।

(5) अग्र भाग में ग्रसनी स्पष्ट दिखाई देती है।

(6) भ्रूण चारों ओर एक्टोडर्म से आस्तारित रहता है।

7. प्रस्फुटन अवस्था (Hatching Stage)

(1) न्यूरूला अवस्था के अंत में जब भ्रूण 5 से 7 मिमी का होता है तब यह झिल्ली से बाहर निकल आता है। इस घटना को **प्रस्फुटन** (hatching) कहते हैं। मुक्त रूप से जल में तैरते हुए भ्रूण को अब "टैडपोल" (tadpole) कहते हैं।

(2) यह टैडपोल जल में तैरकर किसी जलीय वनस्पति अथवा सतह से चूषक की सहायता से चिपक जाता है और पहले से विद्यमान पीतक (yolk) से पोषण प्राप्त करता है।

(3) प्रस्फुटन के समय इसमें मुख का अभाव होता है।

(4) सिर पर आंख तथा घ्राण गर्त (olfactory pits) पाये जाते है।

(5) प्रस्फुटन से पूर्व भ्रूण का शरीर पक्ष्माभ (cilia) से ढका रहता है जिनकी गति से इसे झिल्ली से बाहर आने में मदद मिलती है।

(6) धड़ के मध्य भाग में मायोटोम स्पष्ट रूप से दिखाई देते है। पुच्छ व धड़ के मिलने के स्थान पर एक गर्त (depression) बननी शुरू होती है जो भविष्य में प्रोक्टोडियम (proctodaeum) बनाती है।

(7) पुच्छ की अधर व पृष्ठ सतह पर फिन का निर्माण शुरू हो जाता है।

(8) श्वसन का कार्य अध्यावरण (integument) द्वारा संपादित होता है।

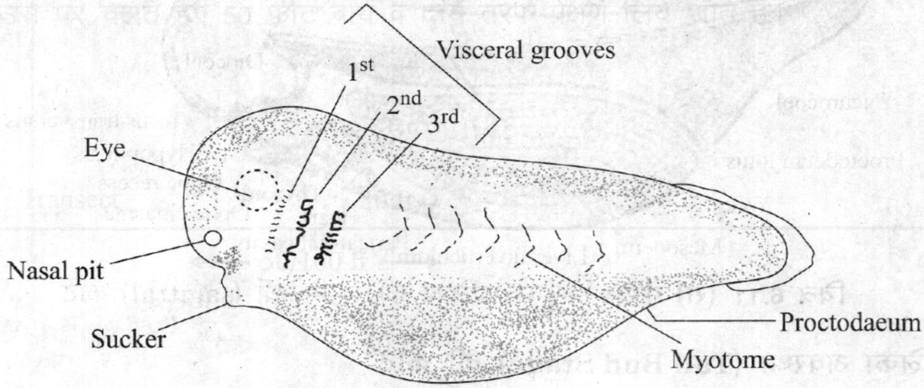

चित्र 6.12 मेंढक का भ्रूण – प्रस्फुटन अवस्था

8. बाह्य गिल अवस्था (External Gill Stage)

(1) वैसे तो बाह्य गिल का निर्माण भ्रूण के झिल्ली से बाहर आने से पहले ही प्रारम्भ हो जाता है लेकिन स्पष्ट रूप से यह जलीय वनस्पति से चिपके हुए टैडपोल में ही दिखाई देते हैं।

(2) बाह्य गिल सिर के दोनों ओर स्पष्ट रूप से दो जोड़े होते हैं, तीसरा बहुत छोटा व द्वितीय जोड़े से सटा हुआ होता है।

(3) ये तीसरी, चौथी व पांचवी विसरल आर्क (visceral arch) से बनते हैं।

(4) तीसरी, चौथी व पांचवी महाधमनी चाप (aortic arch) की अभिवाही (afferent) शाखाओं द्वारा इनमें रक्त लाया जाता है तथा अपवाही शाखाओं (efferent vessdels) से ले जाया जाता है।

(5) ऑक्सीजन (O_2) व कार्बनडाई ऑक्साइड (CO_2) का आदान प्रदान गिल तंतुओं में बहने वाले रक्त द्वारा किया जाता है। विसरण द्वारा ऑक्सीजन ग्रहण की जाती है व कार्बनडाइआक्साइड बाहर निकाल दी जाती है।

(6) प्रोनेफ्रिक (pronephric) वृक्क पूर्णरूप से विकसित होकर कार्यशील हो जाते हैं।

(7) अग्र सिरे पर चूषक के ऊपर स्टोमोडियम (stomodaeum) बनता है जिसका छिद्र मुख कहलाता है।

(8) मुख के चारों ओर हॉर्नी जबड़े पाये जाते है जिन पर दंत (teeth) पाये जाते हैं।

(9) आहारनाल स्प्रिंग के समान कुंडलित हो जाती है।

(10) घ्राण गर्त (olfactory pit) तथा आंख में लेन्स स्पष्ट दिखाई देते हैं।

(11) ऑपरक्यूलर फोल्ड (opercular fold) का बनना प्रारम्भ हो जाता है।

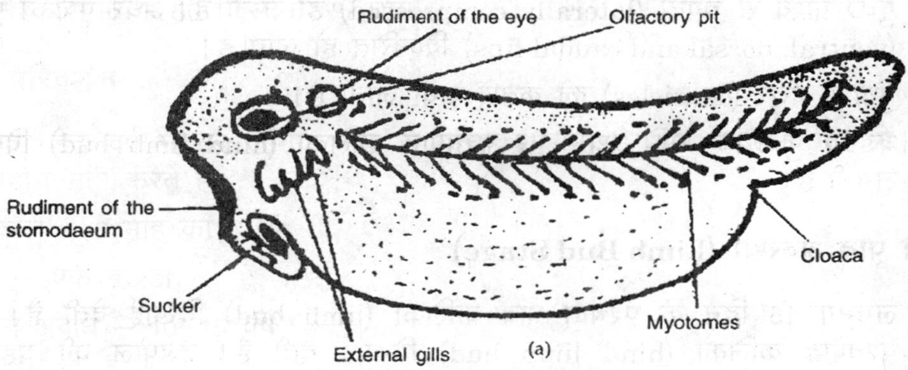

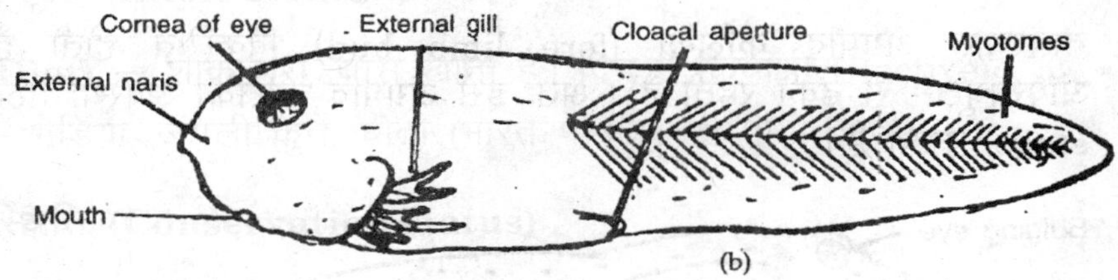

चित्र 6.13 (a & b) बाह्य गिल अवस्था

9. आंतरिक गिल अवस्था (Internal Gill Stage)

(1) बाह्य गिल अवस्था अधिक समय तक नहीं रहती और जल्दी ही आंतरिक गिल्स का निर्माण प्रारम्भ हो जाता है। तीसरी, चौथी व पांचवी अंतरंग चाप विसरल आर्क (visceral arch) की पश्च शाखाओं से अंगुली सदृश बर्हिवन निकलते है और यही आंतरिक गिल (internal gills) कहलाते हैं। अब टैडपोल आंतरिक गिल से श्वसन करने लगता है।

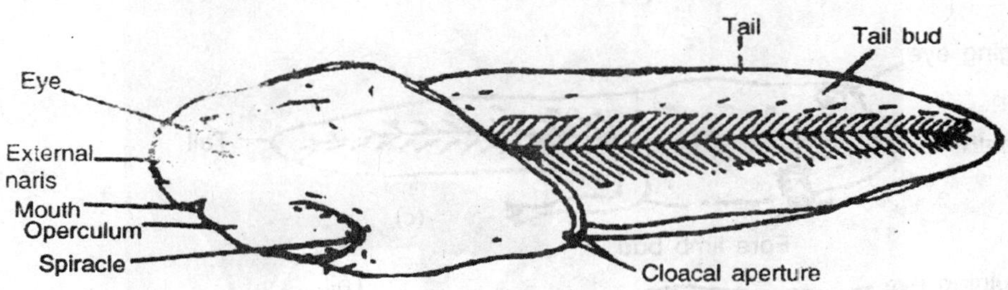

चित्र 6.14 आन्तरिक गिल अवस्था

(2) जल मुख व विसरल क्लेफ्ट (visceral cleft) से होता हुआ ऑपरक्यूलर चैम्बर में पहुंच कर स्पाइरेकल द्वारा बाहर कर दिया जाता है।

(3) चूषक व चिपकने की ग्रन्थियां अदृश्य हो जाती है।

(4) पुच्छ पार्श्व से चपटी (laterally compressed) हो जाती है। अधर पृष्ठ व पुच्छ पंख (ventral, dorsal and caudal fins) विकसित हो जाते है।

(5) मुख में दंतुर (denticles) की कतारें पायी जाती है।

(6) धड़ व पुच्छ के संधि स्थल पर पश्चपाद कलिका (hind limb bud) दिखाई देने लगती है।

10. कलिका पाद अवस्था (Limb Bud Stage)

(1) लगभग 15 दिन के पश्चात् पाद कलिका (limb bud) दिखाई देती है। सर्वप्रथम पश्चपाद कलिका (hind limb bud) दिखाई देती है। टैडपोल की यह अवस्था पश्चपाद कलिका अवस्था (hind limb bud stage) कहलाती है।

(2) तत्पश्चात् अग्रपाद कलिका (fore limb bud) विकसित होती है (क्योंकि ये ऑपरक्यूलम से ढकी रहती है)। अतः इसे अग्रपाद कलिका अवस्था (fore limb bud stage) कहते हैं।

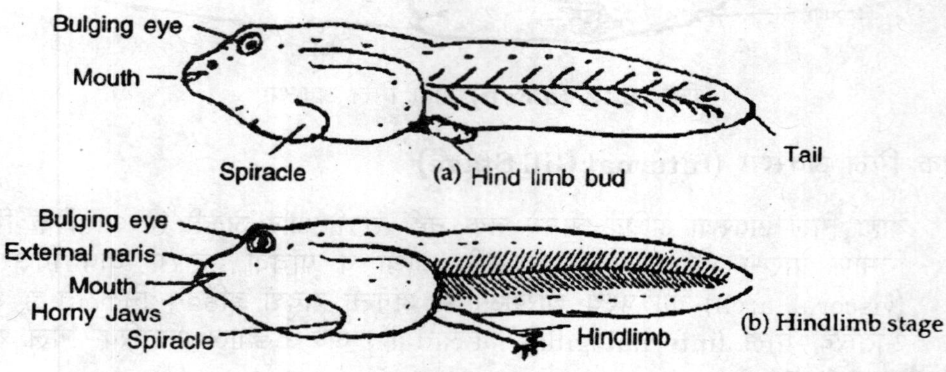

चित्र 6.15(a) पश्च पाद कलिका एवं अवस्था

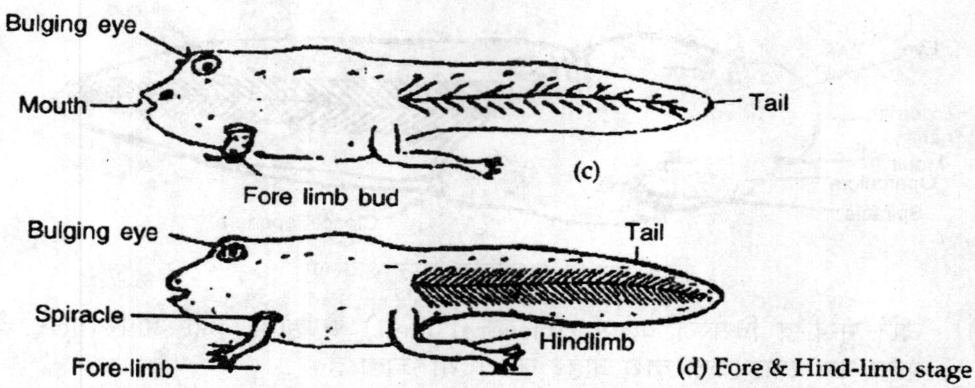

चित्र 6.15(c) अग्र पाद कलिका एवं अग्र पश्च पाद अवस्था

11. परिपक्व टैडपोल अवस्था (Mature Tadpole Stage)

(1) पश्चपाद कलिका (hind limb bud) जो एक ठूंठ की भांति होती है, अंगुलियों में विभेदित (differentiate) हो जाती है।

(2) दोनों ओर के पश्चपाद (hind limbs) वृद्धि करते हुए लम्बे हो जाते हैं।

(3) इसके पश्चात् अग्रपाद स्पष्ट होते हैं। पहले बायीं ओर का और इसके बाद दायीं ओर का।

(बायीं तरफ स्पाइरेकल के खुला होने के कारण बायीं ओर का अग्रपाद बाहर निकल आता है और पहले दृष्टिगोचर होता है)

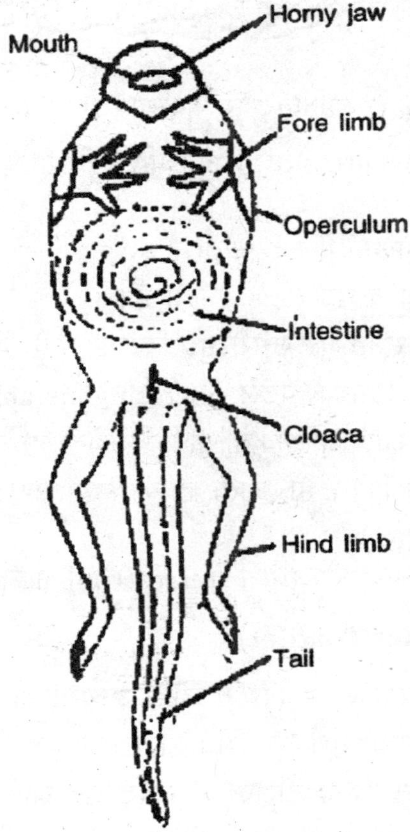

चित्र 6.16 परिपक्व टैडपोल अवस्था

(4) परिपक्व टैडपोल शाकाहारी प्रकृति का जलचर लार्वा है जिसमें श्वसन अंतः गिल द्वारा सम्पन्न होता है।

(5) जलमुख में प्रवेश कर ग्रसनी से होता हुआ स्पाइरेकल से बाहर निकल जाता है।

12. टैडपोल का कायांतरण (Metamorphoshis of the Tadpole)

(1) 20–21 दिन पश्चात् टैडपोल के अधिकतर अंग धीरे–धीरे समाप्त हो जाते हैं या विकसित होकर नया रूप ले लेते हैं।

(2) आंतरिक गिल अवशोषित हो जाते है व गिल दरारें बंद हो जाती है।

चित्र 6.17 कायांतरणीय अवस्थायें (I, II & III)

(3) मुख जो लगभग गोलाकार होता है अब पार्श्व दिशा में लम्बा (laterally elongated) हो जाता है।

(4) जिह्वा (tongue) आकार में बढ़ जाती है।

(5) टांगे अपेक्षाकृत लम्बी व मजबूत हो जाती है।

(6) आंखें सिर की पृष्ठ सतह पर उभरी हुई दिखाई देती है।

(7) पलकें (eye-lids) व निमेषक पटल (nictating membrane) बन जाते हैं।

(8) लम्बी व कुंडलीनुमा आंत्र अपेक्षाकृत सीधी व छोटी हो जाती है।

(9) पुच्छ शनैः शनैः अवशोषित हो जाती है व कायांतरण के अंत में बिल्कुल समाप्त हो जाती है।

(10) अब जलीय टैडपोल एक स्थलचारी (terrestrial) मेंढक में परिवर्तित हो जाता है।

13. मंडूकक या भेकक (Froglet/Toadlet)

(1) मंडूकक/भेकक वयस्क से आकार में छोटा अन्यथा यह वयस्क समान ही होता है।

(2) दोनों पाद (अग्र व पश्च) पूर्ण विकसित होकर मजबूत हो जाते हैं।

(3) हॉर्नी जबडों के स्थान पर कार्टीलेज के जबड़े बन जाते हैं।

(4) शाकाहारी जीवन त्यागकर कीटाहारी हो जाता है।

(5) अमोनिया के स्थान पर यूरिया का उत्सर्जन करता है।

(6) कार्टीलेज का कंकाल अस्थिल (bony) हो जाता है।

(7) अध्यावरण (integument) का रंग धूसर पीला (dirty yellow) हो जाता है।

(8) यकृत व अग्नाशय पूर्ण रूप से विकसित हो जाते हैं तथा आहार नाल लम्बाई में छोटी हो जाती है।

चित्र 6.18 मंडूकक

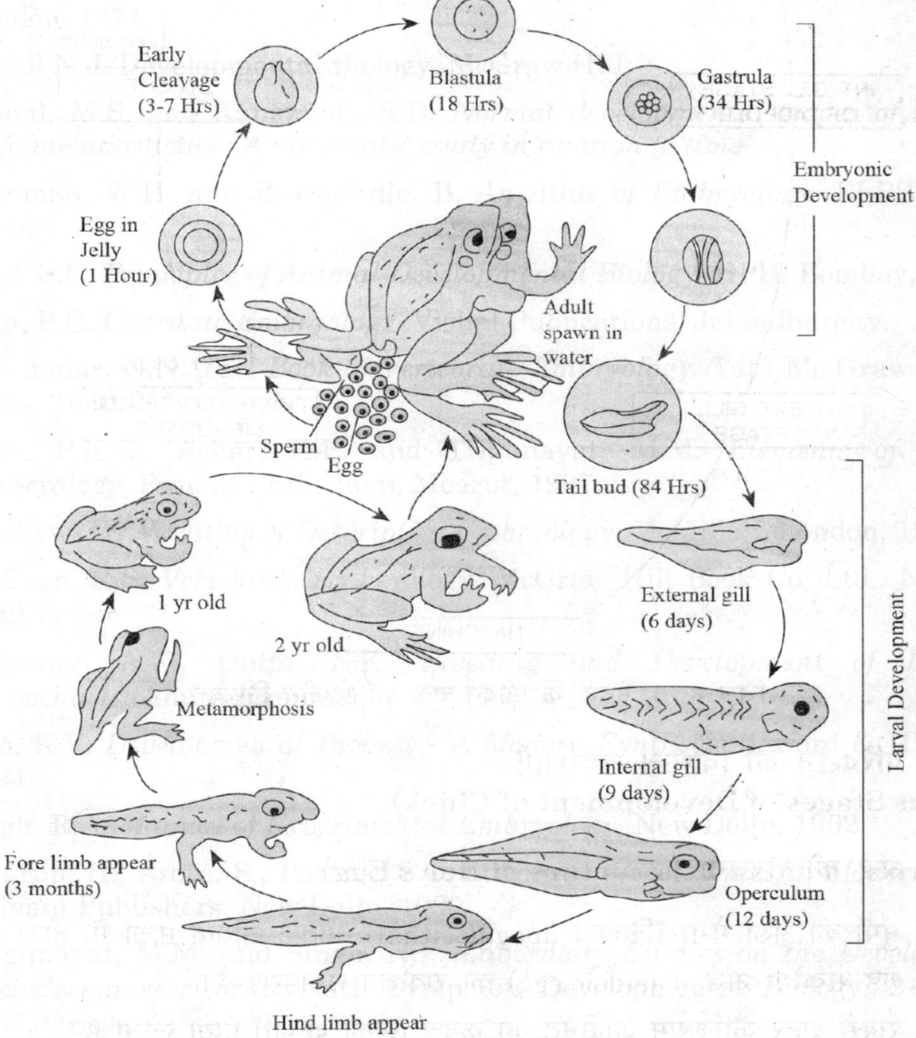

चित्र 6.19 मेंढक का जीवन चक्र

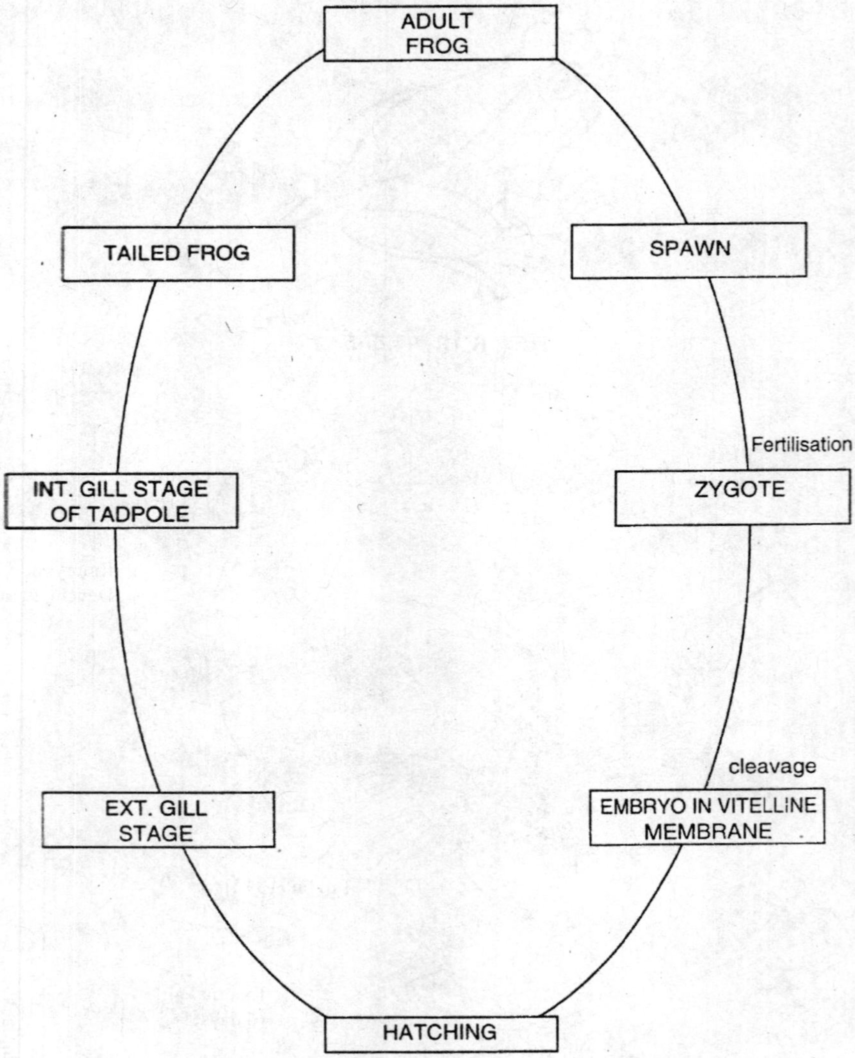

चित्र 6.20. मेंढक के जीवन चक्र का ग्राफीय निरूपण

2. मुर्गी के परिवर्द्धन की विभिन्न अवस्थाएँ (Various Stages of Development of Chick)

1. मुर्गी के अंडे की संरचना (structure of Hen's Egg)

(1) मुर्गी का अंडा **मेगालेसिथल** (megalecithal) (पीतक अधिक मात्रा में) होता है।

(2) यह **सकोश अंडे** (Cleidoic egg) का सर्वोत्तम उदाहरण है।

(3) सबसे बाहर कैल्शियम कार्बोनेट का कवच (खोल, **shell**) पाया जाता है।

(4) कवच से सटी हुई दो झिल्लियाँ होती है जो अंडे के चौड़े भाग की तरफ एक हवा से भरे हुए रिक्त स्थान पर पृथक रहती है।

(5) पीतक के चारों ओर पीतक झिल्ली (vitelline membrane) पायी जाती है जो ऐल्बुमिन (albumin) से घिरी रहती है।

(6) जब अंडवाहिनी में अंडा नीचे आता है तो ऐल्बुमिन वलित डोरी (folded cord) सदृश हो जाता है जिसे श्वेतकरज्जू (chalaza) कहते हैं।

(7) अंडे के ठीक मध्य में श्वेत पीतक, जिसे लेटीब्रा (latebra) कहते हैं, पाया जाता है।

(8) इसके ऊपर ब्लास्टोडर्म पायी जाती है।

(9) लेटीब्रा के चारों ओर श्वेत व पीले पीतक की संकेन्द्री वलय (concentric rings) पायी जाती है।

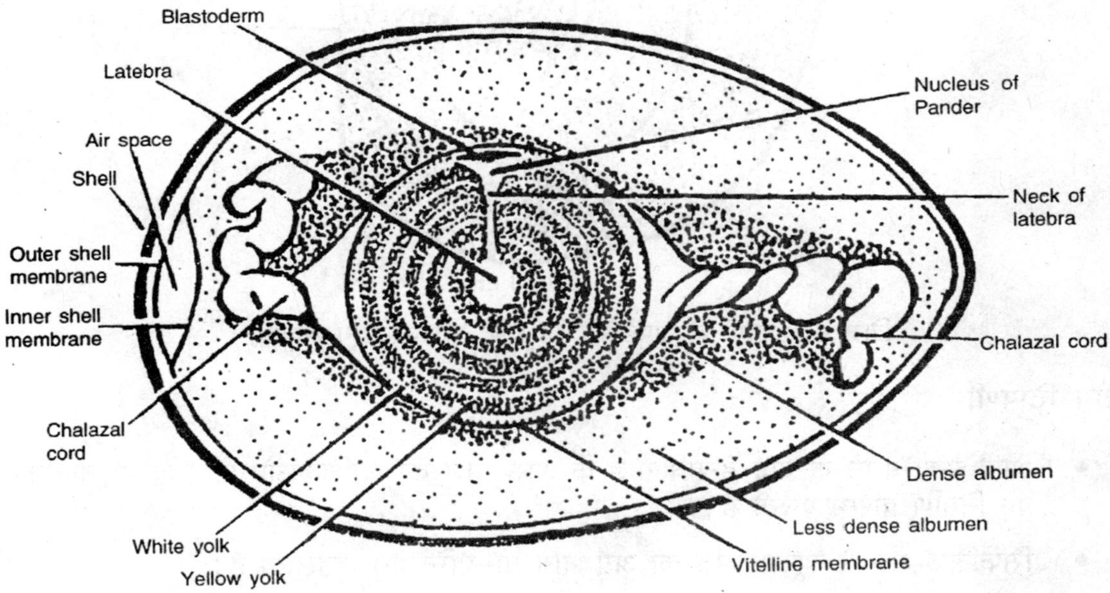

चित्र 6.21 मुर्गी के अण्डे की संरचना

2. 18 अंडे की ऊष्मायन अवस्था (18 hour's stage of Incubation)

(1) 18 अंडे के ऊष्मायन के पश्चात् आदि रेखा (primitive streak) नोटोकोर्ड, न्यूरल प्लेट स्पष्ट दिखाई देते हैं।

(2) न्यूरल प्लेट के अग्र सिरे पर प्रो–एम्निऑन (pro amnion) विकसित होता है।

(3) न्यूरल प्लेट हेन्सन नोड (Hensen's node) द्वारा आदि रेखा से पृथक रहती है।

(4) ऑपेका क्षेत्र (area opeca) व पेलुसिडा क्षेत्र (area pellucida) स्पष्ट दिखाई देते है।

(5) यह सिर प्रवर्ध (head process) अवस्था भी कहलाती है।

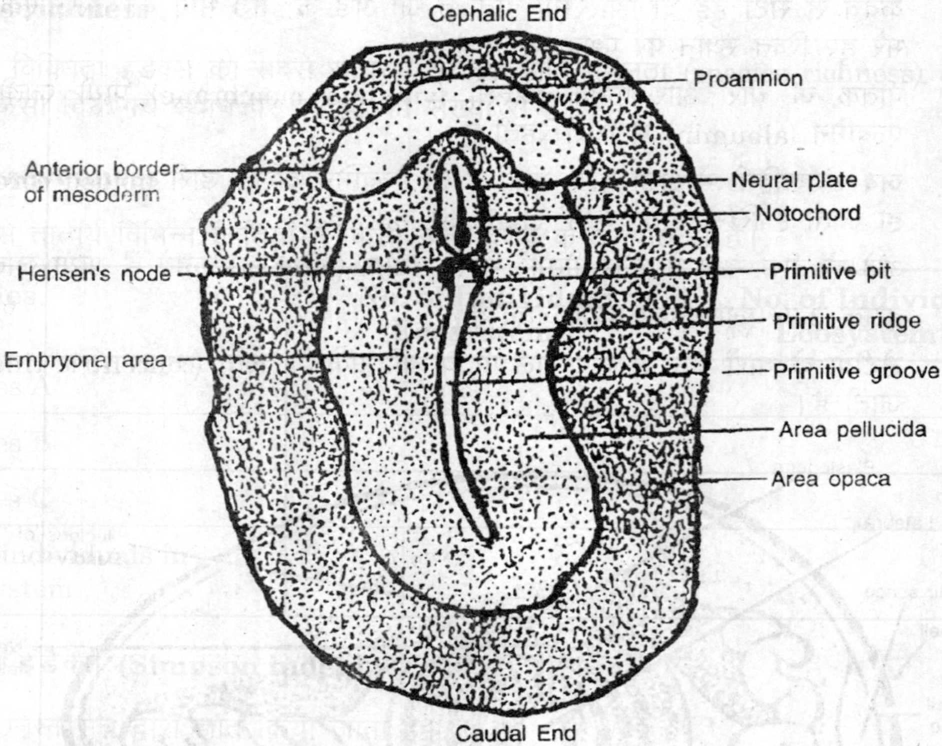

चित्र **6.22** मुर्गी के अण्डे की 18 घण्टे की उष्मायन अवस्था

विशेष टिप्पणी

- आदि रेखा बनने के बाद हेन्सन नोड के आस पास की कोशिकाओं की वृद्धि ही नोटोकार्ड का निर्माण प्रारम्भ करती है।
- सिफेलिक क्षेत्र में न्यूरल प्लेट का अग्र भाग प्रो–एम्निऑन कहलाता है।

3. 21 घण्टे की ऊष्मायन अवस्था (21 hour's Stage of Incubation)

(1) नोटोकार्ड तथा तंत्रिकीय गर्त (neural groove) सुविकसित होते हैं।

(2) आदि रेखा की मध्यजन स्तर कोशिकाएं (mesodermal cells) पार्श्व दिशा में फैलना शुरू हो जाती है।

(3) उप सिफेलिक कक्ष (sub cephalic pocket) बन जाता है।

(4) तंत्रिकीय गर्त (neural groove) हेन्सन नोड द्वारा आदि रेखा से पृथक रहती है।

(5) पेलुसिडा क्षेत्र भ्रूणीय तथा बाह्य भ्रूणीय (embryonic and extrta embryonic) क्षेत्र बनाता है।

(6) एक जोड़ी कायिक खंड (somite) बन जाते है। तत्पश्चात् प्रत्येक घंटे के बाद 1 जोड़ी देह खण्ड (कायिक खण्ड) बनते जाते है।

(7) आद्य तन्त्र (primitive gut) की कोशिकाओं के विभेदन के कारण पूर्व आन्त्र (fore gut) का निर्माण शुरू हो जाता है।

विशेष टिप्पणी

- 20 घंटे की ऊष्मायन अवस्था से ही अग्रभाग में स्थित आद्य आंत्र (primitive gut) क्षेत्र की कोशिकाओं के विभेदन (differentiation) से पूर्व आंत्र (fore gut) का बनना शुरू हो जाता है।
- पृष्ठ सतह की मीजोडर्म मोटी शुरू हो जाती है जो आगे चलकर मीजोडर्मल खंड (mesodermal somites) का निर्माण करती है।

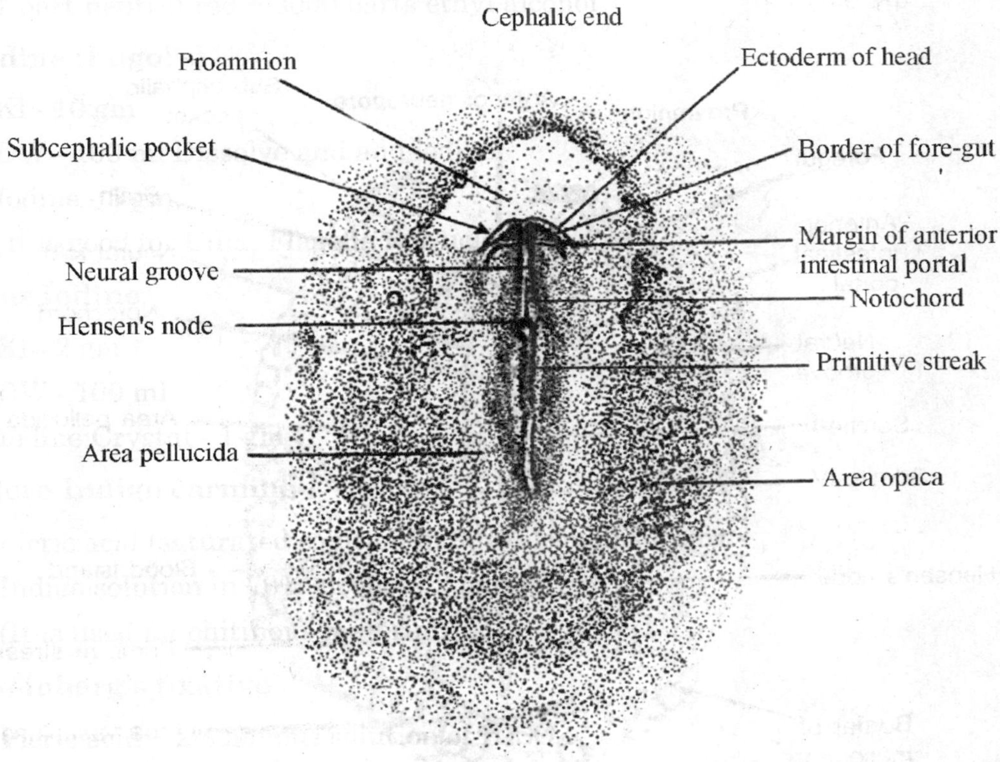

चित्र 6.23 मुर्गी के अण्डे की 21 घण्टे की उष्मायन अवस्था

4. 24 घण्टे की ऊष्मायन अवस्था (24 hours stage of Incubation)

(1) भ्रूण बाह्य (extra embryonic) व भ्रूणीय (embryonic) क्षेत्र सुस्पष्ट हो जाते है।

(2) अस्पष्ट आदि रेखा पश्च सिरे (caudal end) की ओर चली जाती है।

(3) ऑपेका क्षेत्र (area opeca) में संवहनीय क्षेत्र (area vasculosa) विकसित हो जाता है। मध्यजन स्तर कोशिकाएं छोटे–छोटे समूहों में रक्तद्वीप समूह (blood islands) बनाती है।

(4) ऑपेका क्षेत्र का रक्तवाहिनी विहीन क्षेत्र एरिया वाइटेलाइना (area vitellina) कहलाता है।

(5) अग्रभाग में शीर्ष वलन (head fold) जो बाह्य चर्म (ectoderm) के ऊपर की ओर उठ जाने से बनता है दिखाई देता है।

(6) अग्रभाग में अंतश्चर्म (endoderm) वलयित होकर पूर्व आंत्र (fore gut) बनाती है।

(7) नोटोकोर्ड स्पष्ट छड़ (rod) के रूप में दृष्टिगोचर होती है।

(8) 4 जोड़ी कायिक खंड (somite) (3 जोड़ी सुस्पष्ट तथा एक जोड़ी लगभग अस्पष्ट) बन जाते हैं।

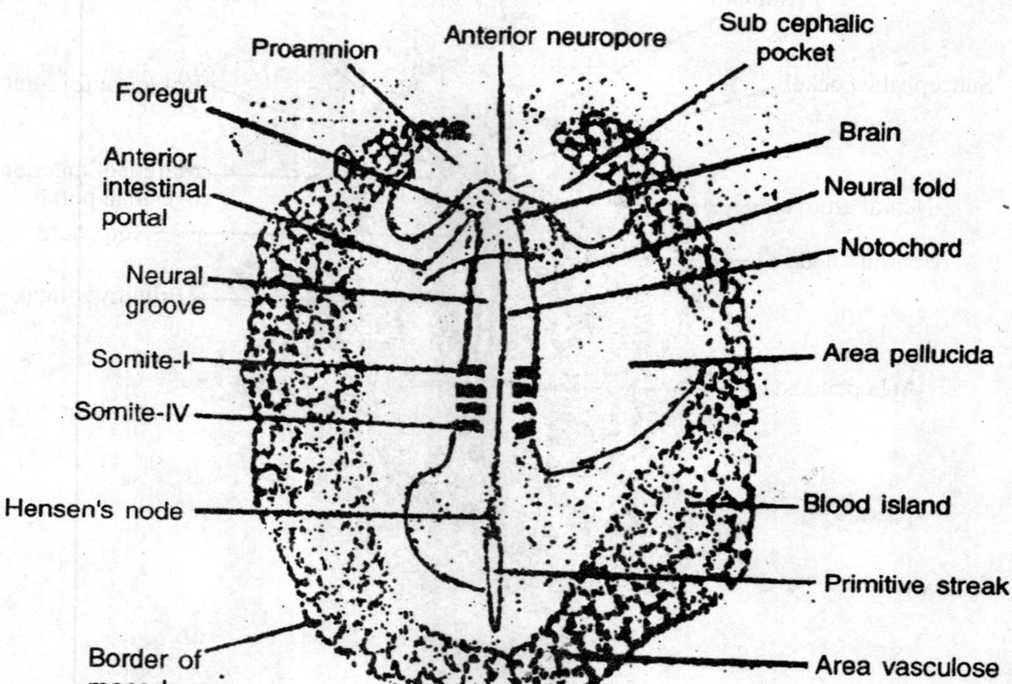

चित्र 6.24 मुर्गी के अंडे की 24 घण्टे की ऊष्मायन अवस्था

विशेष टिप्पणी

- लगभग 22 घंटे के ऊष्मायन से ही भ्रूण के अग्र सिरे का विकास बड़ी तेजी से होता है। इस कारण यह थोड़ा उठा हुआ प्रतीत होता है।

5. 33 घंटे की ऊष्मायन अवस्था (33 hours Stage of Incubation)

(1) 13 जोड़ी कायिक खंड बन जाते है (12 जोड़ी सुस्पष्ट होते है)

(2) मस्तिष्क अग्र, मध्य व पश्च मस्तिष्क में विभाजित दिखाई देते है।

(3) हृदय का विकास प्रारम्भ हो जाता है।

(4) आदि रेखा छोटी हो जाती है।

(5) अग्र मस्तिष्क में पार्श्व बर्हि वृद्धि (lateral out growth) के रूप में दृक आशय (optic vesicles) दिखाई देते हैं।

(6) कायिक खंडों तथा तांत्रिकीय नाल (neural tube) के मध्य नोटोकोर्ड स्पष्ट दिखाई देती है।

(7) आम्फेलो मिजेन्ट्रिक शिरा (omphalo mesentric vein) अग्र भाग में दिखाई देती है।

विशेष टिप्पणी

- इस अवस्था में केन्द्रीय तांत्रिका तंत्र (central nervous system) तथा परिसंचरण तंत्र (circulatory system) का विकास प्रारम्भ हो जाता है।

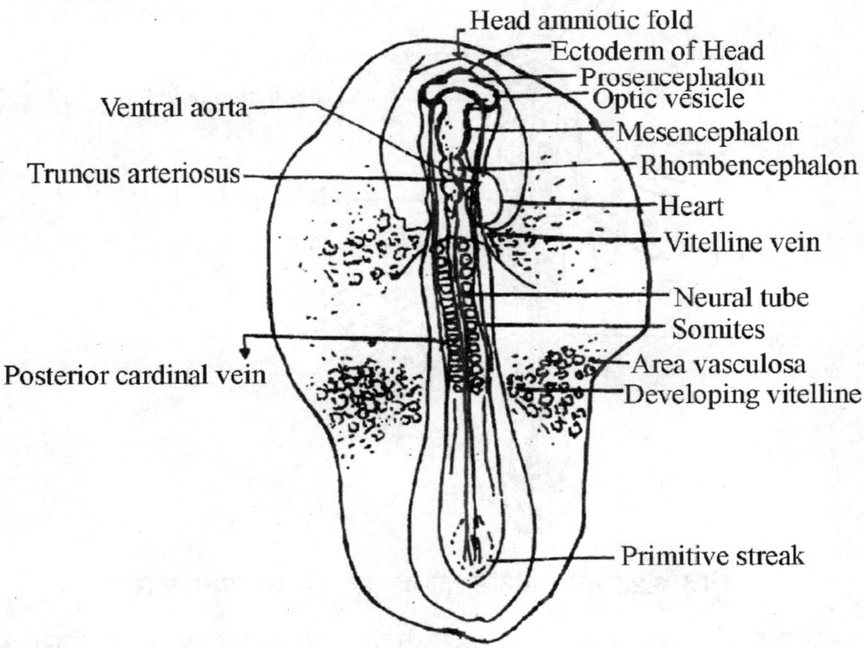

चित्र 6.25 मुर्गी के अण्डे की 33 घंटे की ऊष्मायन अवस्था

6. 48 घंटे की ऊष्मायन अवस्था (48 hours Stage of Incubation)

(1) कायिक खंड के 28 जोड़े पाये जाते हैं।

(2) सिर दाई ओर मुड़ा हुआ दिखाई देता है। **ऐंठन** (torsion) व **आनमन** (flexure) के कारण भ्रूण की सम्पूर्ण आकारिकी में बदलाव स्पष्ट दिखाई देता है।

(3) अग्र सिरे पर न्यूरल ट्यूब मिसेनसिफेलॉन क्षेत्र में मुड़ जाती है जिससे अग्र व पश्च मस्तिष्क पास–पास में आ जाते हैं। यह क्रेन्यिल आनमन (cranial flexure) कहलाता है जो भ्रूण '*f*' की आकृति प्रदान करता है।

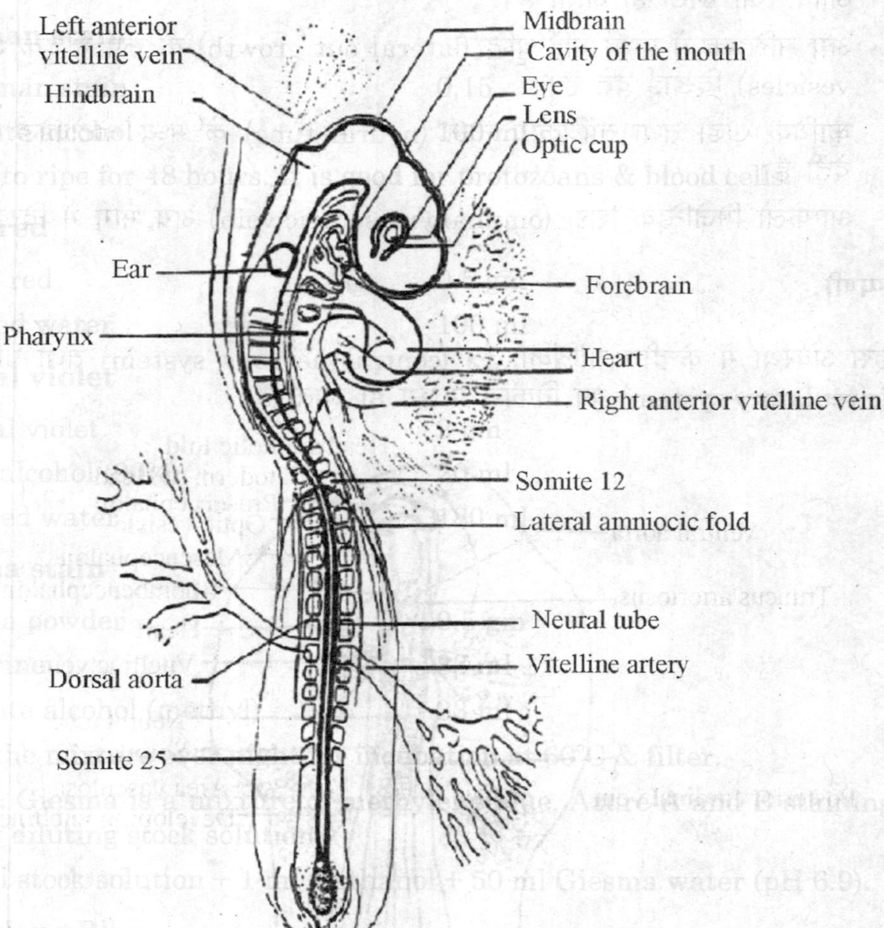

चित्र 6.26 मुर्गी के अंडे की 48 घंटे की ऊष्मायन अवस्था

(4) मस्तिष्क के पश्च भाग में भी इस प्रकार का मुड़ाव आता है जिसे **ग्रीवा आनमन** (cervical flexure) कहते हैं।

(5) पेलुसिडा क्षेत्र में संवहन जाल (vasclar net) बढ़ जाता है। हृदय क्रमशः आलिंद (auricle), निलय (ventricle) शिरा कोटर (sinus venosus) तथा धमनी कांड (truncus arteriosus) में विभेदित हो जाता है।

(6) आदि रेखा छोटी व अस्पष्ट हो जाती है।

(7) श्रवण आशय (auditory vesicle) या ओटोसिस्ट (otocyst) दिखाई देती है।

(8) ऑप्टिक आशय (optic vesicle) क्रमशः ऑप्टिक कप व लैन्स में विभेदित हो जाती है।

विशेष टिप्पणी

- एंडोडर्म तथा स्प्लैन्कनिक मीजोडर्म (splanchnic mesoderm) के मध्य पीतक धमनी (viteline artery) बन जाती है।
- मस्तिक 5 भागों में विभेदित हो जाता है, ये भाग क्रमशः टेलेन्सफेलॉन (telencephalon), डायन्सेफेलॉन (diencephalon), मीसेन्सेफेलॉन (mesencephalon), मेटेन्सेफेलॉन (metencephalon) तथा मायेन्सेफेलॉन (myencephalon) कहलाते हैं।
- एम्निओटिक शीर्षवलन (amniotic head fold) सुस्पष्ट हो जाता है।

7. 72 घंटे की ऊष्मायन अवस्था (72 hour's Stage of Incubation)

(1) 35 कायिक खंड (somites) बन जाते हैं।

(2) भ्रूण के अग्र पश्च अक्ष पर दैहिक ऐंठन (torsion) की प्रक्रिया जारी रहने के कारण भ्रूण पीतक के बायीं ओर दिखाई देता है।

(3) भ्रूण का आकार उल्टे प्रश्नवाचक चिन्ह '?' जैसा प्रतीत होता है। ऐसा कटि आनमन (dorsal flexure) तथा पुच्छ आनमन (caudal flexure) के कारण होता है। (वैसे क्रेनियल आनमन, cranial flexure) तथा ग्रीवा आनमन (cervical flexure) 48 घंटे के ऊष्मायन पर ही दिखाई दे जाते है)।

(4) पाद कलिकाएँ (limb buds) स्पष्ट दिखाई देती है।

(5) पुच्छ कलिका (tail bud) भी बन जाती है।

(6) कंठ श्वासनली खांच (laryngo tracheal groove) ग्रसनी की मध्य अधर सतह पर दिखाई देती है। यही खांच भविष्य में फेफड़ों का निर्माण करती है।

(7) हृदय में आलिंद व निलय के बीच का संकीर्णन (constriction) गहरा हो जाता है व अंतरा – आलिंद पट (inter-arterial septum) का निर्माण प्रारंभ हो जाता है।

(8) मुख पट्टिकर (oral plate) द्वारा मुख बन जाता है।

(9) आंखे पूर्ण विकसित दृक चषक (optic cup) व लैंस (lens) दर्शाती है।

(10) घ्राण गर्त (olfactory pit) शीर्ष के अग्रस्थ भाग पर स्थित होते हैं।

(11) श्रवण आशय (auditory vesicle) नाशपाती के आकार के हो जाते है।

(12) एम्निऑन (amnion) व कोरिऑन (chorion) पूर्ण विकसित होती है।

(13) एलैन्टाइस (allantois) भ्रूण की पश्चांत्र (hind gut) की बर्हिवृद्धि (outgrowth) से बनती है।

विशेष टिप्पणी

- तीन दिन की ऊष्मायन अवस्था में चौथी विसरल आर्क (visceral arch) प्रकट होती है।
- पुच्छ क्षेत्र को छोड़कर दैहिक ऐंठन (torsion) पूर्ण हो जाती है।
- भ्रूण का मध्य भाग पृष्ठ सतह पर अवतल (concave) हो जाता है।

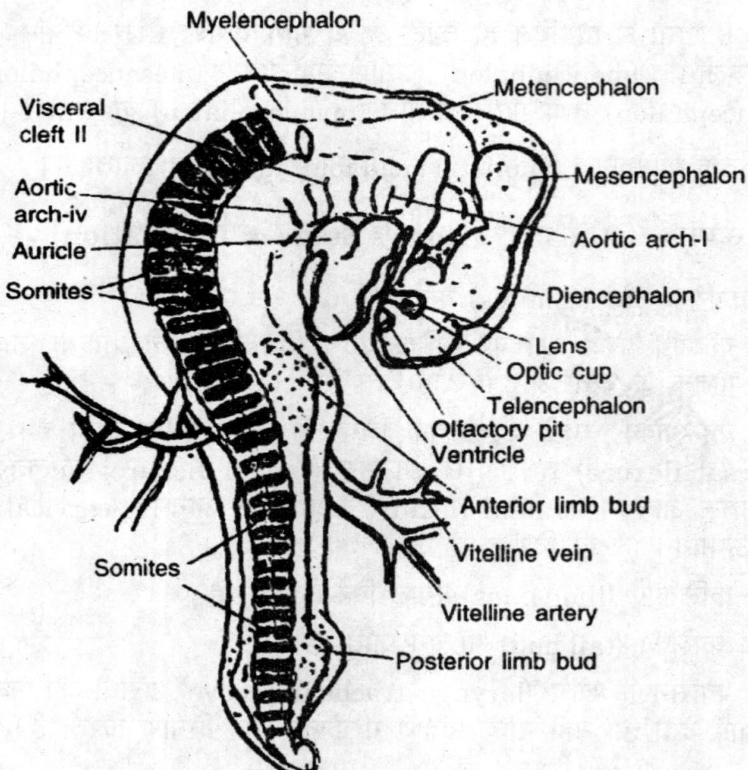

चित्र 6.27 मुर्गी के अण्डे की 72 घंटे की ऊष्मायन अवस्था

96 घंटे की ऊष्मायन अवस्था (96 hour's Stage of Incubation)

(1) 41 कायिक खंड (somites) पाये जाते हैं।

(2) दैहिक ऐंठन (torsion) के फलस्वरूप सम्पूर्ण भ्रूण 90° से घूम कर पीतक पर अपनी बाई दिशा में लेटा हुआ प्रतीत होता है।

(3) देह स्पष्ट रूप से सिर, धड व पुच्छ में विभक्त हो जाती है।

(4) भ्रूण क्रमशः क्रेनियल, कटि (lumber) तथा पुच्छ (caudal) आनमन के कारण बायीं ओर घूम कर 'C' के समान हो जाता है। इसके परिणामस्वरूप शीर्ष तथा पुच्छ पास पास आ जाते हैं।

(5) मस्तिष्क के विभिन्न क्षेत्र सुस्पष्ट दिखाई देने लगते हैं।

(6) संवेदन अंग (घ्राण, दृक व श्रवण) विकसित होने लगते हैं।

(7) प्रथम व द्वितीय महाधमनी चाप लुप्त हो जाते हैं तथा पांचवा व छंठा चाप पूर्ण विकसित हो जाते हैं।

(8) हृदय के विभिन्न भाग भी विकसित होकर बड़े दिखाई देते हैं।

(9) एम्निऑन व कोरिऑन पूर्ण विकसित हो जाते है। एलैन्टाइस (allantois) व पीतक आशय (yok sac) कोरिऑन से घिरे रहते हैं।

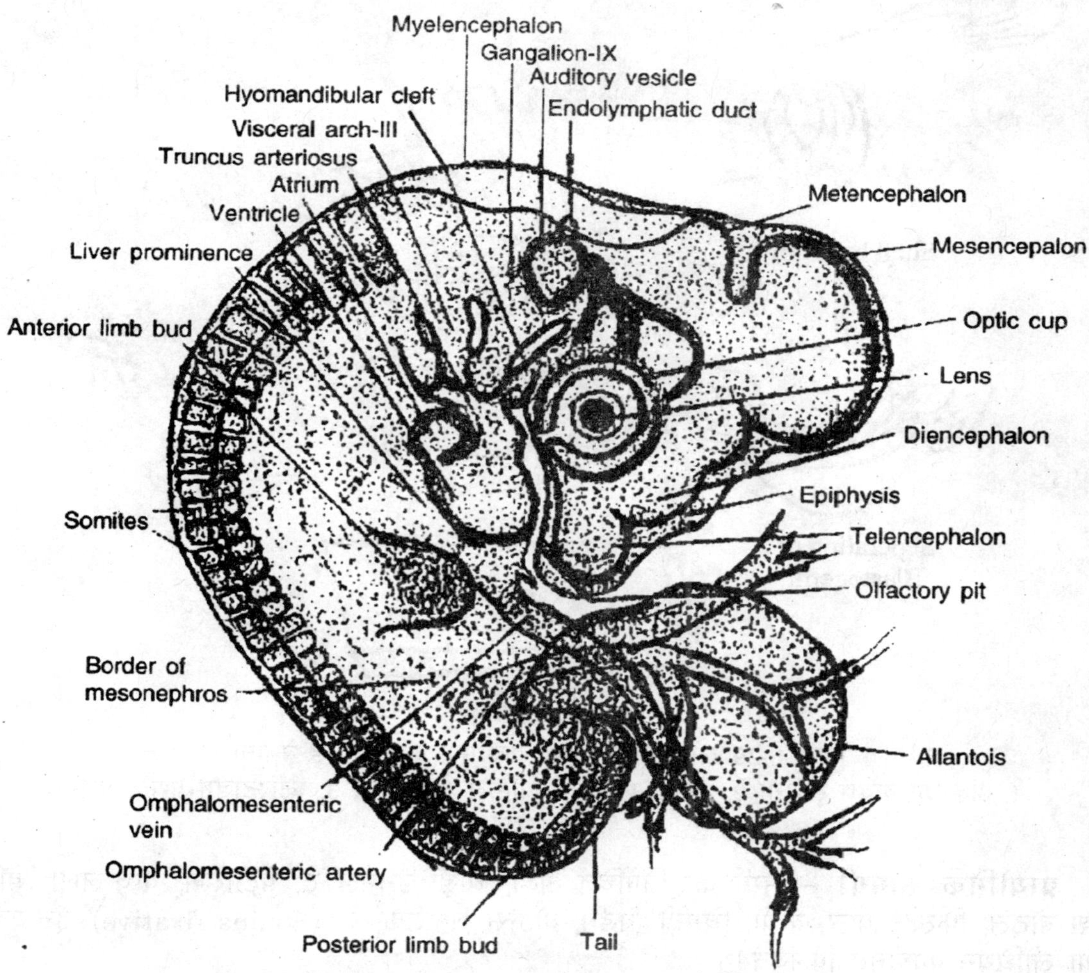

चित्र 6.28 मुर्गी के अण्डे की 96 घंटे की ऊष्मायन अवस्था

विशेष टिप्पणी

- क्रेनियल तथा स्पाइरल तंत्रिकाएं विकसित होती है।
- विभिन्न अंग तंत्र (organ system) उत्तरोत्तर विकसित होते जाते हैं और भ्रूण पूर्णता (perfection) की ओर अग्रसर होता है।

3. मुर्गी के अंडे से ब्लास्टोडर्म पृथक कर जीवित भ्रूण का प्रदर्शन (Demostration of Living Embryo After Removal of the Blastoderm from the Chick Egg)

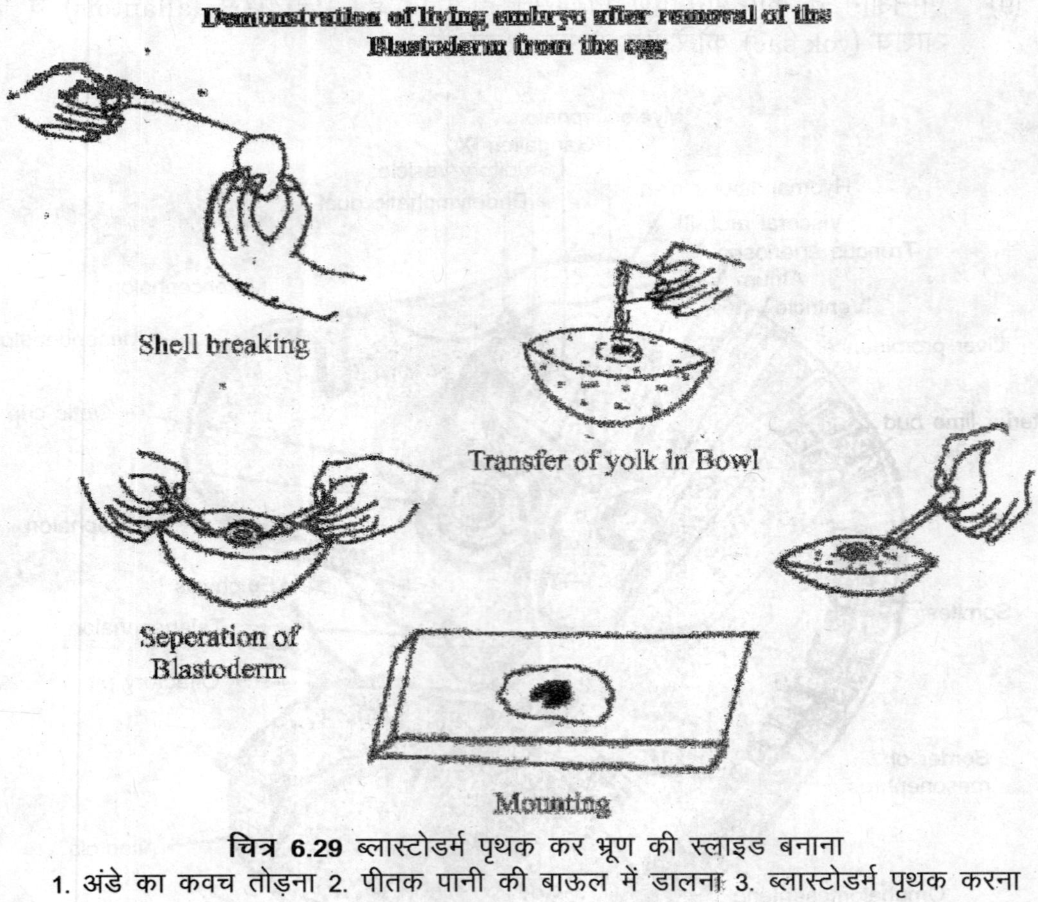

चित्र 6.29 ब्लास्टोडर्म पृथक कर भ्रूण की स्लाइड बनाना
1. अंडे का कवच तोड़ना 2. पीतक पानी की बाऊल में डालना 3. ब्लास्टोडर्म पृथक करना

प्रायोगिक सामग्री – मुर्गी का निषेचित अंडा, चौड़ी इनेमल ट्रे, पेट्रीडिश, वाचग्लास, ड्रॉपर, वाश बॉटल, फिल्टर पेपर, कैंची, चिमटी (बड़ी), बोइन्स स्थिरीकारकँ (Bouins fixative), इन्क्यूवेटर तथा लीथियम कार्बोनेट विलयन।

निषेचित अंडे की जांच करना – यह काम कैंडलर की सहायता से आसानी से किया जा सकता है। कैंडलर एक आसान उपकरण है जिसे एक लकड़ी के बोर्ड पर बल्ब लगा कर लोहे के गोल डिब्बे से ढक कर बनाया जा सकता है। डिब्बे के ऊपरी सिरे पर एक छिद्र बनाया जाता है जिसमें अंडे का नुकीला सिरा नीचे की ओर आधा चला जाता है व चौड़ा सिरा ऊपर की ओर रहता है। बल्ब चालू (on) कर दिया जाता है और चौडे सिरे पर नीचे से आने वाले प्रकाश में ब्लास्टोडर्म को देखा जाता है। यदि गोल धब्बा दिखाई दे तो यह मान लेना चाहिए कि दिया गया अंडा निषेचित नहीं है। ऐसे अंडे को प्रयोग हेतु काम में नहीं ले तथा किसी अन्य अंडे को जांचे। ऊष्मायन की कोई अवस्था दिखाई देने पर ही अंडे को प्रयोग हेतु काम में लें।

विशेष टिप्पणी

- ऊष्मायन की प्रारम्भिक अवस्था, यथा 16 घंटे, 18 घंटे तथा 21 घंटे में गोल धब्बा जैसा ही प्रतीत होता है अतः ऑपेका क्षेत्र व पेलूसिडा क्षेत्र को देखकर ही निर्णय करें।

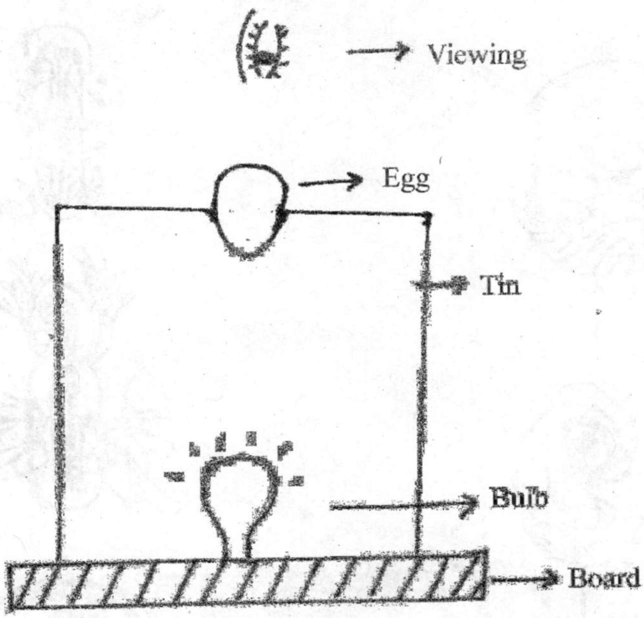

चित्र 6.30. मुर्गी के अण्डे की कैंडलर से जांच करना

विधि

(1) इनेमल ट्रे को पानी से आधा भरें।

(2) अपने बायें हाथ में अंडे को इस प्रकार पकड़े कि उसका चौडा सिरा ऊपर की ओर रहे।

(3) अब चिमटी के पश्च सिरे से हल्की चोट देकर कवच को तोड़ें।

(4) अंडे को दोनों हाथों से पकड़कर इनेमल ट्रे के जल में उलट दें जिससे पीतक पानी में गिर जायेगा व अंडे के कवच के टूटे हुए भाग आपके हाथों में ही रह जायेंगे। इन टूटे हुए भागों में बचे हुए एल्बुमिन को किसी अन्य काम में ले सकते है।

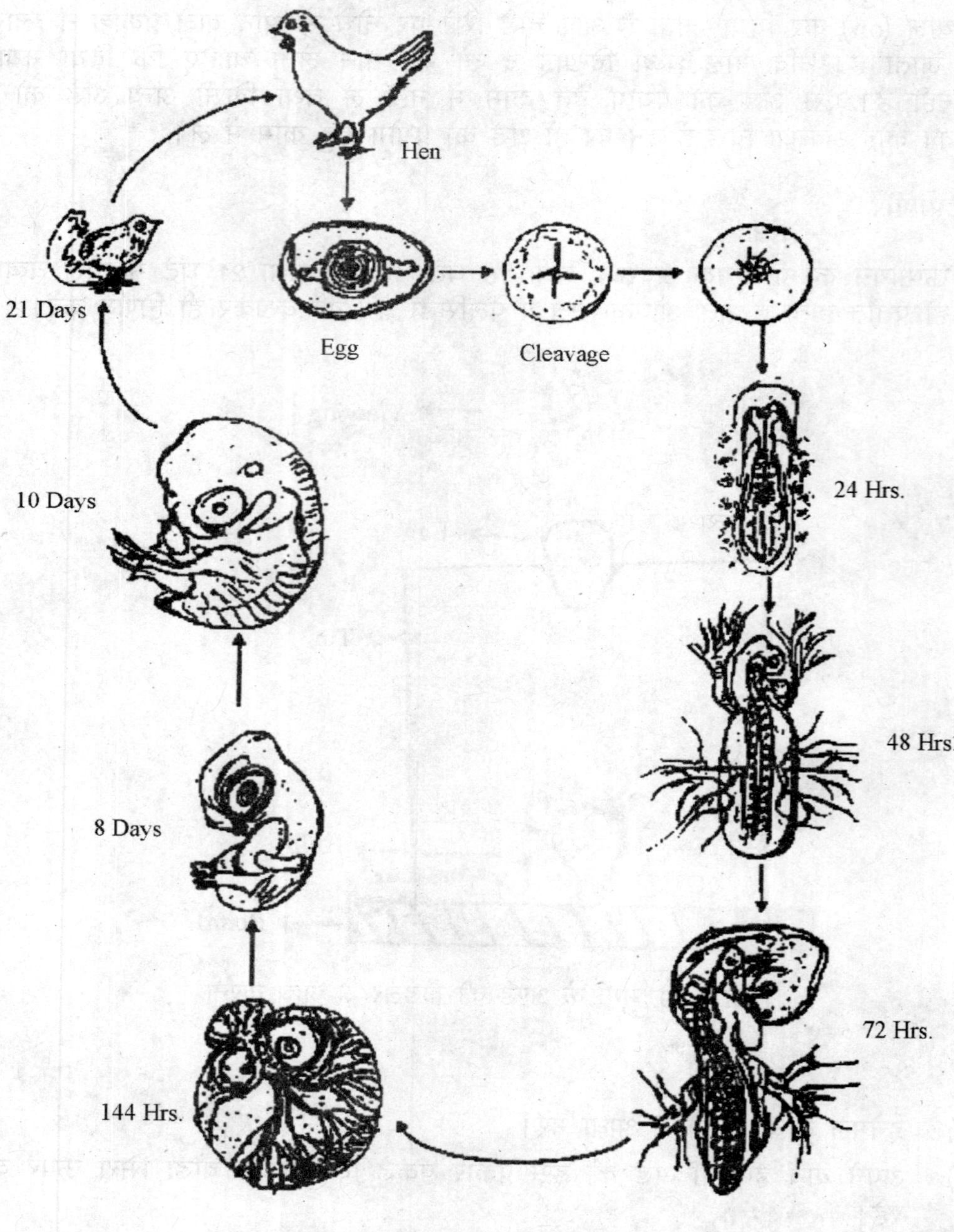

चित्र **6.31a.** मुर्गी का जीवन चक्र

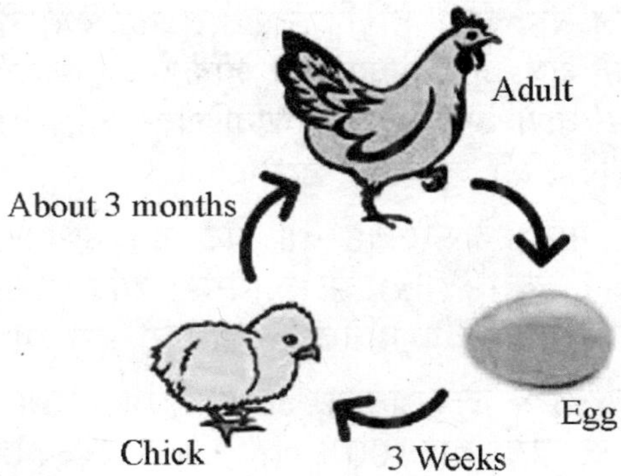

चित्र 6.31b.

(5) अब मोटी चिमटी की सहायता से श्वेतक रज्जू कोर्ड (chalazal chord) को पकड़े और सावधानी पूर्वक जल में लहराते हुए ब्लास्टोडर्म को पृथक करें।

(6) इस प्रकार पृथक ब्लास्टोडर्म को इनेमल ट्रे जल से वाच ग्लास में ले लेवें। यह काम कांच के लम्बे ड्रॉपर से भी किया जा सकता है।

(7) जितना संभव हो वाच ग्लास का जल ड्रॉपर से पृथक कर दें। यह काम थोड़ा धैयपूर्वक करें अन्यथा ब्लास्टोडर्म जल के साथ बाहर आ सकती है।

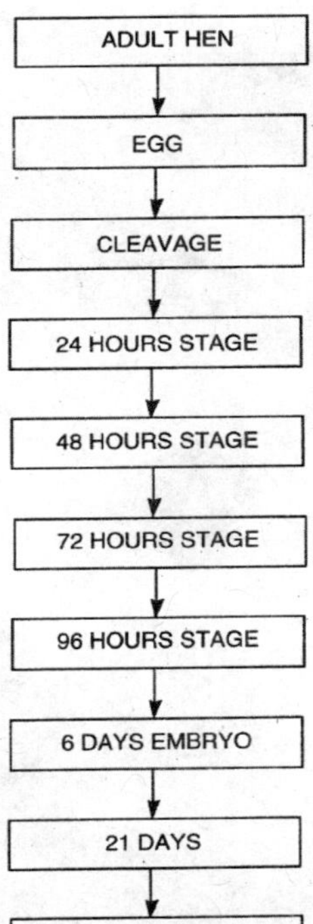

चित्र 6.32. मुर्गी के जीवन चक्र का ग्राफीय निरूपण

(8) जब बहुत थोड़ा जल रह जाये तो फिल्टर पत्र की कतरनें वाच ग्लास के चारों और इस प्रकार डालें कि शेष जल अवशोषित होकर ब्लास्टडर्म वाच ग्लास की सतह से चिपकती जायें। जब चारों और से यह व्यवस्थित (spread) हो जावे तब स्थिरीकरण द्रव (Bouin's fixative) की कुछ बूंदे डालें।

(9) ब्लास्टोडर्म का वह भाग जिसमें 16–18 घंटे का अथवा ऊष्मायन की किसी अन्य अवस्था का भ्रूण है "फिक्स" (fix) हो जायेगा। यदि असावधानी से स्थिरीकरण द्रव अधिक गिर जाये तो लीथियम कार्बोनेट विलयन से इसे धो लेवें।

(10) अब निर्जलीकरण करने के लिए क्रमशः 30%, 50%, 70% ऐल्कोहॉल शृंखला से तथा इओसिन (eosin) से रंग कर 90% व 100% ऐल्कोहॉल से गुजारें। जायलीन (xylene) में बहुत थोड़े समय के लिए रखें व DPX में माउन्ट कर डिसैक्टिंग माइक्रोस्कोप में देखकर अध्ययन करें।

ऊष्मायन की अवस्था को पहचान कर परिणाम प्रायोगिक पुस्तिका में लिख लेवें।

4. ऊष्मायन की विभिन्न अवस्थाओं का अंडे के कवच में खिड़की बनाकर अध्ययन करना (Study of Various Stages of Incubation by Making a Window in the Egg-shell)

प्रायोगिक सामग्री – निषेचित अंडा, कवरस्लिप, छोटी आरी (फुनर) (saw), पारदर्शी टेप, आदि।

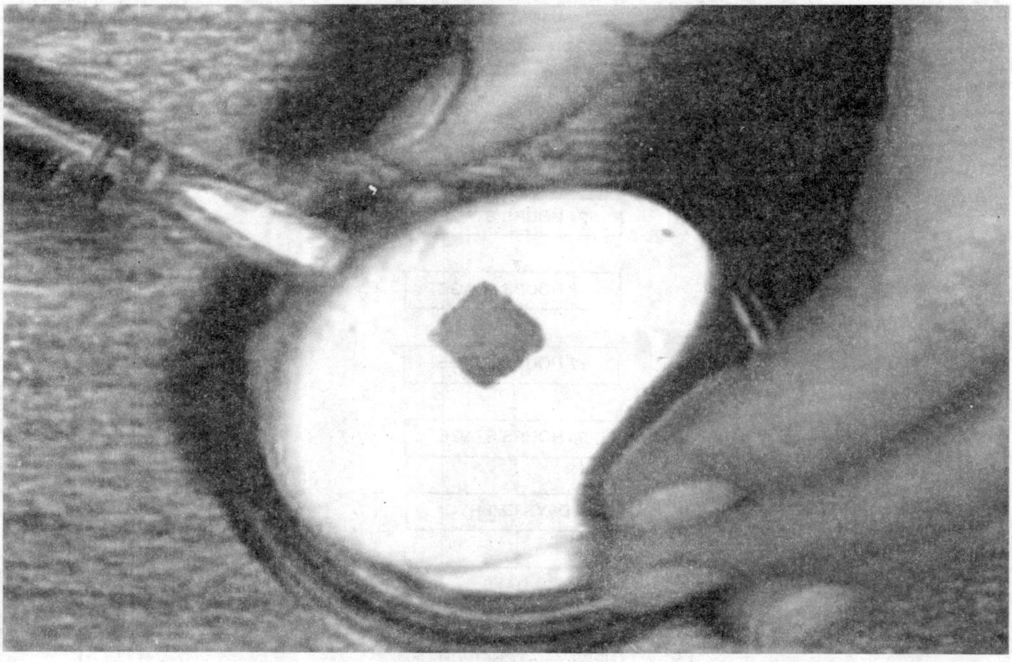

चित्र 6.33. अण्डे के कवच में खिड़की बनाकर अध्ययन करना

विधि

(1) मुर्गीपालन केन्द्र अथवा किसी अन्य स्त्रोत से एक दो दिन के ऊष्मायन (incubation) किये हुए अंडे प्राप्त करें अथवा प्रयोगशाला में ही इन्क्यूबेटर में 37°C ताप पर इन्क्यूबेट करें।

(2) अंडे को हाथ में इस प्रकार पकड़े जिसमें उसका चौड़ा सिरा ऊपर की और रहें अथवा क्षैतिज अवस्था (horizontal) में रखें।

(3) अब बॉलपैन की सहायता से चौड़े सिर पर एक छोटा सा वर्ग बनायें तथा उस आकार में ही छोटी आरी की सहायता से कवच को काटें। कवच के कटे हुए भाग को सावधानीपूर्वक हटा देवें।

(4) इस वर्गाकार खिड़की (window) में से देखने पर ब्लास्टोडर्म पर भ्रूण की स्थिति तथा अवस्था भी दिखाई देगी।

(5) इस वर्ग को कवर स्लिप से ढंके तथा चारो और पारदर्शी टेप चिपका दें या थोड़े से DPX से चिपका दें।

(6) इस प्रकार बनी खिड़की में से भ्रूणीय अवस्था का अध्ययन कर इसें पहचानें तथा परिणाम प्रायोगिक पुस्तिका में नोट करें।

5. मुर्गी के भ्रूण की विभिन्न भ्रूण–कलाओं का अध्ययन (Study of Foetal Membranes of Chick Embryo)

भ्रूण कलाओं के आधार पर जंतुओं को दो समूहों में बांटा जा सकता है –

1. **एम्निओटा (Amniota)**
2. **एनएम्निओटा (Anamniota)**

प्रथम समूह के जन्तुओं में भ्रूण कलाएं पायी जाती है जैसे सरीसृप, पक्षी तथा स्तनधारी वर्ग के जन्तु। दूसरे समूह के जन्तुओं में भ्रूण कलाएं नहीं पायी जाती हैं, जैसे मत्स्य वर्ग व एम्फिबिया के प्राणी समूह। इन्हें **भ्रूण बाह्य कलाएं** (Extra embryonic membranes) भी कहा जाता है क्योंकि ये प्रत्यक्ष रूप से भ्रूण की किसी संरचना के निर्माण में भाग नहीं लेती यद्यपि भ्रूण के विकास में अत्यन्त महत्वपूर्ण होती है।

मुर्गी के भ्रूण के विकास के दौरान चार भ्रूण कलाएं पायी जाती है–

1. पीतक कोष (Yolk sac)
2. एम्निओन (Amnion)
3. कोरिओन (Chorion)
4. एलैन्टाइस (Allantois)

इनके अध्ययन हेतु 10–12 दिन तक ऊष्मायन किया हुआ अंडा लें। इसके कवच को हटा कर इनका अध्ययन करें। छात्र निम्नलिखित संक्षिप्त विवरण की सहायता लें–

1. पीतक कोष (Yolk sac)

1. यह सबसे पहले बनने वाली भ्रूण बाह्य कला है।
2. एरिया ओपेका (area opaca) की **स्पलैन्कनोप्ल्यूर** (मीजोडर्म + एंडोडर्म) पीतक पर फैल इसे ढ़क लेती है, वही **पीतक कोष** कहलाती है।
3. इसका प्रमुख कार्य पीतक को अवशोषित कर विकासशील भ्रूण को पोषण प्रदान करना है।

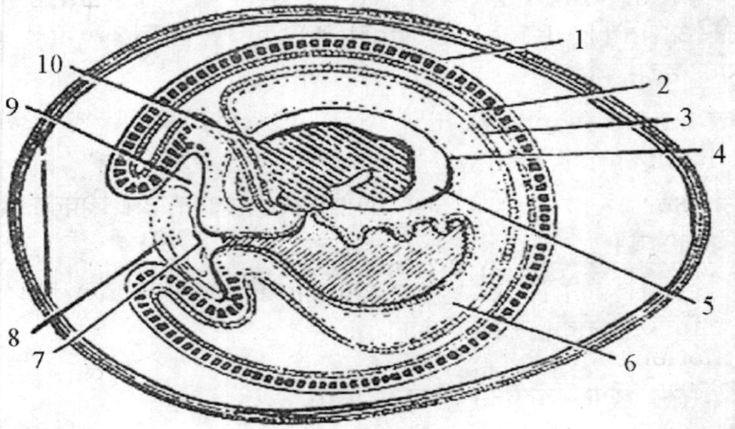

Fully matured extra-Embryonic membranes of chick

1. Chorio-allantoic membrane
2. Allantoic cavity
3. Allantois
4. Amnion
5. Amniotic cavity
6. Extra-embryonic coelom
7. Vitelline membrane
8. Albumen
9. Albumen sac
10. Allantoic stalk

चित्र 6.34. अण्डे के कवच में खिड़की बनाकर अध्ययन करना

2–3. एम्निओन व कोरिओन (Amnion and Chorion)

1. ऊष्मायन के लगभग 30 घंटे की अवस्था में एम्निओन का प्रथम संकेत मिलता है।
2. यह **सोमेटोप्लूर** (एक्टोडर्म + मीजोडर्म) से बनती है।
3. सोमेटोप्लूर की बाहरी परत जिससे बाहर की ओर एक्टोडर्म तथा अंदर की ओर मीजोडर्म होती है, कोरिओन (chorion) कहलाती है। एम्निओन में बाहर की ओर मीजोडर्म तथा अंदर की ओर एक्टोडर्म होती है।

4. भ्रूण व एम्निओन के मध्य की गुहा को एम्निओटिक गुहा (amniotic cavity) कहते हैं जिसके अंदर एक तरल भरा रहता है जिसे एम्निओटिक तरल (amniotic fluid) कहते हैं।
5. एम्निओन व कोरिओन के बीच की गुहा को **सीरो–एम्निओटिक गुहा** (sero-amniotic cavity) कहते हैं।
6. **यह एम्निओटिक तरल बाहरी आघातों से भ्रूण की रक्षा करने के साथ–साथ इसे सूखने से भी बचाता है।**
7. कोरिओन की सीरो–एम्निओटिक गुहा में भरा तरल भ्रूण को अतिरिक्त सुरक्षा प्रदान करता है। यह एलैन्टाइस से मिलकर श्वसन अंग के समान कार्य करता है।

4. एलैन्टाइस (Allantois)

1. यह भ्रूणीय क्षेत्र से विकसित होती है।
2. **यह स्पलैन्कनोप्लूर** की बनी होती है जिसका समीपस्थ (proximal) भाग भ्रूणीय क्षेत्र में रहता है और दूरस्थ (distal) भाग भ्रूण देह से बाहर की ओर वृद्धि करता है।
3. सीरो–एम्निओटिक गुहा में यह कोरिओन से समेकित होकर एलैन्टो–कोरिओन (allanto-chorion) बनाती है जो भ्रूण बाह्य–फुफ्फुस (extra embyonic lung) के समान कार्य करती है।
4. यह प्रोटीन उपापचय से उत्पन्न उत्सर्जी पदार्थों, जैसे यूरिया व यूरिक अम्ल, को संग्रहित कर भ्रूण को इनके विषैले प्रभाव से बचाती है तथा उत्सर्जी अंग (excretory organ) की तरह कार्य करती है।

अतः स्पष्ट है कि ये भ्रूण कलाएं भ्रूण के विकास में अत्यन्त महत्वपूर्ण होती है।

■■■■

खण्ड - VII

जैव विविधता
(Biodiversity)

जैव विविधता अध्ययन में काम आने वाले उपकरण
(Appliances used in Biodiversity Study)

कई छोटे–मोटे उपकरण काम में लिये जाते हैं –

1. Bionocular
2. Camera
3. Spotting telescope
4. Hand lens
5. GPS
6. Altimeter
7. Pedometer
8. Luxmeter
9. Hygrometer
10. Thermohygrometer

Others

11. Insect-net
12. Pit fall trap
13. Light trap
14. Forceps
15. Scissors
16. Brush
17. Needle
18. Paper envelops
19. Plastic vials
20. Wide mouth Jar etc.

1. Bionocular

कई प्रकार के ब्रांड नाम प्रचलित है यथा जैनिथ, सोरोवस्की, बुशनैल, निकॉन, हॉक, जैस, सेलेस्ट्रॉन, वैनगार्ड इत्यादि। आवर्धन क्षमता x के रूप में लिखी रहती है।

एक अच्छी Bionocular में निम्नलिखित विशेषता देख लेनी चाहिए

1. आवर्धन क्षमता
2. दृश्य लैंस
3. लैंस की गुणवता
4. दृश्य क्षमता (Field of view)
5. वजन
6. जलरोधकता

7. नेत्र तनाव

7 x 50 से तात्पर्य – द्वितीय संरचना (50) अभिदृश्यक लैंस का **व्यास किलोमीटर में**

प्रथम संख्या 7x – आवर्धन क्षमता

10 x 50 – 10 x आवर्धन क्षमता तथा 50 m objective lens diameter

Fig. 7.1a. Bionoculars

कैमरा के भी अनेकों ब्रांड उपलब्ध होते हैं। यथा – Nikon, Minolta, Canon, Sony इत्यादि – आजकल कई एन्ड्राइड फोन के कैमरे भी अच्छी क्षमता के होते हैं। उन्हें उपयोग ले सकते हैं।

2. Spotting telescope

इसे आसानी से ले जाया जा सकता है तथा ट्राइपॉड स्टेण्ड पर रखकर दूर फील्ड में देखा जा सकता है। 40 x 50 या 20 x 50 या 20 x 70 क्षमता के चुनें। यहां `x' आवर्धन क्षमता को निरूपित करता है।

Fig. 7.2. Spotting telescope.

3. आवर्धन लैंस (Hand lens)

इसे आवर्धन लैंस भी कहते हैं। फील्ड में आसानी से ले जाया जा सकता है, जेब में भी रख सकते हैं।

Fig.7.3. Hand lens

4. GPS (ग्लोबल पॉजीशनिंग सिस्टम)

यह उपग्रह आधारित पथ प्रदर्शन तंत्र (navigation system) है। इससे भौगोलिक स्थिति तथा समय का ज्ञान किया जाता है। किसी स्थान विशेष के अक्षांस व देशांतर का सीधा मान स्क्रीन पर पढ सकते हैं। फील्ड में शोधकार्यों में इसे काम में लाया जाता है।

Fig. 7.4. GPS

5. एल्टीमीटर (Altimeter)

इस उपकरण की सहायता से किसी स्थान का अक्षांस ज्ञात किया जाता है। इससे वायुदाब भी मापा जा सकता है क्योंकि कई मेक में इसमें बेरोमीटर भी होता है।

6. पेडोमीटर (Pedometer)

चलते समय कदम की संख्या ज्ञात की जा सकती है। इसे कमर/पैर पर बांध लिया जाता है तथा चलते वक्त जो भी दूरी तय की जाती है वह रिकॉर्ड हो जाती है। मीटर में भी/किलोमीटर में भी फील्ड रिसर्च में ट्रांजेक्ट (transect) डालने में भी इसका उपयोग होता है।

7. लक्स मीटर (Lux meter)

इस उपकरण द्वारा प्रकाश की तीव्रता तथा परिमाण मापा जाता है। कितने विकीरण सूर्य से आ रहे हैं, पता लगाया जाता है। इसे Lux से निरूपित करते हैं। पारिस्थितिकी तथा व्यवहारिकी शोध कार्यों में इसका उपयोग किया जाता है।

Fig. 7.5. Altimeter

Fig. 7.6. Pedometer

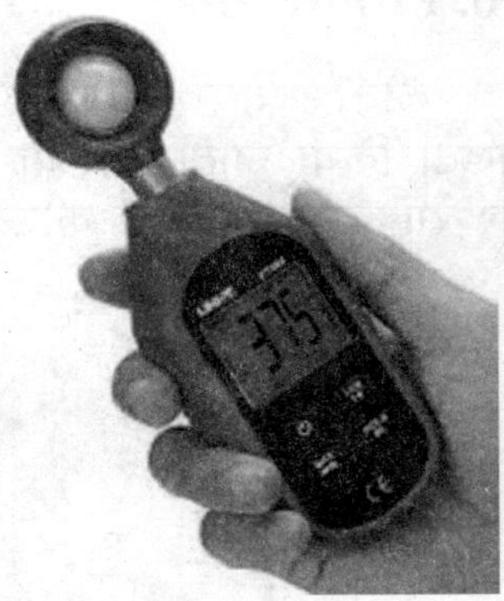

Fig. 7.7. Lux meter

8. हाइग्रोमीटर (Hygrometer)

इस उपकरण की सहायता से वायुमंडल में जल वाष्प/आर्द्रता की उपस्थिति मापी जाती है। वायु में कितनी आर्द्रता है, सीधे स्केल पर पढ़ा जा सकता है। मौसम संबंधी शोधकार्यों तथा कीटों पर शोध में आर्द्रता माप की आवश्यकता होती है।

9. इन्सेक्ट नेट (Insect net)

इसमें लकड़ी अथवा एल्युमिनियम हैंडल होता है। लोहे की लगभग 12" व्यास की रिंग पर 31" गहरा जाल लगा रहता है। कीट संकलन में इसका उपयोग किया जाता है।

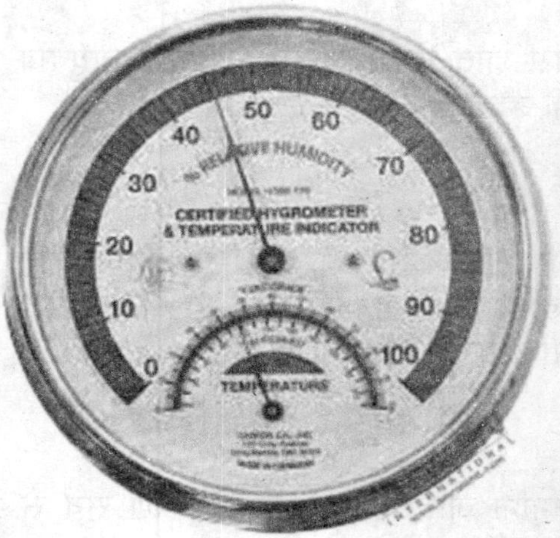

Fig. 7.8. Hygrometer

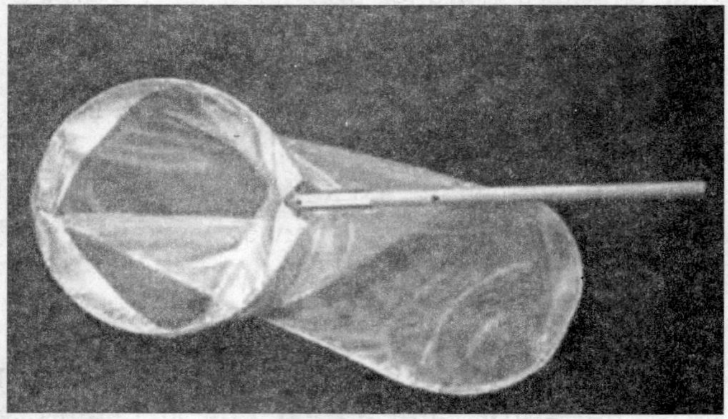

Fig. 7.9. Insect net

10. Pitfall trap

कीट अध्ययन में इस युक्ति का उपयोग किया जाता है। जमीन में एक जार के साइज का गडढा किया जाता है तथा रातभर के लिए प्रेक्षण हेतु उस जार को फील्ड में रहने देते हैं। पृथ्वी पर रेंगकर चलने वाले कीट व अन्य जंतु इसमें एकत्रित हो जाते हैं।

Fig. 7.10. Pitfall trap

11. Light trap

रात में प्रकाश से आकर्षित होने वाले कीट, इस ट्रेप की सहायता से पकड़े जा सकते हैं एवम् एकत्रित कर लिया जाता है। यह कई प्रकार के होते हैं।

Fig. 7.11. Light trap

Nature trails

छात्र/छात्राओं के सुविधानुसार ग्रुप बनाकर किसी राष्ट्रीय उद्यान/अभ्यारण्य/आरक्षित वन या कॉलेज/युनिवर्सिटी कैम्पस में पैदल भ्रमण करवाएं तथा पाये जाने वाले पक्षी, जन्तु व वनस्पतियों की सूची तैयार करें।

Water seiving

किसी प्राकृतिक जल स्त्रोत यथा झील/तालाब/नदी पर जायें तथा छलनी पानी में डुबोकर विभिन्न जन्तुओं का संकलन कर पहचानें। लिस्ट तैयार करें तथा जंतुओं के बारे में प्राथमिक सूचनाएं एकत्रित कर अध्ययन करें।

जैव विविधता सर्वे (Biodiversity Survey)

प्रयोग (Object) – किसी स्थान पर पक्षियों का सर्वे करना

आवश्यक सामग्री (Requirement) – आंकड़े हेतु शीट, पैंसिल, दूरबीन आदि।

पृष्ठ भूमि (Background information) – इसमें किसी स्थान विशेष पर छात्र समूह द्वारा पक्षियों की संख्या ज्ञात करना होता है। स्थान विशेष सुविधानुसार कोई स्थान यथा झील/जंगल, कोई ऐतिहासिक भवन, चारागाह, खेत हो सकते हैं।

विधि (Methods) – सुविधानुसार छात्रों को समूह में बांटा जा सकता है तथा आंखों की परास में आने वाली चिड़ियाओं को देखकर संख्या लिखी जाती है। शिक्षक के निर्देशानुसार उन्हे पहचानित भी किया जा सकता है। निम्न में से किसी विधि की सहायता ली जाती है।

Transect

चारागाह में ट्रान्सैक्ट डाले जा सकते हैं। किसी एक स्थान से 50 फीट की दूरी चिन्हित की जाती है। उस पर चलते हुए 50 फीट बायें व दायें तरफ प्रेक्षण लिये जाते हैं।

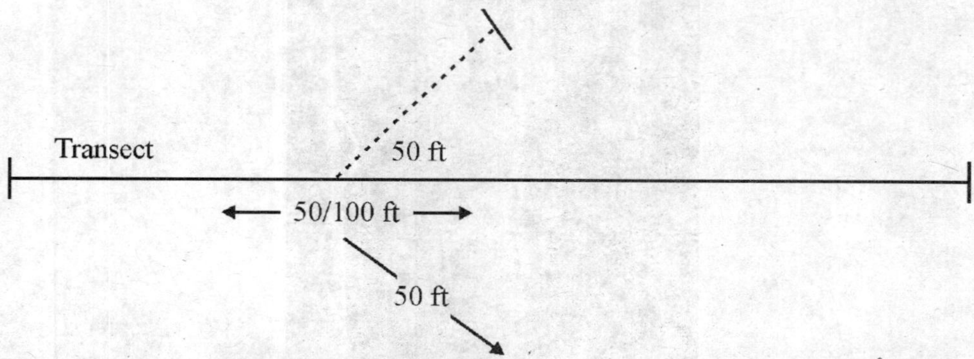

यह 50 फीट की दूरी बैल्ट काउंटिंग (Belt counting) कहलाती है।

Point sampling

छात्र किसी चिन्हित स्थान पर एकत्रित होकर वहां से पक्षियों की संख्या नोट करें। उनकी आवाज को भी पक्षी की संख्या मान सकते हैं। ऐसा किसी दूरी विशेष यथा 50 फीट में किया जाता है। छोटे क्षेत्र के लिए यह उपयुक्त होता है।

Feeding table or feeder station sampling

फीडिंग टेबल को किसी उपयुक्त स्थान पर रखा जा सकता है। इसमें कई प्रकार के भोज्य पदार्थ यथा विभिन्न प्रकार के दाने व अन्य खाद्य सामग्री रखी जा सकती है। हालांकि फीडिंग टेबिल पर बहुत अधिक चिडिया नहीं आती लेकिन अध्ययन की शुरूआत व प्रारंभिक प्रेक्षण लिये जा सकते हैं।

Data sheet

Date of sampling ______________
Time of the day ______________
Weather conditions ______________
Method of sampling ______________

Site I	No. of bird types	No. of different calls heard
Site II		
Site III		
Site IV		

प्रयोग – 2
Experiment 2

उद्धेश्य (Object) – वनस्पति में पाये जाने वाले कीट संख्या का सर्वे करना।

आवश्यक सामग्री (Requirements) – आंकड़ा शीट, पेंसिल, पेपर, इन्सैक्ट नैट पिट फाल ट्रेंच, इन्सैक्ट बॉक्स, चिमटी, बुश, शीशी।

पृष्ठभूमि (Background information) – यह अध्ययन कॉलेज कैम्पस/यूनिवर्सिटी कैम्पस, किसी बगीचे में, वनस्पति पर पाये जाने वाले विभिन्न कीट पर किया जा सकता है। छात्रों के सुविधानुसार ग्रुप बनाये जा सकते हैं।

Sweeping method

इन्सैक्ट नैट की सहायता से कीट संकलित किये जाकर उनके फोटोग्राफ लेकर या किसी पिक्चोरियल की भी सहायता से पहचानकर पुनः प्रकृति में छोड़ सकते हैं। इस प्रकार देखे गये कीटों की लिस्ट तैयार करें।

Pitfall Trap

जमीन की सतह पर किसी जार की साइज का एक गड्ढा तैयार करें। जार को रातभर छोड़ें तथा अगले दिन प्रेक्षण लें कि इसमें कितने कीट ट्रैप हुए। लिस्ट तैयार करें। कीटों को पुनः प्रकृति में फ्री कर दें।

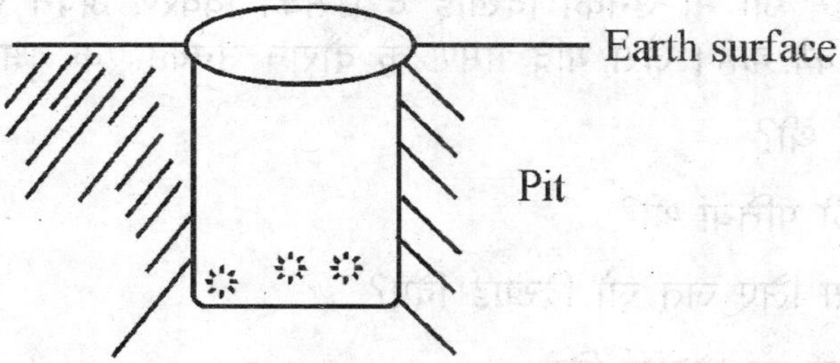

कीट की पहचान कर सूची तैयार करें तथा उनके बारे में प्राथमिक जानकारी नोट कर अध्ययन करें।

Data Sheet का प्रारूप

Time ____________________

Place ____________________

Weather conditions ____________________

Site I	Sweep net	Pit fall trap	Total no. of insects/ arthropods found
Site A			
Site B			
Site C			

प्रयोग – 3
Experiment 3

उद्देश्य (Object) – कैम्पस के अन्तगर्त खोजी ज्ञान का प्रदर्शन (Discovery hunt in your campus)

आवश्यक सामग्री (Requirements) – नोट बुक, पैन, पेंसिल, दूरबीन, नैट, चिमटी, लिफाफे आदि।

पृष्ठभूमि (Background information) – किसी दिये गये समय में किसी स्थान विशेष पर विभिन्न जंतुओं तथा वनस्पतियों को जैव विविधता कहते हैं। कोई पारिस्थितिकी तंत्र कितना स्थायी है, उसकी जैव विविधता पर निर्भर करता है। जैव विविधता में वृहद जीन सूचनाएं निहित होती है अतः परिस्थितिकी तंत्र के अध्ययन में महत्वपूर्ण होती है।

विधि : सुविधानुसार छात्रों के समूह बनायें तथा उनको किसी क्षेत्र विशेष का भ्रमण करने को कहें तथा भ्रमण के दौरान जो भी उनको दिखाई दे उसका विवरण अपने स्वयं का ज्ञान व क्षमता के अनुसार तैयार करने को कहें। जैसे यदि भ्रमण के दौरान उनको एक वृक्ष दिखाई दिया तो

- कितनी लम्बाई थी?
- किस प्रकार की पत्तियां थी?
- उस पर आसरा लिए जंतु जो दिखाई दिए?
- कीट जो पत्तियों पर दिखाई दिये
- उस पर विभिन्न प्रकार की चिड़िया या घौंसले
- उन जंतु/चिड़िया का अध्ययन करें
- वृक्ष को अथवा उस क्षेत्र में कोई प्रदूषण खतरा/अन्य खतरा आदि

यदि कोई जंतु दिखाई दे तो –

- संख्या कितनी थी, क्या कर रहा था?
- ग्रुप में या अकेला ......
- आपको देखकर जंतु की प्रतिक्रिया

- व्यवहार जो आपने नोट किया
- आवास कैसा था, का विवरण
- शिकार – शिकारी विवरण आदि।

Activity

अपने कॉलेज कैम्पस में किन्हीं 3 जंतुओं पर प्रेक्षण लिखिए –

– स्कैच बनाईये

– लक्षण लिखिये

– पारिस्थितिकी तंत्र का उपयोग किस प्रकार करता है।

अपने परिणाम आंकड़े प्रपत्र (data sheet) पर लिखिए ।

Data Sheet

Species (A)	Species (B)	Species (C)
SKETCH	SKETCH	SKETCH
Description/features	Description/features	Description/features
How it uses ecosystem	How it uses ecosystem	How it uses ecosystem

प्रयोग – 4
Experiment 4

जंतुओं का तथ्य पत्रक (fact sheet) तैयार करना। वन्य जीवों का तथ्य पत्रक तैयार करने में निम्न विवरण दिया जाता है।

1. वर्गिकी स्थिति (Systematic position)
   फाइलम (Phylum)
   क्लास (Class)
   ऑर्डर (Order)
   कुल (Family)
2. भौतिक लक्षण (Physical characteristics)
   1. लम्बाई
   2. वजन
   3. सिर व देह की लम्बाई

4. कंधे की ऊँचाई (जहां लागू हो)
5. पूंछ की लम्बाई

3. जनन व परिवर्धन परिवर्द्धन
1. गर्भकाल (Gestation period)
2. जन्म लेने वाले बच्चे (Litter size)
3. स्तन त्याग (Weaning) वीनिंग
4. लैगिक परिपक्वता
5. जीवन अवधि

4. आवास एवम् प्रकृति (Habit & Habitat)
1. खुराक (Diet)
2. परास / वितरण
3. शिकार / शिकारी

5. संरक्षण स्थिति (Conservation status)
1. IUCN श्रेणी
2. CITES श्रेणी
3. भारतीय वन्य जीव संरक्षण अधिनियम, 1972
4. खतरा

6. चित्र / फोटो / स्कैच

उदाहरण– उदाहरण के लिए कृष्णमृग का तथ्यपत्रक दिया जा रहा है।

काला हिरण (Black buck)

वर्गिकी स्थिति

फाइलम – कॉर्डेटा
क्लास – मैमेलिया
ऑर्डर – अर्टियोडैक्टाइला
कुल – बोविडी

भौतिक लक्षण

यह लगभग 74 सेमी से 84 सेमी ऊँचाई का
वजन 20–57 किलो तक (नर)
20–33 किलो तक (मादा)

दौड़ने की गति – 50 किलोमीटर/घंटा

जनन व परिवर्द्धन

लगभग डेढ़ वर्ष में नर लैंगिक रूप से परिपक्व होता है और मादा 8 माह में। 2 वर्ष तक अमूमन संभोग नहीं करते हैं।

गर्भकाल – 6 माह का

बच्चे – एक बछड़ा

जीवन अवधि – 10–15 वर्ष

आवास एवं प्रकृति (Habit & Habitat)

भोजन (Diet) – शाकाहारी, घास खाता है। दिन में क्रियाशील (active)

शिकारी – भेड़िया, जंगली कुत्ते, चीता (भारत में अब नहीं पाया जाता)

संरक्षण की स्थिति (Conservation status)

NT (Near threatened)

IUCN

LC - Least concerned

भारतीय वन्य जीव संरक्षण अधिनियिम के Schedule 1 में सम्मिलित। राजस्थान में चूरू जिले में **तालछापर** अभ्यारण्य इसके लिए प्रसिद्ध है।

भारत में संख्या की गणना का रिकॉर्ड – 40,000

Fig. 7.12. Black buck

उदाहरण 2

उद्धेश्य (Object) – चीतल का तथ्य पत्रक तैयार करना।

Prepare fact sheet of spotted deer

प्राणी वैज्ञानिक नाम – (*Axis axis*) एक्सिस एक्सिस

वर्गिकी स्थिति

फाइलम – कॉर्डेटा
क्लास – मैमेलिया
ऑर्डर – आर्टियोडैक्टाइला
कुल – सर्विडी

भौतिक लक्षण (Physical characteristics)

1. सिर व देह लम्बाई – 110 – 140 सेमी
   कंधे की ऊँचाई – 75–100 सेमी
   पूंछ की लम्बाई – 20–30 सेमी
   वजन – 45–55 किलोग्राम (मादा)
   65–85 किलोग्राम (नर)

एंटलर्स (antlers) केवल नर में पाये जाते हैं जो 75–85 सेमी तक वृद्धि करते हैं।

जनन व परिवर्द्धन (Reproduction and Development)

लैंगिक परिपक्वता – नर 14 माह, मादा 9 माह
गर्भकाल (gestation period) : 225 – 235 days
बच्चे (litter size) – 1 बछड़ा
स्तन्य त्याग (weaning) – 6 माह में
जीवन अवधि (life span) – 15 वर्ष

आवास एवं प्रकृति (Habit & Habitat)

भोजन (diet) – घास, जड़ी बूटियां, अन्य वनस्पति व पतियां।
शिकारी Predators) – बाघ, तेंदूआ, जंगली कुते, भेड़िया, गीदड़, अजगर।
दिन के वक्त क्रियाशील – प्रातःकाल व दोपहर बाद
दिन की धूप में छाया में आराम करते हैं।

संरक्षण की स्थिति (Conservation status)

IUCN - LC (least concerned)

भारतीय वन्यजीव संरक्षण अधिनियम, 1972 के Schedule 1 में संरक्षित है।

Fig. 7.13. Spotted deer

छात्र, बाघ, तेंदुआ, शेर, बंदर, लंगूर, भालू, उदबिलाव, भेड़िया, गीदड़, लोमड़ी, हाथी, लकडबग्घा, मोर, गोडावण आदि के तथ्यपत्रक बना सकते हैं।

जैव विविधता अध्ययन (Biodiversity study)

पृथ्वी पर विभिन्न प्रकार के सजीव पाये जाते हैं जिनमें जंतु, सूक्ष्मजीव तथा वनस्पतियां आती हैं, जिसे जैव विविधता के नाम से जाना जाता है। जैव विविधता को प्रमुख रूप से पारिस्थितिकी तंत्र विविधता (Ecosystem diversity), जाति विविधता (species diversity) तथा आनुवांशिक विविधता (Genetic diversity) के रूप में अध्ययन किया जाता है।

पारिस्थितिकी तंत्र विविधता (Ecosystem diversity) के अन्तगर्त विभिन्न आवास, सजीव व अन्य परिस्थितिकी विधियां आती है। **जाति विविधता** (species diversity) के अन्तगर्त किसी क्षेत्र विशेष में पायी जाने वाली विभिन्न जातियों का अध्ययन किया जाता है तथा **आनुवांशिक विविधता** (Genetic diversity) से किसी जाति में पाये जाने वाले आनुवांशिक लक्षणों से है। यह सर्वमान्य सत्य है कि वे पारिस्थितिकी तंत्र वातावरणीय परिवर्तनों के लिए प्रतिरोधी होते हैं जिनमें सर्वाधिक जैव विविधता पायी जाती है। **जैव विविधता इंडेक्स** इसको मापने की एक युति है।

Species richness

जैव विविधता इंडेक्स का सबसे साधरण तरीका जाति बहुलता (species richness) है। इसका तात्पर्य किसी दिये गये स्थान पर जंतुओं की संख्या से है।

Species evenness

इससे तात्पर्य विभिन्न जातियों में किसी जंतु विशेष के अनुपात से है।

Species	No. of Individual Ecosystem 1	No. of Individual Ecosystem 2
Species A		
Species B		
Species C		
Total individuals in Ecosystem		

सिम्पसन इंडैक्स (Simpson index)

इसे निम्न सूत्र द्वारा ज्ञात किया जाता है।

$$\text{Simpson D.I.} = \frac{N\,(N-1)}{\Sigma n\,(n-1)}$$

N = Total no. of indivisuals

n = total no. of individual of each species

■■■■

सन्दर्भ
(REFERENCES AND SUGGESTED READINGS)

1. Agarwal, S.K. and Niazi, I.A. *Normal table of developmental stages of indian bull frog. Rana tigerina* (Daud). Nat. Acad. Science, Allahabad.
2. Balinsky, B.I. *An Introduction to Embryology.* W.B. Saunders, Philadelphia & London, 1971.
3. Bernil N.J. Developmental Biology, McGraw Hill.
4. Bisnal, M.S. and Kanamadi, R.D. *Normal developmental stages of the Toad, Bufo melanostictus : A systematic study in relation to time.*
5. Freeman, W.H. and Bracegirdle, B. *An Atlas of Embryology.* ELBS, London, 1975.
6. Goel, S.C. *Principles of Animal Developmental Biology.* HPH, Bombay, 1984.
7. Jain, P.C. *Chordate Embryology.* Vishal Publications, Jalandharcity.
8. Majumdar, N.N. *Text Book of Vertebrate Embryology.* Tata Mc-Graw Hill New Delhi, 1990.
9. Nair, P.K.G., Achar, K.P. and Trigunayat, M.M. *Elements of Chordate Embryology,* Pragati Prakashan, Meerut, 1997.
10. Mathews, W.W. *Atlas of Descriptive Embryology.* McMillan, London, 1976.
11. McEven, R.S. *Vertebrate Embryology.* McGraw Hill Book Co. Ltd., New York, 1949.
12. Mohanty, A.K., Dutta, S.K. *Breeding and Development of Linonectes limnocharis* (Anura-Ranidae).
13. Rao, K.V. *Developmental Biology - A Modern Synthesis.* Oxford & IBH, Delhi, 1994.
14. Rugh, R.A. *Manual of Experimental Embryology,* New Delhi, 1962.
15. Swarup, H., Arora, S., Pathak, S.C. *Laboratory Techniques in Modern Biology.* Kalyani Publishers, New Delhi, 1990.
16. Trigunayat, M.M. and Singh, N.P. *Laboratory Studies on the Development of Lasioderma serricorne.* Natl. Symp. on Developmental Biology, 21-23 Feb., 1997, Orissa.

17. Trigunayat, M.M. and Kritika Trigunayat. Practical Manual Part I. Scientific Publishers (India), Jodhpur. 2018.

18. Blood Groups in Man : R.R. Race and R. Sanger.

19. Genetics : Life Nature Library.

20. General Entomology : M.S. Mani, Oxford and IBH, New Delhi.

21. Insects : M.S. Mani, NBT, New Delhi.

22. Jeev Jagat : S. Singh Hindi Granth Academy (U.P.)

23. More Animals : Maurice Burton, Oxford Children Reference Library.

24. A Manual of Practical Entomology : M.M. Trigunayat, Scientific Publishers (India), Jodhpur.

परिशिष्ट - 1
(Appendix - 1)

1. Schiff's reagent

Basic fuchsin - 2 gm

Potassium metabhisulphite 3.8 gm

($K_2S_2O_5$)

0.15 NHCl - 200 ml

Dissolve the stain fuchsin into metabisulphite and HCl. Shake well at the interval of 2 hrs. It is straw coloured. Add 500 mg activated charcoal and filter. Store in dark bottle in Refrigerator.

2. Sulphite wash

10% Sodium metabisulphite	-	30 ml
1 N HCl	-	30 ml
Distilled water	-	500 ml

Add metabisulphite into distilled water and then add acid.

3. Cannoy's fixative

Absolute alcohol (ethyl)	-	60 ml
Glacial acetic acid	-	10 ml
Chloroform	-	30 ml

(Fix the tissue at least 15-60 minutes)

4. Fast Green

0.01% in 95% alcohol or 1 gm in 95% alcohol

5. Bouin's fixative

Picric acid	-	75 ml
40% HCHO	-	25 ml
Glacial acetic acid	-	5 ml

6. FAA

40% HCHO	-	10 ml

70% ethyl alcohol - 85 ml

Glacial acetic acid - 5 ml

7. Normal saline

NaCl - 0.78 gm

Distilled water - 100 ml

8. Leishman stain

Leishman stain - 0.15

absolute alcohol - 100 ml

Allow to ripe for 48 hours. It is good for protozoans & blood cells.

9. Congo red

Congo red - 0.5 gm

distilled water - 100 ml

10. Crystal violet

Crystal violet - 2 gm

Ethyl alcohol (90%) - 20 ml

Distilled water - 180 ml

11. Giesma stain

Giesma powder - 0.5 gm

Glycerine - 33 ml

Absolute alcohol (methyl) - 33 ml

Keep the mixture over night for incubation at 60°C & filter.

Note : Giesma is a mixture of methylene blue, Azure A and B staining solution is made by diluting stock solution.

(2.5 ml stock solution + 1 ml methanol + 50 ml Giesma water (pH 6.9).

12. Methylene Blue

Methylene blue - 1.5 gm

Ethyl alcohol (90%) - 100 ml

13. Zenker's solution

$K_2Cr_2O_2$ - 2.5 gm

$HgCl_2$ (Mercuric chloride) - 15 gm

Distilled Water (DW) - 100 ml

Sodium sulphate - 1 gm

Glacial acetic acid - 5 ml

14. Karl's Fluid -

Ethyl alcohol 90% - 170 ml

40% HCHO - 60 ml

DW - 280 ml

Glacial acetic acid - 20 ml

(Add acetic acid just before using)

15. Neutral red

1 part neutral red + 3000 parts ethyl alcohol

16. Iodine (Lugol's)

Kl - 10 gm

DW - 100 ml Dissolve and add iodine

Iodine - 5 gm

(It is good for Cilia, Flagella & Nucleus

Aquous Iodine

Kl - 2 gm

DW - 100 ml

Iodine Crystal - 1 gm

17. Picro Indigo carmine

Picric acid (saturated solution in 90% alcohol) - 1 part

Indigo solution in 70% alcohol - 2 parts

(It is used for chitinous material)

18. Kleinberg's fixative

Picric acid + 2% aquous solution of H_2SO_4.

19. Artificial diet for Drosophila

Take 100 gm Jaggery + 500 ml water. Boil to dissolve it then add 500 ml water + 100 gm semolina (suji) + 8 gm agar-agar. Mix then and add 7.5ml of propionic acid (as antifungal agent). Transfer to culture bottles (sterilized) and put cotton plug. Keep over night and wipe out vapours and run culture.

■■■■

परिशिष्ट - 2

Appendix - II

PRACTICAL SYLLABUS OF RAJASTHAN UNIVERSITY, JAIPUR

Practical - Zoology

Min. Marks : 18 | 4 Hrs./Week | Max. Marks : 50

I. Microscopic Techniques:

1. Organization and working of Optical Microscope: Dissecting and compound microscopes.
2. General methods of microscopic slide preparation; narcotization; fixing and preservation; washing; staining; destaining; dehydration; clearing and mounting.
3. General idea of composition, preparation and use of:
   (i) Fixatives: Formalin, Bouin's fluid.
   (ii) Stains: Aceto-carmine, Aceto-orcein, Haematoxylin, Eosin
   (iii) Common reagents: Normal saline, Acid water, Acid alcohol and Mayer's albumin.
4. Collection and Culture Methods:
   (i) Collection of animals from their natural habitat during field trips such as *Amoeba, Paramecium, Euglena, Daphnia, Cyclops* etc.
   (ii) Culture of *Paramecium* in the laboratory and study of its structure, life - processes and behaviour in life state.

II. Study of Microscopic Slides and Museum Specimens:

Protozoa: *Amoeba, Euglena, Trypanosoma, Giardia, Entamoeba, Elphidium (Polystomella), Foraminiferous shells, Monocystis,Plasmodium, Parameciu, Leishmania, Paramecium* showing binary fission and conjugation, *Opalina, Nyctotherus, Balantidium, Vorticella.*

Porifera: *Leucosolenia, Euplectella, Spongilla,* T.S. Sycon, Spicules, Spongin fibers, Gemmules.

Coelenterata: *Millepora, Physalia, Velella, Aurelia, Alcyonium, Gorgonia, Pennatula,* Sea anemone, Stone corals, *Obelia* colony and medusa.

Ctenophora: Any Ctenophore

Platyhelminthes: *Taenia, Planaria,* Fasciola (WM), T.S. body of *Fasciola,* Miracidium, Sporocyst, Redia and Cercaria Larvae of *Fasciola,* Scolex, T.S. mature proglottid of Taenia, gravid proglottid, Cysticercus larva.

Aschelminthes: *Ascaris, Wuchereria, Dracunculus.*

Annelida: Neries, Heteroneries.

III. Anatomy

Earthworms: External features, general viscera, alimentary canal, reproductive system and nervous system.

Leech: External features, alimentary canal, reproductive and nervous system.

IV. Study of the following through Permanent Slide Preparation:
Paramecium, Euglena, Foraminiferous shells, Sponge spicules, Spongin fibres, Gemmule, *Hydra, Obelia* colony and Medusa; Parapodium of Nereis and heteronereis, Leech : testicular nephridia.

V. Exercises in Cell Biology

1. Squash preparation for the study of mitosis in onion root tip, permanent slides of mitosis (all stages).
2. Squash preparation for the study of meiosis in grasshopper or cockroach testes, permanent slide of meiosis (all stages).
3. Study of giant chromosomes in salivary glands of *Chironomous* or *Drosophila* larva.
4. Study of cell permeability using mammalian R.B.C.

VI. Exercises in Genetics:

A. **Study of *Drosophila:***
   1. Life cycle and an idea about its culture.
   2. Identification of male and female.
   3. Identification of wild and mutants (yellow body, ebony, vestigial wing and white eye).
   4. Study of permanent prepared slides: Sex comb and salivary gland chromosomes.

B. **Numerical problems based on monohybrid and dihybrid cross.**

C. **Identification of blood groups (A, B, O & Rh factor).**

VII. Developmental Biology

1. **Study of development of frog/toad with the help of Charts/ Slides/ Models:**
   - (i) Eggs, cleavage, blastula, gastrula, neurula, tail-bud, hatching, mature tadpole larvae, metamorphic stages, toadlet/froglet.
   - (ii) Histological slides: Cleavage, blastula, gastrula, neurula and tail-bud stage.
2. **Study of development of chick with the help of whole mounts/ Charts/ Slides/ Modes**
   - (i) 18 hrs, 21 hrs, 24 hrs, 33 hrs, 48 hrs, 72 hrs and 96 hrs of incubation.
   - (ii) Primitive streak stage in living embryo, if possible, after removal of the blastoderm from the egg.
   - (iii) Study of the embryo at various stages of incubation *in vitro* by making a window in the egg-shell may also be demonstrated.
   - (iv) Study of various foetal membranes in a 10-12 day old chick embryo.

Scheme of Practical Examination and Distribution of Marks

Time : 4 Hrs Min Pass Marks: 18 Max. Marks: 50

		Regular	Ex./N.C. Students
1	Anatomy (any system)	6	6
2	Permanent Preparation	4	6
3	Cell Biology and Genetics	4 + 4	6 + 6
4	Developmental Biology	6	5
5	Identification and comments on Spots (1 to 8)	16	16
6	Viva Voce	5	5
7	Class Record	5	–
		50	**50**

Notes:

1. With reference to anatomy (Dissection), study of prescribed types and develop-mental biology (charts/models) candidates must be well versed in the study of various system. CD ROMs multimedia computer based

simulations including computer assisted learning (CAL) and other soft wares may be used.

2. With reference to permanent preparations and microscopic slides, in case of non-availability, the exercise should be **substituted with diagrams, photographs, models, charts, etc.**

3. Candidates must keep a record of all work done in the practical class and submit the same for inspection at the time of the practical examination.

4. The candidates may be asked to write detailed methodology wherever necessary and separate marks may be allocated for the same.

5. Mounting material for permanent preparations would be as per the syllabus or as available through collection and culture methods.

6. **It should be ensured that animals used in the practical exercises are not covered under the wild life act 1972 and amendments made subsequently.**

परिशिष्ट – 3
Appendix - III

SYLLABUS of M.S. Braj University, Bharatpur

First Year Practical Zoology

Min. Marks : 18 **4 Hrs. duration** **Max. Marks : 50**

I. Microscopic Technique

1. Organization and working of optical microscopes : dissecting and compound microscope.
2. General methods of microscopical permanent preparations : Narcotization; fixing and preservation; washing; staining, destaining, dehydration; clearing and dealcoholization; mounting. General idea of composition, preparation and use of :
   (i) Fixatives : Formalin, Bouin's fluid.
   (ii) Stains : Borax carmine, acetocarmine, acetoorcein, haematoxyline, eosin.
   (iii) Common reagents : Normal saline, Ringer's solution, acid water, acid alcohol and Mayer's albumin.
3. Collection and Culture Methods.
   (i) Collection of animals from their natural habitat during field trips, e.g., Amoeba, Paramecium, Euglena, Planaria, Earthworm, Daphnia, Cyclops, etc.
   (ii) Culture of Paramecium in the laboratory and study of its structure, life processes and behaviour in the living state.
   (iii) Collection and study of invertebrate parasites : Rectal Ciliates of frog.
   (iv) Vermicomposting : Theory & Practice.

II. Study of Microscopic Slides and Museum Specimens

Slides of Histology : All the tissues specified in theory.

Protozoa : Euglena, Trypanosoma, Giardia, Entamoeba, Elphidium (Polystomella), Amoeba, Foraminiferous shell, Monocystis, Plasmodium, Paramecium, Paramecium showing binary fission and conjugation, Opalina, Nyctotherus, Balantidium, Vorticella.

Porifera : Leucosolenia, Euplectella, Spongilla, L.S. and T.S. Sycon, spicules, spongin fibres, gemmules.

Coelenterate : Millepora, Physalia, Vellela, Aurelia, Alcyonium, Gorgonia, Pennatula, Sea anemone, stone corals, Obelia colony and medusa.

Ctenophora : Any ctenophore.

Platyhelminthese: Taenia, Planaria, Fasciola (W.M.), T.S. body of Fasciola through various regions, Miracidium, Sporocyst, Radia, Cerlaria Metacercaria, Scolex, T.S. mature proglothid of Taenia, Cysticoreus larva.

Aschelminthese : Ascoris, Wuchereria, Dracurnculus

III. Permanent Preparation and Study of the following :

Paramecium, Euglena, rectal ciliates of frog, forminiferous shells, sponge spicules, spongin fibres, gemmule, Hydra, Obelia colony and medusa, cyclops, Daphnia.

Parapodium of Nereis and Heteronereis, ovary, nephridia, nerve ring and setae of earthworm; salivary glands and trachea of cockroach.

IV. Exercises in Cell Biology

1. Squash preparation for the study of mitosis in onion root tip.
2. Sqash preparation for the study of meiosis in grasshopper or cockroach testes.
3. Study of giant chromosomes in salivary glands of Chironomus or Drosophila larva.
4. Study of cell permeability using mammalian RBCs.

V. Exercises in Genetics

1. Study of Drosophila: Life cycle and an idea about its culture.
2. Identification of male and female Drosophila.
3. Identification of wild and mutant (yellow body, ebony body, vestigial wings, white eye and vestigial ebony mutants) Drosophila.
4. Study of permanent prepared slides : Drosophila : sex comb, salivary glands chromosomes.
5. Identification of blood groups (A, B, O & Rh Factor).

VI. Developmental Biology

1. Study of development of frog/toad with the help of :
   (i) Preserved materials available : Eggs, cleavage, blastula, gastrula, neurula, tail bud, hatching, mature tadpole larvae, metamorphic stages, toadlet/froglet.
   (ii) Histological slides : Cleavage, blastula, gastrula, neurula and tail-bud stage.
2. Study of development of chick with the help of
   (i) Whole mounts : 18 hrs, 21 hrs, 24 hrs, 33 hrs, 72 hrs and 96 hrs of incubation period embryos.
   (ii) If possible, primitive streak stage in living embryo after removal of the blastoderm from the egg may be demonstrated.
   (iii) Study of the embryo at various stages of incubation *in vivo* by making a window in the egg shell may also be demonstrated.
   (iv) Study of various foetal envelopes in a 10-12 day old chick embryo (amnion, chorion, allantois, yolk sac).

III. Biodiversity

(i) Appliances used in Biodiversity study.
(ii) Nature trails, water sieving.
(iii) Discovery hunt in college campus/university campus/Forest reserve/Sanctuaries/ National Parks.
(iv) Biodiversity survey: Insect count on vegetation, Birds count with general information on survey methods.
(v) Preparation of fact sheet of common wildlife found in your area/campus. Field visit/Excursion to wildlife areas.

Scheme of Practical Examination and Distribution of Marks of Maharaja Surajmal Braj University, Bharatpur

Time : 4 hrs **Min. Pass Marks : 18** **Max Marks : 50**

	Regular	Ex-students
1. Study of Biodiversity	06	4
2. Permanent Preparation	04	7
3. Exercise in Cell Biology and Genetics	4 +4	6 + 6
4. Exercise in Developmental Biology	6	6
5. Identification and Comments on Spots (1 to 8)	16	16
6. Viva Voce	5	5
7. Class Record	5	
Total	50	50

Notes :

1. With reference to dissection, candidates must be well versed with the technique of flag labelling and black paper insertion as the case may be for a clear illustration.
2. With reference to whole mounts and museum specimens, in case of unavailability of certain animals types, diagrams, photographs, models, etc. should be substituted. Study will include classification (upto classes) with diagnostic characters and comments.
3. Candidates will keep a record of all work done in the practical class and it will be submitted for inspection at the time of the practical examination.
4. Mounting material will be provided as per the syllabus or available from Collection and Culture Methods.
5. They detailed methodology may be asked to write wherever necessary and separate marks may be allocated for it.
6. It should be ensured that animal used in practical exercises are not covered under the Wildlife Act 1972 and amendments made subsequently.